天才向左，探秘最敏感的心理禁地
疯子向右，解析最奇葩的异常行为

走出心理困惑，疗愈心理异常，掌握心理调节术，做自己的心理医生。

咸口味心理学

为什么天才和疯子有时候很像？

—— 牧之◎著 ——

立信会计 出版社
LIXIN ACCOUNTING PUBLISHING HOUSE

图书在版编目（CIP）数据

咸口味心理学 / 文真明著. -- 上海：立信会计出
版社, 2015.3

（去梯言）

ISBN 978-7-5429-4459-7

Ⅰ.①咸… Ⅱ.①文… Ⅲ.①心理学—通俗读物
Ⅳ.①B84-49

中国版本图书馆CIP数据核字（2015）第011044号

策划编辑　蔡伟莉
责任编辑　杨　森
封面设计　久品轩

咸口味心理学

出版发行	立信会计出版社

地　　址	上海市中山西路2230号	邮政编码	200235
电　　话	（021）64411389	传　　真	（021）64411325
网　　址	www.lixinaph.com	电子邮箱	lxaph@sh163.net
网上书店	www.shlx.net	电　　话	（021）64411071
经　　销	各地新华书店		

印　　刷	固安县保利达印务有限公司		
开　　本	720毫米×1000毫米	1/16	
印　　张	17.5	插　页	1
字　　数	260千字		
版　　次	2015年3月第1版		
印　　次	2015年3月第1次		
书　　号	ISBN 978-7-5429-4459-7/B		
定　　价	36.00元		

每个人都是自己的心理医生

南唐时期，金陵清凉寺有一位法灯禅师，性格豪放，平时不太拘守佛门戒规，寺里的一般僧人都瞧不起他，唯独住持方丈对他颇为器重。

有一次，方丈在讲经说法时问寺内众僧人："谁能够把系在老虎脖子上的金铃解下来？"僧人们再三思考，都答不出来。

这时法灯禅师走过来，不假思索地答道："只有那个把金铃系到老虎脖子上的人，才能够把金铃解下来。"

方丈听后，点头称赞。

此后，"解铃还须系铃人"这句话就成为成语流传了下来。

如今，人人都可能产生心理问题，无论男女，一生都逃脱不了心理问题的困扰，且每个人在不同阶段所遇到的心理问题都不尽相同。要想解决心理问题，正如"解铃还须系铃人"，只有自己才能解决。

你对自己内心的小宇宙究竟了解多少？

为什么有的女孩正值青春妙龄，却总是心烦意乱、郁郁寡欢？

为什么有的七尺男儿汉，逢人总是低着头，对人有意回避？

为什么柔软的床铺却无法带来安稳的睡眠？

为什么富裕的生活无法治愈夫妻间的爱情厌倦症?

我们每天都在忙忙碌碌地生活,我们的内心每天都在上演着喜怒哀乐。那么,怎样才能消除那些有损我们身心健康的不良心理,使我们时刻都生活在幸福和快乐中呢?

《咸口味心理学》可以说是为读者奉献的一种心理自助疗愈福音,本书的宗旨是帮助读者摆脱不良心境障碍,解决心理困扰,纠正不良的心理问题,以及解读生活中常见的一些怪癖行为和心理现象。本书语言通俗易懂,事例生动有趣,同时提供了针对不良心理问题的有效解决之道,期望能给读者带来切实的帮助。

面对绝大多数人都有的"心病"问题,只要以正确的心态去认识它、了解它,学会自我心理调节,每个人都可以在心理出现异常的时候成为自己的心理医生。

天才和疯子的距离只有0.01厘米

下面是一位网友在其博客里写下的文章：

我的密友是公务员，她在单位里有一位关系较好的同事。然而，最近几次提起她同事的时候，她总是说这个人有点怪，平时很爽朗，偶尔却流露出很清高的一面。我请密友具体说一说，她说：这个人有个怪毛病，每月几乎都有一两天沉默寡言，一副心事重重的模样。而且这时，就连她也会被冷落。出于好心，她有时主动请他去喝茶，或者散步，都被婉言谢绝了。但随后他又单独行动，去喝茶，去散步，这很令她不解。

这令我突然想起我的爱人。我有一个幸福的小家庭，有一个天真活泼的孩子和一个称职的丈夫。以前每当谈起我那爷俩时，总会情不自禁地流露出自豪与骄傲。然而最近，我发觉我的爱人几乎什么都好，就是有时莫名其妙地朝我和孩子发火，不久又莫名其妙地亲热起来，反反复复，简直有点像精神有问题。

正巧，最近在与一位做心理医生的朋友聊天时，无意中提到了发生在我爱人和密友同事身上的情形。这位医生朋友很严肃地对我说："你知道吗，他们的心理出现了某种异常现象。"

"什么？"我当时脑子一下子没转过弯来，惊奇地表示不解。

看到我满脸惶恐，医生朋友突然哈哈大笑，接着便向我透露了其中的奥秘：就人本身的生物属性来看，人的整个身心在不停运转的过程中，不可能总是一帆风顺，而是会不同程度地呈现出一种周期性情绪起伏现象，在某些时候心理状态趋于异常。

为什么正常的人也会间歇性地发生心理异常现象呢？其病因主要有如下几个方面：其一，人本身固有的情绪积累（兴奋或压抑）达到一定程度，就容易出现身心失衡，这时就需要通过某种适当的方式来发泄。其二，工作和生活压力所迫，超过了身心所能承受的负荷，激起了情绪的抗议。其三，天象的影响，如风雨雷电、阴晴雨雪等，也会使人的情绪出现波动和起伏。另外，特殊的性格和环境以及突出的事件也会为心理异常埋下伏笔，所以，我们无须视心理异常为洪水猛兽，异常心理现象的出现是人人不可避免的。

生活中的每个人承担着各自的社会责任，随着社会的不断变革，人们的情感、思维方式、知识结构、人际关系等在发生着变化，引发心理问题的因素也是多种多样。

据心理专家介绍，由于现代人生活方式的改变，生活节奏的加快，一些人的盲目行为增多，内心失去平衡，容易产生心理问题。心理专家认为，一个人的心理状态常常直接影响他的人生观、价值观，以及他的某个具体行为。从某种意义上讲，心理健康比肢体健康更为重要。

从理论上讲，一般的心理问题都可以自我调节，可以用多种形式自我放松，缓和自身的心理压力和排解心理障碍。首先，我们掌握一定的心理健康科学知识，正确认识心理问题出现的原因。其次，能够冷静清醒地分析问题的因果关系，特别是主观原因和自身缺欠，采取对己对人都负责任的相应措施。最后，恰当地评估自我调节的能力，选择适当的治疗方式和时机。

总之，现代社会要求人们心理健康、人格健全，不仅要拥有良好的智商，还要有良好的情商。在出现心理问题时，能引起人们重视并寻求咨询和治疗，是社会文明进步的表现。

目录

第一章 不疯魔，不人生——揭密生活中6大怪异心理

强迫症：非做不可，不做不行 / 2

恐惧症：没有什么东西不让我害怕 / 5

抑郁症：人类精神世界的蛀虫 / 9

焦虑症：总是担心有些东西对自己不利 / 17

疑病症：身体一定出了问题 / 23

神经衰弱：精神之弦绷得紧紧的 / 26

第二章 天才就是偏执狂吗——解读人格障碍

表演型人格：人生如同演电影 / 34

依赖型人格：没有你，我就无法活下去 / 36

自恋型人格：全世界只有我一人 / 39

回避型人格：我有我的世外桃源 / 43

偏执型人格：非此即彼，非黑即白 / 47

被动—攻击型人格：凭什么听你的 / 50

第三章 你以为正常的就是正常的吗——揭密常见的几种病态心理

葛朗台心理：花钱花到我心痛 / 54

挫折心理：挫折面前抬不起头 / 56

极度自私心理：吃了我的都给我吐出来 / 61

病态怀旧：假如能够穿越到过去 / 63

虚荣心理：不拥有那些好东西就受不了 / 66

嫉妒心理：不可容忍"别人比自己好" / 71

浮躁：没有一刻得安心 / 75

完美主义：我不可以有缺点 / 78

猜疑心理：杯弓蛇影酿悲剧 / 83

害羞过度：一到公共场合脸就发红 / 87

悲观：活着是一种痛苦 / 92

狂躁：情绪激动到无法自抑 / 95

愤怒：坏脾气是不是天生的？ / 96

紧张过度：心慌气促，草木皆兵 / 99

敌对心理：世界上的所有都在和自己作对 / 101

第四章　自我较劲为哪般——揭密本能行为障碍

失眠症：睡觉是件奢侈品 / 106

嗜睡症：睡不醒的瞌睡虫 / 110

贪食症：吃到呕吐才罢休 / 112

厌食症：瘦不下来就去死 / 115

自伤：伤疤才是疗愈内心的神药 / 119

第五章　人生就要过把瘾——盘点生活中的极品各种癖

贪购症：恨不得将超市的东西都搬回家 / 124

赌博瘾：赌场就是我的家 / 129

信息焦虑综合征：买报纸比吃早饭更重要 / 131

烟瘾：可以不要健康，但不能不吸烟 / 133

酒瘾：今朝有酒今朝醉 / 136

网瘾：控制不住的网吧情结 / 139

洁癖：无处不在的肮脏细菌 / 143

性洁癖：小心伤害到最爱的人 / 148

第六章　宅人为何不见人——揭密社交心理障碍

人际关系敏感症：江湖都是险恶的 / 154

人际孤独症：我要我行我素 / 156

自我封闭症：不想和人说话 / 160

社交恐惧症：走进人群就慌张 / 163

第七章　左手职场达人，右手工作狂人——揭密职场心理失衡现象

就业焦虑症：毕业了，还一无所有 / 168

假期综合征：放飞的心难以收回来 / 171

上班恐惧症：一想到上班就焦虑 / 174

下岗综合征：失业让人压力山大 / 177

工作狂的巅峰状态 / 181

职场倦怠症：做什么都提不起精神 / 183

第八章　男女也疯狂——揭密都市麻辣男女的心理异同

季度男人综合征："七年之痒"的迷惑 / 188

性压抑心理：变态的心灵扭曲 / 190

处女情结：纯洁的才是最好的 / 192

少女情结：只要开心 / 194

恋父情结：谁也不能抢走爸爸 / 195

单恋心理：相思是种难言的痛 / 198

爱情厌倦症：左手摸右手，一点感觉都没有 / 202

恋爱恐惧症：失去了爱的能力 / 204

婚姻恐惧症：婚姻是爱情的坟墓吗 / 206

网恋：危险的虚幻痴情 / 208

第九章 就这么傻傻地长大了——看穿熊孩子们的那点小心思

幼儿胆小心理：不停地说"我害怕" / 214

儿童偷拿心理：管不住的小手 / 217

儿童多动症：屁股上像长了刺儿 / 220

童言有忌：孩子为什么会说脏话 / 225

任性心理：满地打滚在耍赖 / 228

缺失的爱：单亲子女的心理异常 / 230

上学恐惧症：就是不愿去学校 / 234

青春期叛逆心：偏偏喜欢对着干 / 237

考试焦虑症：上考场就像上战场 / 241

青春期综合征：反应迟钝没精神，三心二意心事多 / 245

成就焦虑：将来我是一个成功者吗 / 249

第十章 百年何惧再"疯癫"——关注中老年人的心理健康

早衰综合征：40岁的年龄60岁的心态 / 254

黄昏恋：好像回到了十八九 / 256

更年期综合征：心烦又气躁，如同换个人 / 259

退休综合征：老了就是一个废人吗 / 262

中老年人的"灰色"心理：夕阳无限好，只是近黄昏 / 266

第一章

不疯魔，不人生

——揭密生活中6大怪异心理

强迫症：非做不可，不做不行

"小华，不用担心了，肯定锁上了。"同伴安慰她。小华是某高等学校的在读研究生，很文静，生活有条不紊，学习认真，待人亲切。9月的一天，小华所住的宿舍楼里出现了盗窃事件，有人从阳台翻入，盗走了一台笔记本电脑。由于被盗者就住在小华的隔壁屋，这让小华感到非常的不安全。从那以后，她基本上不再打开阳台的门，并且每次外出时，都反复检查门窗是否关好。尽管如此，她在外面的时候，还是会反复担心宿舍的安全。常常下了楼，还想着要回去再检查一遍，别人怎样劝说都不行。她说自己也知道这样的担心毫无意义，但她无法控制自己，总害怕回去的时候会发现门窗大开，屋里狼藉一片，以至于浑身都不舒服。

强迫症又称强迫性神经症，指反复出现的明知是毫无意义的、不必要的，但主观上又无法摆脱的观念、意向的行为。

一般来说，强迫症的表现分为强迫观念和强迫意向及行为两大部分。

所谓强迫观念，是指某种联想、观念、回忆或疑虑等顽固地反复出现，难以控制。例如，反复联想一系列不幸事件会发生，虽明知不可能，却不能克制，并激起情绪紧张和恐惧，有的人一看见黑纱，便联想到死亡或即将大难临头，心情非常紧张；或是反复回忆曾经做过的无关紧要的事，虽明知无任何意义，却不能克制，非反复回忆不可；还有一种情况，就是对自己的行动是否正确，产生不必要的疑虑，要反复核实。如出门后疑虑门窗是否确实关好，反复数次回去检查，不然则感焦虑不安，上文中的小华就属于这一种；还有的人反复深究自然现象或日常生活事件发生的原因，如"世界为什么存在"、"树木为什么向上生长"等，他们明知思考这些问题毫无必要，但又控制不住自己要去思考；还有些人，每当接触到某些概念和词句，就会联想到和它相近或相反的概念，从而感到苦恼和紧张，如想到"拥护"，立即出现"反对"，说到"好人"时立即想到"坏蛋"等。

所谓强迫意向及行为，是指有些人常为某种与正常相反的意向所纠缠。例如，走到河边或井边，总是想往下跳，但又害怕真的会跳下去；有的人有强迫行为，如书写后反复检查是否写错字；有的人常怀疑自己的手或衣服被弄脏了，虽然反复洗了几次，仍不放心；有的人每当见到电线杆、台阶、柱子等，便不由自主地依次点数，明知毫无必要，但不数他就会感到心情不安，甚至漏掉了还要从头数起；有的人常重复某种动作，以解除内心的不安，如一个胳膊碰到椅子，另一个胳膊也一定要碰一下椅子；有的人进门一定要左脚先迈，否则要退回去再走一遍。

关于强迫症的发病原因，至今仍没有一个定论，病因未明。一般认为，遗传因素、强迫性性格特征及心理社会因素均在强迫症发病中起作用。

1. 遗传因素：该症有一定的家族遗传倾向。研究发现，作为一种遗传特征的红细胞（ABO）血型，与强迫症相关联，强迫症有较高的 A 型发生率和较低的 O 型发生率。

2. 性格特征：1／3的强迫症患者病前具有一定程度的强迫人格，其同胞、父母及子女也多有强迫性人格特点。其特征为拘谨、犹豫、节俭、谨慎细心、过分注意细节、偏爱思索、要求十全十美，但又过于刻板和缺乏灵活性等。

3. 精神因素：凡能造成长期思想紧张、焦虑不安的社会心理因素或带来沉重精神打击的意外事故，均是强迫症的诱发因素。

在强迫症的发生中，心理社会因素是不可忽视的致病因素之一。当躯体健康不佳或长期心身疲劳时，均可促使具有强迫性格者出现强迫症。

心理诊所

处方一、听其自然法

此法在于减轻和放松精神压力，任何事情听其自然，该咋办就咋办，做完就不再想它，不再评价它了。如好像有东西忘了带就别带它好了，担心门没锁好就没锁好了，东西好像没收拾干净就任由它去。经过一段时间的努力来克服由此带来的焦虑情绪，症状是会慢慢消除的。

处方二、刨根究底法

根据精神分析学说，让患者意识到造成心理问题的真正原因，有助于症状的消除，所以你可以依靠自己或亲人，从以下几条线索来探究童年的创伤性事件：

1. 幼时受过的伤害性事件（如毒打、诱拐、诱奸等）。

2. 幼时对他人造成的伤害性事件（如使人致残、死亡，使人财物严重受损）。

3. 幼时与你最仇恨的人和你最歉疚的人在一起生活的经历。同时你还应该探究症状的最初起因和隐藏的含义。

处方三、满灌法

简单地说，就是一下子让你接触到最害怕的东西。比如说你有强迫性的洁癖，那就请你坐在一个房间里，放松，轻轻闭上双眼，让你的助手在你的手上涂上各种液体，而且努力地形容你的手有多脏，这时你要尽量地忍耐，当你睁开眼，发现手并非你想象的那么脏，对思想会是一个打击，即"不能忍受"只是想象出来的；若确实很脏，你洗手的冲动会大大增强，这时你的助手将阻止你洗手，你会很痛苦，但要努力坚持住，随着练习次数的增加，这种强迫症会逐渐消退，但此法适合意志力较强的人。

处方四、系统脱敏法

先学会放松的方法，然后由易到难列出强迫性行为的次数和激怒情境，再对每种情境下的强迫行为逐渐进行放松脱敏。就洗手癖而言，应一步步地减少洗手时间，增加脏物的刺激量，依次执行下去。

处方五、当头喝棒法

当你开始进行强迫性的思维时，大声喊"停"，或给周围的人信息让他喊"停"，但要注意信息要给得及时。当你在自疗的过程中遇到困难时，请别忘了向你身边的朋友或家人寻求帮助，大喊一声"我不要受强迫！"

恐惧症：没有什么东西不让我害怕

陈石，男，36岁，公务员，自从7年前结了婚，正式成为有车一族后，一直驾车上下班。他为人谨慎，遵纪守法，从未发生过交通事故。但最近两年时间，他却逐渐害怕起开车来，开车也不如以前那样得心应手，经常出现心跳加剧，呼吸急促，手脚不听使唤，因此差点发生车祸。陈石怀疑自己患上了心脏病，多次到各大医院检查，结果表明心脏正常。因为害怕开车，他开始搭同事的顺风车上班。虽然不再开车了，陈石还是忐忑不安，一上车就紧张，整个人绷得紧紧的，跟平时恍若两人。不过这些症状，一等到下车后就消失得无影无踪。为了避免坐车，陈石多次谢绝了单位的出游活动，因而受到一些同事的嘲笑。他自己也觉得这样害怕没有必要，但无法控制，为此深感烦恼。

陈石的情况就是恐惧症症状的一种。一般来说，恐惧症有以下5个特征：

1. 某种客体或情境常引起强烈地恐惧。

2. 恐惧时常伴有植物神经症状，如心慌、呼吸急促、头晕、出汗等。

3. 对恐惧的客体和情境极力回避。

4. 自己知道这种恐惧是过分的、没有必要的，但不能控制。

5. 在预计可能会遇到恐惧客体或情境时便感到紧张不安，称为预期焦虑。

我们发现，陈石的症状均符合以上5个特征，是一个比较典型的"乘车恐惧症"。

恐惧症又称恐惧性神经症，是以恐惧症状为主要临床表现的神经症。恐惧对象有特殊环境、人物或特定事物，每当接触这些恐惧对象时，即产生强烈的恐惧和紧张的内心体验。患者神志清晰，明知其不合理，但是一旦遇到相似情境时，仍反复出现恐惧情绪，无法自控，并且产生回避行为。脱离该情境，症状逐渐缓和消失。

事实上，恐惧是一种正常情感成分。恐惧性情绪反应是一种具有自我防护、回避危害、保证生命安全的心理防卫功能，人皆有之。例如人们对黑暗、僻静处、高空环境、毒蛇猛兽都可能产生恐惧性回避反应。儿童、女性、胆小者和某些心理缺陷者，恐惧心理尤为明显。

恐惧症通常急性起病，以面对某一物体或处境，爆发一次焦虑发作为先兆，患者虽知这种恐惧是过分和不必要的，但不能克制，不接触或脱离所恐惧对象时，则表现正常，因此，常伴有回避行为。恐惧对象可归纳为3类：

1. 广场恐惧症。在1871年创用本症名词时原本是指有一类病人，一参加公共广场集会或群众性狂欢时，就出现病理性恐惧反应。一旦迅速离开广场后，病情随之消失。以后发现本症患者对商场、大百货公司、登高、仰视高大建筑物，或乘坐电梯、公共车辆、过江轮渡，穿过隧道、繁忙的马路，以及走过很深很长的走廊等都会产生恐惧反应。通过深入病理心理机制的研究才发现，任何环境如果存在拥挤、封闭使其感到无法逃脱或回避，皆可导致恐惧发作。因为患者感到进入或留在这些地方，对自己不安全，有生命危险，有发生晕厥或失去控制而无法逃离的可能。因此，广场恐惧症"名不符实"，亦可称为"特殊境遇性恐惧症"。多数在25～35岁时起病，女性多于男性。这类病人初期只对1～2种环境产生恐惧和回避，如乘汽车恐惧时改乘火车旅行尚能适应。只要有人陪伴，甚至与爱犬同行，尚可出门办事。若不及时治疗，随着时间推延，病情逐渐加重，症状泛化，对上述任何场所、环境都产生包围感和威胁性恐惧心理，并伴随严重的回避行为，最重时自我封闭在家，整天不能外出。

2. 社交恐惧症。是指对特殊的人群发生强烈恐惧紧张的内心体验和出现回避反应的一类恐惧症，故又称为"见人恐惧"。这类病人平时不接触人群，见到自己父母等熟悉亲近的人，无恐惧紧张现象。一旦遇到陌生人、异性、上级领导甚至马路上的行人就会恐惧紧张，出现拘束不安、焦虑不宁、手足无措、面红耳赤、心悸出汗、头昏呕吐、四肢颤抖等身心异常反应。同时本人会想方设法加以回避，脱离现场、躲避人群，以求减轻心理不安。社交恐惧症如不及时治疗，恐惧症状会逐渐发展，恐惧病症日益加重，恐惧对象逐渐扩大，最后发展到不敢外出，拒绝出席一切群体社交活动，内心异常痛苦忧郁，甚至出现消极自杀言行。

3. 单纯性恐惧症。除了对环境和人物恐惧以外，其他都归入本症亚型。临床常见形式有：①动物恐惧症。害怕狗、猫、老鼠、昆虫等小动物，不敢碰摸，甚至不敢看，有时连对动物的玩具、图片和影视形象也感到紧张恐惧，竭力回避。②疾病恐惧症。患者害怕患特殊疾病，例如心脏病、结核病、麻风病、中风或其他不治之症等。对癌症的心理恐惧，则称为"恐癌症"。③其他恐惧症。名目繁多的病名，与具体恐惧对象有关，例如见到鲜血恐惧，甚至突然晕厥发作，称为"见血恐惧症"。

关于恐惧症的发病原因，目前仍不清楚。大部分学者认为恐惧与患者过去的某一特定经历有关，对这一特定经历的条件反射可能是诱发恐惧的病理机制。案例中的陈石在追寻自己害怕开车的原因时，经过努力的回忆，想起多年前，他的大学同学小张发生过车祸，造成左手和右腿残废。本来陈石早已经忘了这件事，但就在2年前，他无意中再次遇到小张，看到残废的小张，陈石的情绪异常激动，便开始变得不敢开车甚至不敢坐车了。

此外，恐惧症的产生还可能与下列因素有关：

1. 遗传因素：有一家机构的调查结果显示，在恐惧症患者的一级亲属中，20％的父母和10％的同胞患神经症，他们据此认为遗传因素可能与该症发病有关。也有人指出，至今尚无证据表明遗传在本病的发生中起重要作用。

2. 性格特征：病前性格偏向于幼稚、胆小、害羞、依赖性强和内向。

3. 对特殊物体的恐惧可能与父母的教育、环境的影响及亲身经历（如被狗咬过而怕狗）等有关。

有专家指出，恐惧症并不是什么难以治愈的顽症，只要接受适当的治疗，绝大多数的患者都会得到明显的改善。而且无论病史多长、病情多重，治疗效果都很好。

心理诊所
处方一、 要相信自己能够克服恐惧
通过解释、疏导，告诉自己之所以对某种物体、情境或人恐惧，是因为主观意念所致。如社交恐惧，就是自己的一种强迫性的消极观念占了上风，总担心与别人谈话、交往时，别人会嘲笑或看不起自己，不管事实上是否真的如此，总觉得很不自在、很尴尬、很恐慌。所以，要消除恐惧症，就要勇敢地面对引起恐惧的事物，学会控制、调节自己的害怕情绪。

挫折也是一种磨练，要拿出积极的心态和行动，自己的路要靠自己的脚走。不必太在意外界因素，你的信心和努力才是真正能使你成长的动力。

处方二、 针对个案采用系统脱敏法

所谓系统脱敏法也称缓慢暴露法，是一种常用的行为治疗方法。其基本原则是交互抑制，即每次在引发焦虑的刺激物出现的同时，让自己作出抑制焦虑的反应，这种反应就会削弱，最终切断刺激物同焦虑反应间的联系。采用系统脱敏法治疗恐惧症要求有计划、有目的地指导，鼓励自己去接触使自己产生恐惧的人群、事物或情境，即使暂时会产生恐惧，也要忍受和适应，直到恐惧情绪全部消失为止。

采用系统脱敏疗法进行治疗应包括3个步骤：

（1）建立恐惧或焦虑的等级层次。找出所有使自己感到恐惧或焦虑的事件，然后将这些事件按等级程度由小到大排列。

（2）放松训练。一般需要6～10次练习，每次历时半小时，每天1～2次，以达到全身肌肉能够迅速进入松弛状态为合格。

（3）系统脱敏练习。放松；想象脱敏训练；实地适应训练。

案例中陈石对坐车反应激烈，可见车厢是引起反应的物体。可以按刺激的强弱程度制订刺激步骤：

第一，想象自己在狭小的车厢里，感到紧张时深呼吸，调节情绪。让自己在这种不断的"想象"中，获得对坐在车中那种可怕情景的免疫力；

第二，在大街上远距离观看车辆，想象自己就在车中，告诉自己车辆并不会伤害自己；

第三，在朋友的陪同下尝试乘坐公共汽车。

通过以上几个步骤的不断练习，可以纠正惧怕乘车、心理紧张的弱点，增强心理的承受力。

系统脱敏法的关键是确定引起过激反应的事件或物体。但有时较容易看到的过激反应事件并不一定是真正引发心理障碍的原因。所以应找到真正的致病原因，结合"认知调整法"标本兼治。如有的人有异性交往恐惧只是一个表面现象，当不理解致病的真正原因时，采用系统脱敏的效果并不理想。当找到了真正的致病原因——身体缺陷导致自卑、逃避、幻想、心理失衡时，对自身身体采用系统脱敏法和认知调整法相结合的方式进行治疗就会立即取得良好的效果。

抑郁症：人类精神世界的蛀虫

阿青，大一女生，首次远离家乡和父母独自一人来到大学求学。刚进大学的她对一切事物都觉得很新鲜，却又觉得难以适应。她做很多事情都觉得很困难，上课无法集中注意力，成绩总是排在班上的后几名。渐渐开始觉得大学生活和学习没什么意思，对各种活动开始失去兴趣，有孤独感、无助感、无依靠感，不愿与人交流，不愿参加任何集体活动，整天呆在宿舍里，也不跟宿舍同学说话，只是自己一个人躺在床上听音乐，或者自卑自怜，以泪洗面，表现出退缩、冷漠，总是产生疲倦感，也时常感到头晕头痛，终日精神抑郁，闷闷不乐，或长吁短叹，情绪极为低落。

人们在日常生活中难免会有一段时间感到不快活，比如我们失去了亲人、做错了事情、遭到领导的批评，甚至是夫妻间吵架拌嘴，这时我们往往会感到失落和无助，自责或内疚，因而情绪低落、沮丧，这就是抑郁。

与一般的悲伤反应不同，抑郁比悲伤，也比痛苦、羞愧、自责等任何一种单一的负性情绪更为强烈和持久，给人带来的影响更深重。抑郁是一种很普遍的情绪，可以说人的一生总有某段或长或短的时间生活在抑郁之中。处于抑郁状态的人，如果能及时进行调节，积极面对所遭遇的现实和处境，接受丧失与悲伤的现实，就有可能克服抑郁情绪，重新适应环境，恢复正常的生活。

遗憾的是，许多人并没有意识到抑郁的危害，不能积极调节心态，长期（一般在3个月以上）笼罩在抑郁的阴影下无力自拔，影响到正常生活，这时他们就患上了抑郁症。

医学研究发现，抑郁症是最常见的心理疾病，在全世界的发病率约为11%，所以有人把它称为"心灵的感冒"。

抑郁症主要表现为情绪低落、思维迟缓、兴趣索然、精力丧失、自我评价过低，因而导致生活能力退弱和职业功能减低、工作效率下降。

1. 仪表。这种病人的仪表颇具特色，他们往往衣着随便，不知梳洗，给人一派颓废潦倒的印象；面容愁苦，甚至两眸凝含泪珠，若稍启诱，便泪如雨下；动作减少，甚至端坐半晌而姿势不变；有的人从外表上看不出明显的悲哀抑郁，有的甚至完全难以觉察，有的强颜欢笑，但从其眉间还会不时流露出一丝愁情哀意，明眼人不难看出其内心的悲痛。

2. 精神运动性迟缓。这种病人的行动显得迟缓（激越型者例外），往往很少有自发动作，严重者甚至端坐一隅，纹丝不动，思维过程也很缓慢，以至影响言语速度，若与之交谈，常数问一答，答前有长时间沉默，使多数人心焦难忍。

3. 抑郁心境。是抑郁障碍的特征性症状，如情绪低沉、感情灰暗、忧心忡忡、心烦意乱、苦恼忧伤、悲观绝望、丧失兴趣，觉得生活没意思，打不起精神，大有度日如年、生不如死之感，为了掩饰自己有时还要强装笑容。抑郁心境呈现昼重夜轻的规律变化，这是抑郁症，特别是内源性抑郁症的典型症状。病人一般在早晨抑郁情绪最明显，自杀、自伤行为也多在这段时间发生，午后情绪渐渐好转，傍晚情绪可以恢复到正常，上床后又陷入了困境。这种情绪上的变化，可能与5—羟色胺分泌的昼夜节律有关。

4. 悲观思想。大体分为3种：

（1）想到当前，病人似乎戴上了"灰色眼镜"，对任何事情只是看到消极的一面，对生活毫无自信可言，觉得自己是社会的累赘。

（2）考虑将来，所想的均为最坏的前景，自己必然一败涂地，感到孤立无援，似乎到了生活的尽头。死亡则为解脱，有的病人出现自杀企图，甚至作出自杀的周密计划。

（3）反省过去，为了一些小事而自责自罪、夸大罪孽。大多数病人的悲观情绪与想法归结到一点就是自我责备。但也有些病例同时还会责怪他人，甚至有的人会怨天尤人，故不能就此否定抑郁症的可能。

5. 焦虑、激惹与激越。焦虑很常见，有的病人易被激惹，往往为小事激动。激越是指坐立不安，病人自己体验到神情紧张、焦虑不安、难以自控，旁观者看来显得手足无措、坐立不安，重者无法静坐。

6. 兴趣丧失。几乎每个病例都有此病状，他们对以往的日常生活、学习工作以及业余爱好变得兴趣索然，觉得任何事情对自己都无意义。

7. 精力减退。主观感觉精力不足、疲乏无力，总觉得力不从心，对做任何事情都显得十分被动。缺乏积极性和主动性，给人以无精打采，精疲力竭、精神崩溃之感。

8. 生物学症状。睡眠障碍，主要为中、后期失眠，也可见入睡困难和噩梦，最具特征的是早醒，一般比平时提早2～3小时醒来，醒后再也难以入眠；胃肠功能减弱；食欲减退、口干无味、消化不良、呃逆反酸、便秘、体重减轻；个别病人也有贪食现象；性功能障碍，性欲减退、阳痿、性感缺失、闭经；抑郁情绪还可涉及其他各内脏器官，并出现相应的躯体不适症状。

9. 抑郁妄想。在严重抑郁状态下出现的妄想，主要有自罪妄想、贫穷妄想、疑病妄想、虚无妄想、嫉妒妄想等。

10. 木僵。轻度木僵病人的言语、动作和行为显著减少、缓慢，举止笨拙。严重木僵病人运动完全抑制、不语不动、不吃不喝，往往长时间保持一个固定不变的姿势。抑郁症病人多为抑郁性木僵和心因性木僵。

抑郁症常见人群特征有：

1. 女性患者是男性患者的两倍。但是重度及复发者男女相似。

2. 女性随年龄变化，35～45岁年龄组发病率最高。

3. 男性发病率随年龄增加而增长。

4. 抑郁症在社会最高阶层和最低阶层中最常见。

5. 已婚者比单身者（青少年除外）发病率低。

6. 少数病人患季节性抑郁症，冬季里发病。更少数抑郁症在夏季复发。

7.轻度抑郁症远多于重度抑郁症。

另外，下列因素导致人们易患抑郁症：

1.认真的人，喜欢照顾别人的人，事业上有贡献的优秀者易患抑郁症。

2.工作紧张、繁忙的人，人际关系不良，生活环境有改变者易患抑郁症。后者包括与亲人生死离别，丧失心理体验者，事业和生活失败受挫者，生活环境有改变者。

3.对自己、对过去和未来持消极看法者易患抑郁症。

4.其他的如年少丧母、家中抚养幼子较多的妇女、缺乏亲密可信的亲友等也可能增加抑郁症的患病几率。

为什么有些人会得抑郁症，有些人却不会？这个问题的答案也许不止一个。专家认为可能导致患上抑郁的原因主要有以下方面：

1.遗传基因：抑郁症跟家族病史有密切的关系。研究显示，父母其中1人得抑郁症，子女得病几率为25%；若双亲都是抑郁症病人，子女患病率会提高至50%～75%。

2.环境诱因：令人感到有压力的生活事件及失落感也可能诱发抑郁症，如丧偶（尤其老年丧偶，几乎八九成的人会得此病）、离婚、丢掉工作、财务危机、失去健康等。

3.药物因素：对一些人而言，长期使用某些药物（如一些高血压药、治疗关节炎或帕金森症的药）会造成抑郁症状。

4.疾病：罹患慢性疾病如心脏病、中风、糖尿病、癌症与阿兹海默症的病人，得抑郁症的几率较高。甲状腺机能亢进，即使是轻微的情况，也会患上抑郁症。抑郁症也可能是严重疾病的前兆，如胰脏癌、脑瘤、帕金森症、阿兹海默症等。

5.个性：自卑、自责、悲观等个性，都较易患上抑郁症。

6.抽烟、酗酒与滥用药物：过去，研究人员认为抑郁症患者可以借助酒精、尼古丁与药物来舒缓抑郁症情绪。但新的研究结果显示，使用这些东西实际上会引发抑郁症及焦虑症。

7.饮食：缺乏叶酸与维生素 B_{12} 可能引起抑郁症状。

心理诊所

处方一、正确认识抑郁症

抑郁症是每个人都可能得的心理疾病。它不能说明人心胸狭窄，也不能说明人品质低劣或意志薄弱。总之，抑郁症与感冒没有任何区别，它只是一种普通的疾病。中国人心理健康的观念比较淡薄，对健康的认识基本上还停留在生理健康的层次，这种状况应该被逐渐打破。所以，如果你或你的亲人得了抑郁症，千万不要感到见不得人或低人一等，仿佛做了什么亏心事一般。其实，我们已经说过，神经衰弱基本上就是抑郁症，既然我们能勇敢地说自己得了神经衰弱，为什么就不能告诉别人，自己得了抑郁症呢？这纯粹是一个观念问题。从某种意义上说，得抑郁症可能说明你是优秀的。天才总是要抑郁的。

抑郁症是可以治好的。这一点非常重要，抑郁症患者由于带上了有色眼镜，常常悲观绝望，甚至企图杀死自己。其实，这是不理性状态下的不理性想法，所有治好的人回头想想自己原来的感觉，都会觉得好笑。所以，如果你抑郁了，就告诉自己，我的情绪感冒了，我的情绪现在正在发烧，还会打喷嚏，现在很痛苦，但只要吃点儿药就会好的。

抑郁症与精神分裂是两码事。抑郁症是可以治好的，而精神分裂基本上很难治愈，且会复发。抑郁症也不会发展为精神分裂，你抑郁了，说明不具备精神分裂的素质，这其实是一个好的信号，这辈子你想精神分裂都分裂不了。

抑郁症对你的发展很可能是件好事。它让你陷入反思和内省，治愈后你可能会达到比以前更高的层次。所以，如果你抑郁了，不要认为自己是不幸的。塞翁失马，焉知非福？

处方二、积极消除抑郁

至于抑郁症的治疗与调适，我们完全可以用抑郁症心理自助法，让快乐重新回到我们的生活中。

所谓抑郁症心理自助法，是不依赖心理医生或其他专业人员，患者自己通过心理调适、自我训练、自我心理保健等方法消除抑郁、恢复健康的纯心理方法。应该说，简便有效，适用于广大抑郁症患者。

面对情感创伤和忧郁情绪时，以下6种思维方法和做法是不正确的和不可取的，此乃"六不要"原则，是我们必须力戒和避免的。

1. 当情感受到伤害时，本人和他人竭力去否认或压抑痛苦感觉。例如失去亲人时，人们认为应该规劝患者本人不要去想他（她）。

2. 认为压制悲伤的做法是坚强的，是克服悲伤的好方法。

3. 感到这样悲伤痛苦的感受太可怕了，无法忍受，认为不喜欢痛苦而想躲开它是人之常情。

4. 对自己过分自责，感到内疚。例如与妻子争吵不和，离家而去，做丈夫的就深深自责内疚，认为自己无能，毁灭了婚姻，亦毁灭了一生的幸福等等。

5. 遇到失败挫折后，悲观失望，对世界的一切都看得过于黑暗，认为自己没有未来和前途。

6. 继续使自己处于在同一痛苦的情境中。一位妻子不幸嫁给有人格障碍的丈夫，经常遭受虐待对她来说虽然是极端痛苦，但是她可能被丈夫短期的花言巧语所蒙蔽，依然回到他的身边，继续这样痛苦地忍受。

之所以说这6种选择和反应是错误的或者是精神创伤时不要采取的方法，是因为患者如果采取这样的应付措施只能使自己的悲伤和痛苦延长时间，更难以恢复心理平衡和康复，使各种躯体疾病的诱发几率增加，长时间存在严重忧郁情绪，并可引致更为严重的忧郁反应。

处方三、适度预防抑郁

情绪低落既有生理方面的原因，也有心理方面的原因，对大多数人来说，这两方面都有一些促进的因素。这些因素有累加效果，因此对付其中任何一个因素都会起作用，即使是你觉得不太重要的因素，譬如压力，它就像麦秸一样，太重了也会将脊背压断的。以下方法能帮助你预防和调适抑郁症：

1. 注意睡眠、饮食和运动。我们不可忽视那些有可能导致情绪低落的基本生理因素。如果你睡眠不佳，食欲不振，听任自己处于不良的生理状态，你就很容易出现低落情绪，因为日常活动耗尽了你的精力，很快就会把你压垮。失眠是低落情绪的一种很普遍的后果，反过来它又能使你容易发作抑郁症。在抑郁症发作期间，你很难对失眠采取什么直接的对策，因为你需要集中精力对付抑郁症。因此在你情绪较好的时候，就应该养成良好的睡眠习惯。

对于易发抑郁症的人，酒精饮料是一个很大的问题。酒精能暂时使你逃避问题和烦恼，然而由酒精而激发的那点轻松感和自信是很肤浅的，问题仍然潜伏在表面之下，在暗中蔓延滋生，最终必将爆发出来，带来更深的抑郁，这将比以往任何一次更加难以对付。

过度地节食会使你心情烦躁、抑郁、疲倦和虚弱。在我们的社会中，女性普遍希望自己的体重和体形得到控制，因而会控制她们的饮食，然而她们往往把自尊心和体形外貌乃至节食过于紧密地联系在一起了。

运动能防止抑郁症的发作，有助于增强体质。它也能较快地提高情绪，缓冲抑郁。

2. 明确你的价值和目标。如果你很容易发作抑郁症，应该检查一下你的人生目标和价值，检查一下你是怎样消磨时间的。反复出现低落情绪的一个重要原因是你实际做的事情同你真正看重的事情不相称。这种不相称本身并没有明确表现出来，都表现为笼统的抑郁情绪。

举一个简单的例子。林路表面上看来是很成功的。他在大学时成绩不错，取得学位之后，他加入一个大企业。他挣了很多钱，然而却受着抑郁症的反复折磨。他寻求专家帮助，通过心理治疗才弄清，原来他并不怎么看重他所取得的成就。他谴责自己过于自私，渴望他的工作能对别人有更多的帮助，那才是他所看重的。于是他开始寻求别的职业。广告上有一个职位能让他利用自己的财务专业知识为社会服务，虽然这个职位的薪水远远低于他原来的薪水水平，他还是毅然申请了这个职位，因为他相信工作中的乐趣取决于是否能从事他所看重的工作。他获得了这个职位，两年之后，虽然他的情绪仍然时有起伏，但再也不像从前那样经常发生深度抑郁了。

如果你还没有写下你的价值和目标的人生规划书，我们建议你做一下。它能帮助你评价目前的工作和个人生活是否符合你的价值观。如果不符合的话，它能帮助你选择最有利于摆脱抑郁苦恼的改变方案。

3. 将欢乐带入生活。抑郁常常导致自尊心的下降甚至自暴自弃。易感抑郁的人往往比较善良、体贴他人、利他主义，却往往过低评价自己，甚至贬低自己，拒绝应得的欢乐。即使在情绪正常的时候，他们也总是觉得自己没有资格享受欢乐。他们总是把别人的需要放在第一位。有许多父母就是这样，他们把儿女的需要放在大大高于自己的需要之上，而不给自己留下一点点时间和空间。

即使你现在还不认为你有资格享受自己的欢乐，至少你应该做你自己所喜欢的事情。无论工作多么忙，你也必须找时间来让自己轻松一下，做一点你觉得能使自己高兴的事情。眼前的欢乐能帮助你预防未来的抑郁。将欢乐带进生活的确是拥有良好心境的基本策略之一。

4. 不要孤注一掷。世上没有一帆风顺的事情。每个人都会遇到工作或生活的某些方面进展不顺的情况，或夫妻关系发生矛盾，或个人爱好得不到满足，或生活中似乎充满各种问题。因此如果将所有的自尊心都绑在生活的某一件事情上，你肯定会变得非常脆弱。回顾一下你的抑郁历史，它是不是与你生活中某一个方面的进展情况紧密相连？比方说，你是不是当工作不顺利的时候就情绪低落？如果你的抑郁过程确实与你的生活中某一个方面有密切的关系，就表明你很可能是太孤注一掷了。

为了避免发生这种片面的依赖性，最好能拥有生活的多个方面：朋友、家庭、工作、爱好和兴趣，家庭内的和家庭外的，社会的和个人的。每一个部分都能增强你的自尊心。当生活的某一个方面进展不太顺利的时候，你还可以从其它的方面获得安慰和支持。

5. 建立可靠的人际关系。当发生什么不利事件时，有一个可以完全信赖的人，无论是亲戚、配偶或朋友，这是防止抑郁的最重要保证之一。如果你还没有这么一个亲密的可以依靠的人际关系，你的朋友也不能向你提供能帮助你防止抑郁的感情支持，你就应该想办法开始建立这样的支持关系。

建立可靠的人际关系需要时间，需要你自己的努力，不可能一夜就成功。虽然似乎有点困难，但你要记住：在生活的任何阶段都可以建立这样的关系。建立可靠的人际关系的过程有很多步骤，下面举一些例子，告诉你怎样着手进行。

步骤1：会见新朋友。寻找一个可以遇到与你具有同样兴趣和爱好的人的地方。

步骤2：建立友谊。友谊是在分享共同经验，特别是共同活动和分享快乐中发展起来的。因此你要考虑你可以和新朋友共同做些什么事情。

步骤3：巩固友谊，保持联系。经常联系有助于你记住对方所关心的事情，从而成为对方的一个忠实的倾听者和热心的谈话者。

步骤4：保持友谊的良好运作状态。在对方情绪正常或低落的时候，寻找表达你对他关怀的方式；当对方遇到困难时，你要尽力帮助；当对方脾气不佳或沉默寡言的时候，你要保持耐心。

步骤5：寻求友谊的支持。当你感到抑郁时，不要躲开朋友。即使你感到不像往常那样心情开朗，或不好意思将自己的问题去麻烦他人，你也要努力与朋友保持联系。情绪低落是一种很普遍的现象，许多人都会理解你的心情。不仅你的知心朋友，其他各种人际关系都可能会支持你的。

可靠的人际关系决不应该是依赖式的关系。我们不仅需要支持，还需要有自己的空间、自己的独立性和意志自由。你应该对关键性的关系进行一下检查，对方有没有"支持过度"？有没有给你留下太少的独立自主时间？如果有这样的情况，你应该同对方商量，做一点改变，以寻求支持和独立之间的最佳平衡。

焦虑症：总是担心有些东西对自己不利

徐先生是某化工企业的高级管理人员，在公司里以工作能力强而出名。他才华横溢、经验丰富，公司里有了难题，总让他带着人去解决，已近中年的他已是企业的副总经理。但最近他总感到在开车或办公时，出现心前区不舒服。还有件事也刺激着徐先生的神经，他的父亲在前年患心脏病去世，他担心此病遗传，尽管医院检查并未发现问题，但他仍不放心。有一天，他开车时，突然感到心前区疼痛，便叫了急救车。这次他不敢大意，住了2个月的院，还是没查出什么事，徐先生真正感到困惑了。

在心理门诊中，常看到像徐先生这样奇怪的"心脏病人"。这些"心脏病人"，有很大一部分是患了一种心理障碍——焦虑症。

焦虑是人们对于所处的不良环境产生的一种不愉快的情绪反应。由于有焦虑的产生，迫使人们萌生出逃避或摆脱这种不良环境的主观意愿，故在一定程度上，焦虑是一种"保护性反应"。任何人在一生中不可能一帆风顺，因此，每一个人都会有不同程度的焦虑体会。在正常情况下，人们针对所接触的环境或事物可以产生出不同的情绪反应。如高考前的学生吃不下饭，睡不好觉；比赛前有的运动员会四肢发凉、手心出汗、心跳加速等。随着处境的改善，产生的症状会慢慢消失，情绪趋于稳定，这就不能算病。只有对那些发生在日常生活中的很小挫折都会引起强烈的情绪反应的人来说，才能算病。在临床上，我们把由于很轻的原因所引发的，以比较严重焦虑为中心的一组症状称为"焦虑症"。按照现代心理学的划分，焦虑症属于中度心理不健康的范畴。随着社会的飞速发展和竞争的日益激烈，患焦虑症的人数不断上升。西方国家的焦虑症发病率为3%～5%，近年来，我国患者在人群中的比例也逐渐上升到2%～3%，尤其是在以脑力劳动为主的群体里，如科研、教学、机关、管理等职业中的患者人数比例要高于体力劳动者，因此对这部分人群的关注是十分必要的。

焦虑症多发生于中青年群体，诱发的因素主要与人的个性和环境有关。前者多见于那些内向、羞怯、过于神经质的人；后者常与激烈竞争、超负荷工作、长期脑力劳动、人际关系紧张等因素密切相关。亦有部分患者患病诱因不明。

焦虑症常见的类型有惊恐发作和广泛性焦虑障碍等。惊恐发作又称间歇发作性焦虑，它的特征是严重惊恐的反复发作，每次发作不局限于任何特定的情景和环境，像前例中的徐先生一样。发作焦虑、惊恐可能在开车时，也可能在办公室，症状因人而异，可能是心跳过快、胸口疼痛、头昏，也可能感到恐惧，觉得要死了、要发疯，甚至失去控制，在几分钟到半小时后，常不治而愈。两次发作之间虽然正常，但因频繁发作，常不敢去公共场所。还有一类病人，总怕自己或家人遇到什么不好的事，每天忧心忡忡。他们总感到紧张、肌肉发抖、出汗、头晕、胃部不舒服等，但医生的检查却无结果。这类病人患的是广泛性焦虑。还有其他的焦虑症类型，如恐怖性焦虑障碍等。

心理诊所

处方一、焦虑症发作时的自我控制

下面是一种简单有效的控制焦虑发作的方法，包括4个步骤。

1. 叫停。一旦你感到有某种身体的不适（比如心跳加快、头晕），同时有某种不祥的预感时，立刻说"停止"。如果你曾经发作过焦虑症或正处于焦虑症发作期，可以在手腕上套一个橡皮圈，在你说"停止"时，拉一下橡皮圈弹自己的手腕。

2. 找原因。每个人都会有头晕、心跳加快、胸闷的时候，那只是正常的生理反应。在这些反应发生时，要先找到原因。想想："我干了些什么？（一直坐着又站起，所以会头晕。）""今天天气怎么样？（天气预报说气压很低，所以感到胸闷。）""我昨晚休息得好吗？（整晚没睡，所以很疲劳。）"

3. 转移注意力。转移注意力就是把注意力集中在与你目前的感觉无关的事情上，使自己无暇进行"灾难性"的推测。调动你所有的感官去注意周围环境：假设你走在一个广场上，你感到隐隐的不安，马上去注意广场周围有什么建筑，这些建筑有什么特点，你以前进去过吗？假设你正参加一个集会，不祥之感袭来，你马上观察你旁边的人或是某个主持人在说什么，干什么。

4. 控制呼吸。焦虑症发作时病人呼吸急促，这会导致吸入氧气量减少，进一步加剧身体症状，如头晕、四肢疼痛。

对于没有进行过呼吸训练的病人来说，简单的方法是用双手将一个没有漏洞的纸袋（不能用塑料袋）紧紧地套在自己的鼻子和嘴上，做深呼吸10次。

用"控制呼吸法"呼吸不仅有"急救"的作用，还能够降低你总的焦虑水平。这需要平时的训练。方法如下：

腹式呼吸。保持坐姿，身体后靠，不要驼背，五指并拢，双掌放于肚脐上。把你的肺想象成一个气球，用鼻子长长地吸一口气，把气球充满气，保持2秒钟。这时你看到你的手被"顶起"。再用嘴呼气，给气球"放气"，看你的手是否在慢慢回落。

慢呼吸。学会腹式呼吸后，开始学计时，不让呼吸变快。你要用4秒的时间吸气，再用4秒的时间呼气。

控制呼吸的方法必须每天坚持练习多次。在你练习的时候，它已经在帮助你降低对焦虑的易感度。更重要的是，如果不能达到不假思索地使用这种呼吸法，在焦虑发作时，是派不上用场的。

处方二、焦虑症的自我预防与治疗

1. 要有一个良好的心态。首先要乐天知命，知足常乐。古人云："事能知足心常惬。"其次是要保持心理稳定，不可大喜大悲。"笑一笑十年少，愁一愁白了头""君子坦荡荡，小人常戚戚"。要心宽，凡事想得开，要使自己的主观思想不断适应客观发展的现实。不要企图让客观事物纳入自己的主观思维轨道，那不但是不可能的，而且极易诱发焦虑、抑郁、怨恨、悲伤、愤怒等消极情绪。再次是要注意"制怒"，不要轻易发脾气。

2. 积极进行自我疏导。轻微焦虑的消除，主要是依靠自我，当出现焦虑时，首先要自己意识到这是焦虑心理，要正视它，不要用自认为合理的其他理由来掩饰它的存在。其次要树立起消除焦虑心理的信心，充分调动主观能动性，运用注意力转移的方法，及时消除焦虑。当你的注意力转移到新的事物上去时，心理上产生的新体验有可能驱逐和取代焦虑心理，这是人们常用的一种方法。

3. 学会自我放松。

活动你的下颚和四肢。当一个人面临压力时，容易咬紧牙关。此时不妨放松下颚，左右摆动一会儿，以松弛肌肉，缓解压力。还可以做扩胸运动，因为许多人在焦虑时会出现肌肉紧绷的现象，引起呼吸困难。而呼吸不顺可能使原有的焦虑更严重。欲恢复舒坦的呼吸，不妨上下转动双肩，并配合深呼吸。举肩时，吸气。松肩时，呼气。如此反复数回。

幻想。如闭上双眼，在脑海中创造一个优美恬静的环境，想象在大海岸边，波涛阵阵，鱼儿不断跃出水面，海鸥在天空飞翔，你光着脚丫，走在凉丝丝的海滩上，海风轻轻地拂着你的面颊……

放声大喊。在公共场所，这方法或许不宜。但当你在某些地方，例如私人办公室或自己的车内，放声大喊是发泄情绪的好方法。不论是大吼或尖叫，都可适时地宣泄焦躁。

4. 经常进行自我反省。有些神经性焦虑是由于患者对某些情绪体验或欲望进行压抑，但它并没有消失，仍潜伏于潜意识中，因此便产生了病症。发病时你只知道痛苦焦虑，而不知其因。在此种情况下，你必须进行自我反省，把潜意识中引起痛苦的事情诉说出来。必要时可以发泄，发泄后症状一般可消失。

5. 尝试自我催眠法。焦虑症患者大多数有睡眠障碍，很难入睡或突然从梦中惊醒，此时你可以进行自我暗示催眠。如：数数，或用手举书本读等促使自己入睡。

处方三、焦虑症患者的饮食治疗

患焦虑症患者饮食上应有所注意。一般对有消化道症状的患者来说，应该合理安排生活，防止暴饮暴食或进食无规律，以免增加胃肠道负担，加重症状。对有心脏病症状的患者来说，则应远离有刺激性的烟酒、浓茶、咖啡、辛辣食物等，因为它们能引起交感神经兴奋、心跳加速、心脏早搏等，使已有的症状更突出。建议以清淡、易消化的食物为主，进食后不要马上休息。对于腹胀、便秘者，也可以服用助消化和通便的药物。

1. 饮食宜忌

焦虑症患者饮食相当重要，避免可乐、油炸食物、垃圾食物、糖、白麦粉制品、土豆片等易刺激身体的食品。饮食需合50%～75%的生菜。3周内勿食乳品，之后，陆续加入饮食中，并观察是否有什么不适症状。

酒精、药物可能使患者的症状暂时得到解脱，但隔天紧张又来袭，而且这些物质本身也有损健康。因此，应该学习如何调适，而不是光靠逃避。在身心面临紧张及焦虑的迫害时，很重要的一点是饮食正当。除了避开咖啡因及酒精，还需远离糖、白面粉制品、腌肉、辛辣刺激的调味料等。勿吃垃圾食物！正确的饮食将强化身体，使免疫系统及神经系统状况俱佳。

2. 保健药膳

1. 玫瑰花烤羊心。鲜玫瑰花50克（或干品5克），羊心50克，精盐适量。将鲜玫瑰花放入小铝锅中，加精盐、水煎煮10分钟，待冷备用。将羊心洗净，切成块状，穿在烤签上边烤边蘸玫瑰花盐水，反复在明火上炙烤，烤熟即成。可边烤边食。功效补心安神。适用于心血亏虚所致的惊悸失眠及郁闷不乐等症。

2. 枣麦粥。枣仁30克，小麦30～60克，粳米100克，大枣6枚。将枣仁、小麦、大枣洗净，加水煮沸，取汁去渣，加入粳米同煮成粥。每日2～3次，温热食。功效养心安神。适用于妇女烦躁、神志不宁、精神恍惚、多呵欠、喜悲伤欲哭，及心悸、失眠、自汗。

处方四、焦虑症的其他自然疗法

1. 按摩。大部分人在处于焦虑时，会发生某部位肌肉紧绷的现象。这有点类似恶性循环：焦虑产生肾上腺素，使肌肉紧缩，结果导致更多肾上腺素生成，使肌肉更收缩。改变之道是找出受害的肌肉——通常是颈背肌肉及上半部背肌，然后按摩数分钟，按摩太阳穴也可缓解疼痛及治疗各种疾病（间接地）。按摩太阳穴里的神经，将松弛其他部位的肌肉——主要是颈部。

2. 听音乐。音乐是对抗焦虑的好帮手。它不仅使肌肉松弛，也使精神放松，心情愉悦，使你积聚的压力得到释放。

3. 芳香疗法。芳香疗法被认为对治疗焦虑症很有效。尝试用薰衣草油、茉莉或蓝菊，在织物上滴1～2滴，然后吸入或将这些油放入蒸气吸入器或蒸气浴缸中。也可以涂一滴在太阳穴处。

4. 指压疗法。按压位于手腕内侧正对小指皱褶处的神门穴，可能对焦虑所致的睡眠障碍有益。紧压拇指和食指间部位1分钟。然后重复另一只手。

按压穴位有助于镇静和减少忧虑。将拇指放在你的手腕内侧，距腕部皱褶2指宽的前臂两骨中间处，紧压1分钟，重复3～5次，然后重复另一臂。

疑病症：身体一定出了问题

陈飞是一位马拉松长跑选手。有一天，他在新闻上看到一位队友在大赛中突然倒地身亡，死因是心律失常。陈飞开始为自己把脉，完全沉浸在自己的心律上，偶有跳脉就觉得自己的心脏出现了故障，可能会发生类似灾难性的心脏病。不久，陈飞打算放弃长跑以求安全。这时，一位极有声望的医生为他进行了仔细的体检，认为他的心脏极好，应该把那个意外忘掉，继续跑下去。但是陈飞一点儿也不相信，又去看了别的专家，也没检查出他的心脏有任何问题。可笑的是，这些结果不但没能让陈飞放松，反倒使他更加着急。他觉得那些医生都没有看出问题来，或者看出了问题却又瞒着他。于是，他无法集中精力做自己的工作，开始花很多的时间来读医学文献和期刊，或到网上查阅应该做的化验和可能的疗方。他的朋友开始疏远他，因为他完全只考虑自己所谓的疾病，所有的谈话都只集中在他自己的健康问题上，他也觉得朋友和医生都对他的问题看待不够严肃认真。

生病看医生，这是正常现象。可是有的"病人"反反复复看医生，却始终查不出是什么病，这就令人费解了。其实，这种人确实有病，只是他的病不是在身上，而是存在于思想上、精神上。从医学心理学的角度讲，这种病叫做"疑病性神经官能症"，简称为"疑病症"。

疑病症主要特征是对自身健康状况或身体某一部分功能过分关注，怀疑自己患上某种生理或精神疾病，医生对疾病的解释或检查，常不足以消除患者的固有成见。病人整个心神被对疾病的疑虑和恐惧所占。临床症状为：疑病性烦恼，如对健康过分注意；疑病性不适；感觉过敏；疑病观念。疑病症的临床表现可概括为：①对自身健康毫无根据的先占观念，叙述身体的某部位有特殊的不适感、疼痛或异常感觉。②认为自身患了某种严重疾病或坚信某种异物侵入身体，病人终日为之忧虑、恐惧，四处觅医，然而最终常是医药无效。

　　这类患者对自己身体的变化特别警觉，身体功能上的任何微小变动如心跳加快、腹胀等现象都会引起患者注意。而这些在正常人看来微不足道的变化，却使患者特别关注，不自觉地加以夸大或曲解，成为患了严重疾病的证据。在警觉水平提高的基础上，一般轻微的感觉也会引起患者明显不适或严重不安，使之感到难以忍受，从而使患者确信自己患了某种严重疾病。尽管各种检查结果并不支持患者的揣测，医生也耐心解释、再三保证患者并无严重疾病，其也往往对检查结果的可靠性持怀疑态度，对医生的解释感到失望，仍坚持自己的疑病观念，继续到各医院反复要求检查或治疗。由于患者的注意力全部或大部分集中于健康问题，以致学习、工作、日常生活和人际交往常受到明显影响。

　　疑病症是由于亲友或熟悉的人患病，或由于曲解了医生的言语和医学知识，或由于误信了不正确的科普宣传，产生了对自身健康状况的过度关注和担心，误以为自己生了重病，如担心自己生"癌""心脏病""艾滋病"等，以致把轻度的身体不适、正常的血管跳动和骨骼隆起以及含糊的检查资料作为患病证据，虽多次检查结果正常，医生一再解释都不能使病人解脱。

　　疑病症是一种心理疾患，病因未明。疑病症患者病前常有过分关注自身健康，要求十全十美或固执、吝啬、谨慎等性格特征，男患者常有强迫性特点，女患者中具有癔症性格者较多。约1/3患者是由躯体疾病所诱发，多数患者可能是医源性。心理社会因素的强化作用在疾病持久方面起一定作用。

　　患者病前个性常常是敏感、多疑、主观、固执、自我中心、自怜和孤僻，可因躯体疾病后衰弱状态而促发，也可由于环境的变迁、个体生理心理条件的改变，如月经初潮、绝经期等的疑虑或由于医务人员言语不当造成。自我暗示或条件联想，如见友人死于心肌梗塞，使患者对自身轻微胸痛过分关注，或婚外性交后染上性病而产生焦虑与恐惧等。

　　正常人在某一时期过分重视自己的健康，对不严重的普通疾病或不适感的疑惧，可出现疑病观念，但经检查证实无病，给予适当解释后可放弃疑病观念。这类表现则不属于疑病性神经症。

　　疑病症患者通常以身体的某个部位、某系统、某脏器有某种不适或疼痛证明自己患了某种疾病，并不断加以强化，企图用各种办法以获得别人的同情。根据其知识水平的不同，分别认为自己受了"风""寒""病毒"等侵袭，患了"痹症""肝炎""肺病""癌症""心脏病"等，主诉喉部有异物阻塞，肠子被扭曲，血液在皮下流动，小虫在体内行走，或为部位不恒定的疼痛。某些病人则诉述闻到某种难闻的怪味，自身形态发生了奇异的变化等。病人可出现紧张、焦虑，甚至惶惶不安，反复要求医生进行检查和治疗，并对检查结果的细微差异十分重视，认为这种差异"证实"了自己疾病的存在。对于别人的劝说和鼓励不是从正面理解，常认为是对自己的安慰，更证明自己疾病的严重性。患者受疑病观念的驱使，东奔西走，到处求医，寻求"最新"诊断，作了大量不必要甚至是重复的检查，对反复检查的阴性结果常感到不满，而对于偶然出现的"阳性"结果虽认为抓住了"证据"，但也常感到怀疑。

病人除表现有日趋严重的疑病症状外，其他认识良好，主动求医，无任何精神衰退，体检或实验室检查均无异常发现，一般诊断较易明确。

疑病症患者通常不容易被别人说服，患者自己去阅读有关书籍又容易造成自我暗示，这些做法使得症状变得愈加复杂。因此，患者一定要做好早期的预防工作，即使患上疑病症，也要做好自我调节工作。

心理诊所

处方一、通过心理调整法加以调节

患者通过正确地认识自己的病情，树立正确的人生观，积极参加各项活动和认真学习各门学科，把精力、精神集中到其他与"病"无关的事上，使自己的心理得到彻底的调整。因此，患者必须做好以下3方面的心理调整工作：

1. 要正确认识自己的病情。它不是身体上有病，而是心理上有病。要在"无器质性疾病"的前提下努力放下思想包袱和心理负担，从个人"疾病"的小圈圈中跳出来，轻装前进。

2. 要把主要精力放在学习上，培养自己多方面的兴趣和爱好，积极参加一些有益的文体活动，增强身体素质和心理素质，转移自己对"疾病"

的过分关注。无所事事和长期休学是无益的。

处方二、通过自我暗示法加以调节

自我暗示语可以是："我的身体其实是很好的，这已被所有检查过的和化验过的结果所证实，医生也都说自己是没有任何疾病的，现在自己应该坚信这点了。过去自己感觉到这儿痛那儿痛、这儿不舒适那儿不舒适，都是自己太敏感的缘故。其实任何一个正常人都会有这样的现象，这不是病，是一种正常人的'不正常'现象，会很快过去的。我今后不去想它了，不舒适的感觉就会消失了。现在我已经感觉到舒适多了，也不再为此而烦恼了，现在我对自己的健康充满信心。"自我暗示语可以根据自己疑病的情况，重新编写。但暗示语一定要毫不犹豫、直截了当，使自己接受"不必怀疑"的观念。一般每天自我暗示一次或数日一次，其效果较佳。

处方三、相信专业人士

疑病症患者千万不要自己看了点儿有关医学方面的书就"对号入座"，认为自己身体的某些不适或与书上描述的症状相似或相近，就诊断为自己患上了某病。实际上许多症状在许多疾病中都可能发生，就是正常人也有所表现。因此，千万不能不去看医生自己就"对号入座"。到医院看病，最重要的有3条：

1. 要相信医生。相信医生的各种检查，相信医生的解释和劝告，相信医生经反复多种检查后所作出的无器质性疾病的结论。

2. 要如实客观地陈述病情。不要夸大和做出不切实际的解释，积极主动地配合医生的诊断，不要把自己的感觉强加于医生。

3. 要正确看待医生间的诊断不一致的情况。

神经衰弱：精神之弦绷得紧紧的

李女士在政府机关工作，由于长期工作压力太大，她患上了严重的神经衰弱。据李女士自述，大概是从去年下半年开始，她常常感到一天到晚精神很疲乏，工作时很容易分心，读书看报也不能集中注意力，总爱胡思乱想，记忆力也出现了一定程度的下降。

由于李女士感觉到自己工作效率低下，于是，生性敏感的她总觉得别人在背后说三道四，弄得自己整天都不开心。后来，她的病情越来越重，终日头昏脑胀的，总觉得很烦，常常为一点儿小事就和周围的人争吵。心慌、失眠、头晕、月经不调等神经衰弱所引起的症状也越来越重，她简直不能正常工作和生活了。

很多人都可能听说过神经衰弱这个病名。有的人说睡眠不好是患了神经衰弱；有的人记忆力差就怀疑自己患了神经衰弱；也有的人认为自己精力不足，也是患了神经衰弱……众说纷纭。但究竟什么是神经衰弱呢？

我国精神病学家经过长期的调查研究认为，神经衰弱是一种神经症性障碍，主要表现为精神容易兴奋和脑力容易疲乏情绪烦恼入睡困难。有的病人还表现为头痛、头昏、眼花、耳鸣、心悸、气短、阳痿、早泄或月经紊乱。

神经衰弱是一种轻度的精神病，是神经症的一种。1985年《中华神经精神科杂志》编委会在《神经症临床工作诊断标准》中重写了神经症的定义："神经症指一组精神障碍，为各种躯体的或精神的不适感、强烈的内心冲突或不愉快的情感体验所苦恼。其病理体验常持续存在或反复出现，但缺乏任何可查明的器质性基础；患者力图摆脱，却无能为力。"神经衰弱也符合上述特点，病人无器质性病变，常为失眠、脑力不足、情绪波动大等不能自主的症状所苦恼。但是神经衰弱的病人，没有严重的行为紊乱，这与严重的精神病如精神分裂症是有区别的。

神经衰弱的症状表现：

1. 衰弱症状。这是本病常有的基本症状。患者经常感到精力不足、萎靡不振、不能用脑，或脑力迟钝、肢体无力、困倦思睡，特别是工作稍久，即感注意力不能集中、思考困难，工作效率显著减退，即使充分休息也不足以恢复其疲劳感。很多患者诉述做事丢三落四，说话常常说错，记不起刚经历过的事。

2. 兴奋症状。患者在阅读书报或收看电视等活动时精神容易兴奋，不由自主的回忆和联想增多：患者对指向性思维感到吃力，而缺乏指向的思维却很活跃，控制不住。这种现象在入睡前尤其明显，使患者深感苦恼。有的患者还可对声光敏感。

3. 情绪症状。主要表现为容易烦恼和容易激惹。烦恼的内容往往涉及现实生活中的各种矛盾，感到困难重重，无法解决。另一方面则自制力减弱，遇事容易激动；或烦躁易怒，对家里的人发脾气，事后又感到后悔；或易于伤感、落泪。约1／4的患者存焦虑情绪，对所患疾病产生疑虑、担心和紧张不安。例如，患者可因心悸、脉快而怀疑自己患了心脏病，或因腹胀、厌食而担心患了胃癌，或因治疗效果不佳而认为自己患的是不治之症。这种疑病心理，可加重患者焦虑和紧张情绪，形成恶性循环。另有约40％的患者在病程中出现短暂的、轻度抑郁心境，可有自责，但一般都没有自杀意念或企图。有的患者存在怨恨情绪，把疾病的起因归咎于他人。

4. 紧张性疼痛。常由紧张情绪引起，以紧张性头痛最常见。患者感到头重、头胀、头部紧压感，或颈项僵硬；有的则诉述腰酸背痛或四肢肌肉疼痛。

5. 睡眠障碍。最常见的是入睡困难、辗转难眠，以致心情烦躁，更难入睡。其次是诉述多梦、易惊醒，或感到睡眠很浅，似乎整夜都未曾入睡。还有一些患者感到睡醒后疲乏不解，仍然困倦，或感到白天思睡，上床睡觉又觉脑子兴奋，难以成眠，表现为睡眠节律的紊乱。有的患者虽已酣然入睡，鼾声大作，但醒后坚决否认已经睡了，缺乏真实的睡眠感。这类患者为失眠而担心、苦恼，往往超过了睡眠障碍本身带来的痛苦，反映了患者的焦虑心境。

6. 其他心理生理障碍。较常见的如：头昏、眼花、耳鸣、心悸、心慌、气短、胸闷、腹胀、消化不良、尿频、多汗、阳萎、早泄或月经紊乱等。这类症状虽缺乏特异性，也常见于焦虑症、抑郁症或躯体化障碍，但可成为本病患者求治的主诉，使神经衰弱的基本症状掩盖起来。

神经衰弱一病的发病病因目前说法不一，但是总的不外乎是西医和中医两个方面的说法：

西医认为是超负荷的体力或脑力劳动引起大脑皮层兴奋和抑制功能紊

乱，而产生神经衰弱综合征。据有关资料统计，脑力劳动者发病占96%以上，这也间接地说明神经衰弱与过度脑力劳动有关。但是，有些人常年加班加点，大脑长期处于紧张状态，也未发生过神经衰弱。这说明任何事都不是绝对的。为预防本病的发生，应该记住"劳逸结合"这句话。

中医认为致病病因多种多样，不过比较公认的还是七情，即：喜、怒、忧、思、悲、恐、惊，对于不良情感诱发疾病，古书上有不少记载。如狂喜可致精神病，"范进中举"这个典故，说范进一心想中举，几次考试都落榜，由于勤奋学习，终于实现他多年来的愿望，结果却因过分兴奋而患了"癫狂病"。这就说明任何一种不良的心理状态都会引起身体疾患。

在社会生活中，有很多失意之事，如失恋、夫妻关系不合、上下级及同事间关系不好、意外打击、高考落榜等。如不能正确对待，均可引起本病的发生。

神经衰弱是能够治愈的，虽然需要较长时间。合理安排生活，改变不良习惯，起居定时，生活有序，劳逸结合，加强体育锻炼和工作学习的计划性，是治疗神经衰弱的主要环节。

心理诊所

处方一、自我按摩法

有头痛者，可擦颜面，按摩太阳穴；有头晕者，可加用"鸣天鼓"手法；有失眠、心悸者，可于临睡前擦涌泉穴。

具体操作法如下：

鸣天鼓：两手心掩耳，食指放在中指上，然后让食指滑下，弹击脑后（风池穴附近）20～30次，可听到击鼓样的声音，这对减轻头昏、头痛有一定作用。

擦涌泉穴：两手握热后，用右手中间三指擦左足心，至足心发热为止，然后依法用左手擦右足心。一般以擦4次为佳，按摩这个穴位，有助于失眠、心悸症状的缓解。

处方二、冷水浴

冷水的刺激有助于强壮神经系统，增强体质。因此，神经衰弱患者适宜于洗冷水浴，可在早晨起床后进行。早期先用温水擦身，经过一段时间锻炼，习惯以后改用冷水擦身，最后用冷水冲洗或淋浴，每次30秒～1分钟。从夏天起可以参加游泳，如能坚持到秋冬，效果更大。

处方三、适度的劳动或运动

散步和旅行。根据实验研究，神经衰弱患者作较长距离（2～3千米）的散步，有助于调整大脑皮层的兴奋和抑制过程，使精神振作、心情舒畅、头痛减轻。

其他运动。情绪较差、精神萎靡不振的患者适宜于进行提高情绪的游戏或运动，如乒乓球、篮球、划船、跳绳、踢毽子等，也宜于在户外做轻量劳动。

有位中学数学老师由于经常进行单一而过度的数学思维活动，导致了以失眠为主要症状的神经衰弱。在医生指导下，他采用多样化活动的治疗方法治疗，即每天从事多种活动，如做家务、到菜园子劳动、浇灌花草、修剪盆景、搞些小修理、指导孩子学习、探亲访友等等，每种活动的时间都不长，一个接一个，很紧凑。一段时间后，睡眠改善，上床就寝，很快就能入睡了。按照他的体验，如果一天只从事单一的活动，尽管很疲劳，也难入眠。多样化活动之所以对治疗神经衰弱有较好的疗效，是因为在多样化活动的情况下，由于大脑广泛区域神经过程交替活动，使脑细胞得到了锻炼，逐渐增加了大脑神经活动的兴奋过程和抑制过程的相互诱导作用（这种作用在过去因大脑负担过重而被减弱了）。因此，到了夜间，大脑中经过白天兴奋性活动的许多神经中枢都发生了负诱导作用，并迅速成弥漫性抑制。这样，"长夜好眠"就变成"长夜难眠"了。

处方四、放松疗法

这是一种通过一定的程度训练，学会精神上和躯体上放松的一种行为疗法。即练习如何按照自己的意志逐渐放松全身肌肉，藉而获得心理上的松弛。具体做法是以舒适的姿势靠在沙发或躺椅上。首先闭上眼睛，将注意力集中在头部，把牙关咬紧，使两边面颊感到紧张，然后将牙关松开，咬牙的肌肉就会产生松弛感，逐次将头部各处骨肉一一放松，接着把注意力转移到颈部，尽量使脖子的肌肉弄得很紧张，感到酸痛，然后把脖子的肌肉全部放松，觉得轻松为止。第三步是把注意力集中到两手上，将两手用力握紧，直至发麻、酸痛、两手开始放松，然后放置在舒服位置，并保持松软无力状态。第四步是把注意力移到胸部，先做深吸气，憋几秒钟，缓缓把气吐出，再吸气，如此反复，让胸部觉得轻松为止。这样依次类推，将注意力集中肩部、腹部、腿部，逐次放松。最后，全身软软地处于轻松状态，保持2～3分钟。按此法学会如何使全身肌肉放松，并记住放松的次序，每日照此法做2次，持之以恒，可使自己的心身轻松，从疾病中解脱出来。

处方五、药膳疗法

在我国医学宝库中，有不少关于药膳的论著，为我们积累了丰富的经验，是一项宝贵的医学遗产。数千年来为我国人民和世界人民的保健事业作出了很大的贡献，至今对不少慢性疾病的防治，仍有很大的实用价值。现就有关防治神经衰弱的药膳配方介绍如下：

1. 桂圆红枣粥：用桂圆15克、红枣5～10枚和粳米100克煮粥。有养心、安神、健脾、补血之功效。适用于心血不足，有心悸失眠、健忘乏力和自汗盗汗的患者。

2. 百合粥：老年人体弱多病，心血不足，往往导致心肾不交、失眠、多梦、健忘、心烦意乱、多愁善感，甚至整夜不能入睡。用百合30克，先用清水浸泡半日，去其苦味，再加大米50克，共煮至米熟有清香气味，加冰糖适量，早晚各服1次。失眠严重者，可冲服朱砂1克，每日2次。百合内含有少量淀粉、脂肪、蛋白质、微量生物碱（秋水仙碱），具有清热养阴、润肺安神的功能，是治疗神经衰弱的强壮滋补有效药物。

3. 地黄枣仁粥：由生地黄、酸枣仁、粳米组成，是一剂治疗心肾不交所致失眠心烦的良方，具有滋肾水、清心火、安心神之功效。地黄枣仁粥的煮制方法是：取酸枣仁30克捣碎，配地黄30克，以适量水煎煮30分钟，去渣取汁，以药液煮粳米，粥熟即成。每日1～2次，连服5～7天。脾虚、大便稀薄者慎用。

4. 桂圆童子鸡：童子鸡1只，桂圆肉30克，料酒、葱、姜、盐适量。将鸡取出内脏洗净，斩去鸡爪，把腿别在鸡翅下面，使其团起来，放入沸水锅中焯一下，以去血水，捞出洗净。桂圆亦用清水洗净。把鸡放入蒸锅或汤锅，再放入桂圆、料酒、葱、姜、盐和清水，放蒸笼内蒸1小时即可。本菜特点是汤呈褐色，略带甜味，清鲜可口。有补气血、安心神之功。对神经衰弱患者的头昏健忘、心悸失眠尤为合适。

第二章

天才就是偏执狂吗

——解读人格障碍

表演型人格：人生如同演电影

王璐璐今年25岁，在一家外企工作，各方面条件都不错，就是有一点不好，总喜欢高谈阔论，有意无意地标榜自己。她爱听表扬的话，与人谈话时，总想让别人谈及自己如何有能力，亲戚如何有地位，自己外貌如何出众等，如果别人谈及别的话题，她就千方百计地将话题转向自己，而对别人的讲话内容心不在焉。

王璐璐最喜欢吹嘘青年才俊们是如何欣赏她、追求她，而她又是如何刁难他们。为了引人注意，她甚至不顾个人尊严，大放厥词。与别人争论问题时，她总要占上风，即使自己理亏，也要编造谎言，设法说服别人。她平时有些喜怒无常，高兴时嘻嘻哈哈，劲头十足，稍不顺心则大吵大闹，弄得人际关系十分紧张。她喜欢与家庭地位、经济情况、个人外貌等不如她的人交往，而对强于她的人常常被她无端抵毁。一天，正当她瞎吹时，经一位朋友提醒，她顿时觉得自己并非魅力超群，立刻萎靡不振，非常难过。然而伤心归伤心，以后她依然我行我素。

表演型人格又称歇斯底里人格，其典型的特征表现为心理发育的不成熟性，特别是情感过程的不成熟性。具有这种人格的人的最大特点是做作、情绪表露过分，总希望引起他人注意，经常感情用事，用自己的好恶来判断事物，喜欢幻想，言行与事实往往相差甚远。此类型人格障碍多见于女性，各种年龄层次都有，尤以中青年女性为常见，一般年龄都在25岁以下。

表演型人格障碍产生的原因目前尚缺乏研究，一般认为与早期家庭教育有关，父母溺爱孩子，使孩子受到过分的保护，造成生理年龄与心理年龄不符，心理发展严重滞后，停留在少儿期的某个水平，因而表现出表演型人格特征。另外，患者的心理常有暗示性和依赖性，也可能是本类型人格产生的原因之一。

表演型人格障碍的表现一般有以下几个方面：

1. 喜欢引人注意，而且情绪带有戏剧化色彩。这类人常常喜好表现自己，而且有较好的艺术表现才能，唱说哭笑，演技逼真，具有一定的感染力。有人称她们为伟大的模仿者、表演家。她们常常表现出过分做作和夸张的行为，甚至装腔作势，以引人注意。

2. 高度的暗示性和幻想性。这类人不仅有很强的自我暗示性，还带有较强的被他人暗示性。常常依照别人对自己的评价行事，她们常好幻想，把想象当成现实，当缺乏足够的现实刺激时便利用幻想激发内心的情绪体验。

3. 情感极其容易发生巨大变化，容易有情绪起伏。这类人情感丰富，热情有余，而稳定不足；情绪炽热，但不深厚。因此他们情感变化无常，容易激情失衡。对于轻微的刺激，可有情绪激动的反应，大惊小怪，缺乏固有的心情，情感活动几乎都是反应性的。由于情绪反应过分，往往给人一种肤浅、没有真情实感和装腔作势甚至无病呻吟的印象。

4. 常常视玩弄别人为达到自我目的的手段。玩弄多种花招使人就范，如任性、强求、说谎欺骗、献殷勤、谄媚，有时甚至使用操纵性的自杀威胁。他们的人际关系肤浅，表面上温暖、聪明、令人心动，实际上完全不顾他人的需要和利益。

5. 高度以自我为中心。这类人喜欢别人的注意和夸奖，只有投其所好和取悦一切时才合自己的心意，表现出欣喜若狂，否则会攻击他人，不遗余力。此外，此类患者还有性心理发育的不成熟，表现为性冷淡或性过分敏感，女性患者往往天真地展示性感，用过分娇羞样的诱惑勾引他人而不自觉察。

心理诊所
处方一、提高认识，了解自己人格中的缺陷
只有正视自己，才能扬其长避其短，适应社会环境。如果不能正视自己的缺陷，自我膨胀，放任自流，就会处处碰壁、导致病情发作。
处方二、学会自我调整情绪
表演型人格的情绪表达常常太过分，旁人常无法接受。所以具有此种人格的人要改变这种情况，首先要做的便是向自己的亲朋好友作一番调查，听听他们对这种情绪表达的看法。对他们提出的看法，千万不要反驳。相反，听取意见以后要扪心自问，弄明白这些情绪表现哪些是有意识的，哪些是无意识的；哪些是别人喜欢的，哪些是别人讨厌的。对别人讨厌的要坚决予以改进，而别人喜欢的则在表现强度上力求适中，对无意识的表现，可将其写下来，放在醒目处，不时地自我提醒。此外，还可请好友在关键时刻提醒一下，或在事后请好友对自己今天的表现作一评价，然后从中体会自己情绪表达过火之处，以便在以后的情绪表达上适当控制，达到自然、适度的效果。

处方三、将自己的才能升华

如前所述，表演型人格患者有一定的艺术表演才能，所以不妨"将计就计"，将自己的兴趣转移到表演艺术中去，使原有的能量在表演中得到升华。事实上，许多艺术表演都有一定的夸张成分，为了使观众沉浸到剧情中去，演员必须用自己的表情、语言去打动他们。因此，具有表演型人格的人投身于表演艺术是一条很有效的自我完善之路。

总之，对于表演型人格障碍患者或者有这个倾向的人来说，关键在于认清自己的行为缺陷，在适当的时机，还可以发挥自己的表演才华，投身演艺事业。完全没有必要自暴自弃。

依赖型人格：没有你，我就无法活下去

某大学一年级女生美美，17岁，父母为工人，家庭生活温馨。她是父母的独生女儿，备受宠爱。上大学前，她的一切事宜均由父母料理，从不承担任何家务劳动，甚至连衣服鞋袜也不用自己洗。进大学后，她非常想念异地的家，对大学生活极不适应，产生了许多心理矛盾与困惑。她日日夜夜都在想家，晚上上床，想到睡的地方不是自己的家，很难入睡。梦中经常梦到的都是爸爸、妈妈。一听到广播里放的音乐有"妈妈"的内容就会哭，在街上、校园听到的都是本地口音，就觉得自己是被抛弃到异地的游子，孤独极了。班上组织春游、秋游，她毫无兴趣。看到同学玩得高兴，更是感到孤独、伤心。学习成绩一天天下降，成天提心吊胆，担心期末考试不及格，更担心家里人失望。入学后，她把生活费全省下来用在给家里打电话上了。

人应该是独立的。独立行走，使人成为万物之灵。当跨进青春之门，进入青春期后就开始具备了一定的独立意识，但对别人尤其是父母的依恋常常使美美感到困惑。

依赖，是心理断乳期的最大障碍。随着身心的发展，我们一方面比以前拥有了更多的自由度，另一方面却担负起比以前更多的责任。面对这些责任，有些人感到胆怯，无法跨越依赖别人的心理障碍。依赖别人，意味着放弃对自我的主宰，这样往往不能形成自己独立的人格。他们容易失去自我，遇到问题时，自己不积极动脑筋，往往人云亦云，赶时髦，易产生从众心理。

依赖心理主要表现为缺乏信心，放弃了对自己大脑的支配权。主要表现如下：没有主见，缺乏自信，总觉得自己能力不足，甘愿置身于从属地位。总认为个人难以独立，时常祈求他人的帮助，处事优柔寡断，遇事希望父母或师长为自己作个决定。依赖性强的人喜欢和独立性强的人交朋友，希望在他们那里找到依靠，找到寄托。学习和工作上，喜欢让老师或领导给予细心指导，时时提出要求。在家里，一切都听父母安排，甚至连穿什么衣服都没有自己的主张和看法。一旦失去了可以依赖的人，他们会常常不知所措。

依赖型人格对亲近与归属有过分的渴求，这种渴求是强迫的、盲目的、非理性的，与真实的感情无关。依赖型人格的人宁愿放弃自己的个人趣味、人生观，只要他能找到一座靠山，时刻得到别人对他的温情就心满意足了。依赖型人格的这种处世方式使得他越来越懒惰、脆弱，缺乏自主性和创造性。由于处处委屈求全，依赖型人格障碍患者会产生越来越多的压抑感，这种压抑感阻止着他为自己干点什么或有什么个人爱好。

心理学家霍妮在分析依赖型人格时，指出这种类型的人有几个特点：

1. 深感自己软弱无助，有一种"我渺小可怜"的感觉。当要自己拿主意时，便感到一筹莫展，像一只迷失了港湾的小船。

2.理所当然地认为别人比自己优秀，比自己有吸引力，比自己能干。

3.无意识地倾向于以别人的看法来评价自己。

依赖型人格源于人类发展的早期。幼年时期儿童离开父母就不能生存，在儿童印象中，保护他、养育他、满足他一切需要的父母是万能的，他必须依赖他们，总怕失去了这个保护神。这时如果父母过分溺爱，鼓励子女依赖父母，不让他们有长大和自立的机会，以致久而久之，在子女的心目中就会逐渐产生对父母或权威的依赖心理，成年以后依然不能自主。缺乏自信心，总是依靠他人来作决定，终身不能负担起选择采纳各项任务、工作的责任，形成依赖型人格。

具有依赖性格的人，如果得不到及时纠正，发展下去有可能形成依赖型人格障碍。依赖性过强的人需要独立时，可能对正常的生活、工作都感到很吃力，内心缺乏安全感，时常感到恐惧、焦虑、担心，很容易产生焦虑和抑郁等情绪反应，影响心身健康。

心理诊所

处方一、习惯纠正法

依赖型人格的依赖行为已成为一种习惯，治疗首先必须破除这种不良习惯。清查一下自己的行为中哪些是习惯性地依赖别人去做，哪些是自己作决定的。你可以每天作记录，记满一个星期，然后将这些事件按自主意识强、中等、较差分为三等，每周一小结。

对自主意识强的事件，以后遇到同类情况应坚持自己做。例如某一天按自己的意愿穿鲜艳衣服上班，那么以后就坚持穿鲜艳衣服上班，而不要因为别人的闲话而放弃，直到自己不再喜欢穿这类衣服为止。这些事情虽然很小，但正是你改正不良习惯的突破口。

对自主意识中等的事件，你应提出改进的方法，并在以后的行动中逐步实施。例如，在订工作计划时，你听从了朋友的意见，但对这些意见你并不欣赏，便应把自己不欣赏的理由说出来，说给你的朋友听。这样，在工作计划中便掺入了你自己的意见，随着自己意见的增多，你便能从听从别人的意见逐步转为完全自作决定。

对自主意识较差的事件，你可以采取诡控制技术逐步强化、提高自主意识。诡控制法是指在别人要求的行为之下增加自我创造的色彩。

依赖行为并不是轻易可以消除的，一旦形成习惯，你会发现要自己决定每件事毕竟很难，可能会不知不觉地回到老路上去。为防止这种现象的发生，简单的方法是找一个监督者，最好是找自己最依赖的个人。

处方二、重建自信法

如果只简单地破除了依赖的习惯，而不从根本上找原因，那么依赖行为也可能复发。重建自信法便是从根本上加以矫正、治愈依赖型人格障碍。

第一步，消除童年不良印迹。依赖型的人缺乏自信，自我意识十分低下，这与童年期的不良教育在心中留下的自卑痕迹有关。你可以回忆童年时父母、长辈、朋友对自己说过的具有不良影响的话，例如"你真笨，什么也不会做。""瞧你笨手笨脚的，让我来帮你做。"等，你把这些话语仔细整理出来，然后一条一条加以认知重构，并将这些话语转告给你的朋友、亲人，让他们在你试着干一些事情时，不要用这些话语来指责你，而要热情地鼓励、帮助你。

第二步，重建勇气。你可以选做一些略带冒险性的事，每周做一项，例如：独自一人到附近的风景点做短途旅行；独自一人去参加一项娱乐活动；或一周规定一天"自主日"，这一日不论什么事情，决不依赖他人。通过做这些事情，可以增加你的勇气，改变你事事依赖他人的弱点。

自恋型人格：全世界只有我一人

张怡从小就备受溺爱，父母和两个比她大很多的哥哥都把她当成掌上明珠。她聪明伶俐又漂亮出众，无论在哪里都是人们注意的焦点。大学时她是校花，追捧者众多。可在宿舍里，她却是最让人讨厌的人，因为她总是不打扫卫生、不叠被子、半夜大声打电话……还经常叫别人给她打饭、打开水，却不知道说谢谢；轮到她值日，她总是会"忘了"；遇上宿舍里指责她的声音，她就会说别人嫉妒她。

张怡后来找了个男朋友，也是对她百依百顺的，尽管她动不动就耍脾气。后来，男朋友和她提出分手，说："你这个'刁蛮公主'，我可伺候不了你一辈子。"

张怡实在是想不通，自己这只"白天鹅"竟然被人甩了？继而非常愤怒，甚至决心狠狠地报复他。

生活中，你也可能遇到过像张怡这样的人，心理医生给他们这样的性格的定义是自恋型人格障碍。

自恋型人格在许多方面与戏剧型人格的表现相似，情感戏剧化。二者的不同之处在于，戏剧型人格的人外向、热情，而自恋型人格的人却内向、冷漠。自恋型的人过分看重自己，对权力与理想式的爱情有非分的幻想。他们渴望引人注目，对批评极为敏感。在人际交往中，这种人很难表现出同情心。目前尚无完全一致的自恋型人格障碍诊断标准。一般认为，自恋型人格障碍有如下的特征表现：

1. 缺乏同情心。

2. 有很强的嫉妒心。

3. 渴望持久的关注与赞美。

4. 认为自己应享有他人没有的特权。

5. 喜欢指使他人，要他人为自己服务。

6. 过分自高自大，对自己的才能夸大其辞，希望受人特别关注。

7. 对无限的成功、权力、荣誉、美丽或理想爱情有非份的幻想。

8. 坚信他关注的问题是世上独有的，不能被某些特定的人了解。

9. 对批评的反应是愤怒、羞愧或感到耻辱（尽管不一定当即表露出来）。

有很多贬义的形容词可以用来形容自恋型人格障碍的特征：自私、傲慢、自命不凡、目中无人、自高自大、唯我独尊、自以为是。这此特征都来自于他们过高的自我评价和夸大的自尊。

他们对人、对己的基本看法通常是："我是卓越的，才华出众的，别人比不上我，所以都嫉妒我。"他们认为别人对他们的关注、赞美、关心、帮助都是理所应当的，成功、权力、荣誉也理所应当是属于他们的。因此，他们对待批评、挫折的反应是愤怒、敌意，甚至会采取报复行动；他们缺乏同情心，对人冷漠，因而也会利用或玩弄他人的感情；他们没有责任感，更没有愧疚感，做错事总会寻找借口和"替罪羊"，因为，如果承认错误会威胁到他们的自我评价。

自恋型人格障碍者热衷于与他人比较和竞争，因为他们希望能在竞争中打败他人，证明自己的优越。然而，当他们无法胜过他人时，会充满嫉妒与敌意，对竞争对手进行恶意的攻击或陷害。

如果说每一种异常心理之所以产生都有一定原因的话，那么自负心理的产生是相对比较复杂的。对此，我们有必要对此追根溯源一番。

1. 过分娇宠的家庭教育。家庭教育是一个人自负心理产生的第一根源。对于青少年儿童来说，他们的自我评价首先取决于周围的人对他们的看法，家庭则是他们自我评价的第一参考系。父母宠爱、夸赞、表扬，会使他们觉得自己"相当了不起"。

2. 生活中的一帆风顺。人的认识来源于经验，生活中遭受过许多挫折和打击的人，很少有自负的心理，而生活中的一帆风顺，则很容易养成自负的性格。现在的学生大多是独生子女，是父母的掌上明珠，如果他们在学校又出类拔萃，老师又宠爱他们，就会养成自信、自傲和甚至自负的个性。

3. 片面的自我认识。自负者掩饰自己的短处，夸大自己的长处。自负者也同样缺乏自知之明，同时又把自己的长处看得十分突出，对自己的能力评价过高，对别人的能力评价过低，自然产生自负心理。当一个人只看到自己的优点，看不到自己的缺点时，往往会产生自负的个性。这种人往往好大喜功，取得一点小小的成绩就认为自己了不起，成功时完全归因于自己的主观努力，失败时则完全归咎于客观条件的不合作，过分的自恋和自我中心，把自己的举手投足都看得与众不同。

4. 情感上的原因。一些人的自尊心特别强烈，为了保护自尊心，在挫折面前，常常会产生两种既相反又相通的自我保护心理。一种是自卑心理，通过自我隔绝，避免自尊心的进一步受损。另一种就是自负心理，通过自我放大，获得自卑不足的补偿。例如，一些家庭经济条件不是很好的学生，深怕被经济条件优越的同学看不起，装清高，在表面上摆出看不起这些同学的样子。这种自负心理是自尊心过分敏感的表现。

从动机上来看，自恋型人格障碍的最根本的动机是得到他人的赞赏与爱。然而，他们对他人的冷漠和藐视，恰好使他们得到他们最恐惧的后果——被他人拒绝。幸运的是，自恋型人格障碍是可以通过自我教育而有所改善的。

心理诊所

处方一、解除以自我为中心观

自恋型人格的最主要特征是以自我为中心，而人生中最以自我为中心的阶段是婴儿时期。由此可见，自恋型人格障碍患者的行为实际上退化到了婴儿期。朱迪斯·维尔斯特在他的《必要的丧失》一书中说道："一个迷恋于摇篮的人不愿丧失童年，也就不能适应成人的世界。"因此，要治疗自恋型人格，必须了解那些婴儿化的行为。你可把自己认为讨人厌嫌的人格特征和别人对你的批评罗列下来，看看有多少婴儿期的成分。

还可以请一位和你亲近的人作为你的监督者，一旦你出现以自我为中心的行为，便给予警告和提示，督促你及时改正。通过这些努力，以自我为中心观是会慢慢消除的。

处方二、学会爱别人

对于自恋型的人来说，光抛弃以自我为中心观念还不够，还必须学会去爱别人，唯有如此才能真正体会到放弃自我中心观是一种明智的选择，因为你要获得爱首先必须付出爱。弗洛姆在他的《爱的艺术》一书中阐述了这样的观点：幼儿的爱遵循"我爱因为我被爱"的原则；成熟的爱遵循"我被爱因为我爱"的原则；不成熟的爱认为"我爱你因为我需要你"；成熟的爱认为"我需要你因为我爱你"。维尔斯特认为，通过爱，我们可以超越人生。自恋型的爱就像是幼儿的爱，是不成熟的爱，因此，要努力加以改正。

生活中最简单的爱的行为便是关心别人，尤其是当别人需要你帮助的时候。当别人生病能及时送上一份问候，病人会真诚地感激你；当别人在经济上有困难时，你力所能及地解囊相助，便自然会得到别人的尊敬。只要你在生活中多一份对他人的爱心，你的自恋症便会自然减轻。

回避型人格：我有我的世外桃源

肖艾的智商并不低，他兴趣广趣，思维敏捷，然而几年前参加高考时，他却名落孙山。后来肖艾去了南方，在广州一家电脑公司做营销工作。营销工作虽然辛苦，但收入颇丰。肖艾的工作很出色，业绩好，多次受到老总的嘉奖，并担任了营销主管。一年后，公司招进了3名大学本科生，其中一人做了他的助手。

有一名大学生做他的助手，本来可以使他的事业如虎添翼。然而肖艾却陷入了自身的泥淖。他变成了另外一个人：情绪低落，不爱讲话；工作劲头大打折扣。几个月以后，老总看到他的业务成绩下降，便撤了他的营销主管的职务，并让肖艾的助手来接替他。这以后，肖艾的情况更为恶化，他不与任何人说话，看到人总是低着头，当别人主动与他接近时，他总是有意回避。有一次，公司举办歌咏会，所有的人都参加了，唯独肖艾一个人没有报名参加。公司领导动员他参加，他也就和大家一块参加排练了，但正式演出时，他却一个人不知跑到哪里去了。

在日记里，肖艾说他其实心底总有一种痛，因为他的人生并不顺利，没有考上大学。这个结在他心底早就有了，当他习惯性遗忘时，他会忽略。而一旦有条件反射时，他就会想起来，使他非常不安。他想回避所有的人和事，甚至想回避这个世界。肖艾说："我甚至连电话都不愿意接。我觉得自己是世界上最卑微的人，没有人会关爱我，包括我的恋人。我只能回避一切。"

回避型人格障碍又叫焦虑型或逃避型人格障碍，患者的最大特点是行为退缩、心理自卑，面对挑战多采取回避态度或无力应付。

美国的《精神障碍的诊断与统计手册》一书中对回避型人格的特征描述如下：

1. 敏感羞涩，害怕在别人面前露出窘态。

2. 很容易因他人的批评或不赞同而受到伤害。

3. 除非确信受欢迎，一般总是不愿卷入他人事务之中。

4. 除了至亲之外，没有好朋友或知心人（或仅有一个）。

5. 行为退缩，对需要人际交往的社会活动或工作总是尽量逃避。

6. 心理自卑，在社交场合总是缄默无语，怕惹人笑话，怕回答不出问题。

7. 在做那些普通的但不在自己常规之中的事时，总是夸大潜在的困难、危险或可能的冒险。

只要满足其中的四项，即可诊断为回避型人格。

有回避型人格障碍的人被批评指责后，常常感到自尊心受到了伤害而陷于痛苦，且很难从中解脱出来。他们害怕参加社交活动，担心自己的言行不当而被人讥笑讽刺，因而，即使参加集体活动，也多是躲在一旁沉默寡言。在处理某个一般性问题时，他们往往也表现得瞻前顾后，左思右想，常常是等到下定决心，却又错过了解决问题的时机。在日常生活中，他们多安分守己，从不做那些冒险的事情，除了每日按部就班地工作、生活和学习外，很少去参加社交活动，因为他们觉得自己的精力不足。这些人在单位一般都"被领导视为积极肯干、工作认真的好职员"，因此，经常得到领导和同事的称赞，可是当领导委以重任时，他们却都想方设法推辞，从不接受过多的工作。

回避型人格障碍的行为退缩性与分裂型人格障碍的行为退缩性不同。前者并不安于或欣赏自己的孤独，不与人来往并非出于自己的心愿，他们行为的退缩源于心理的自卑。想与人来往，又怕被拒绝、嫌弃；想得到别人的关心与体贴，又因害羞而不敢亲近。

回避型人格形成的主要原因是自卑心理，心理学家认为，自卑感起源于人的幼年时期，由于无能而产生的不胜任和痛苦的感觉，也包括一个人由于生理缺陷或某些心理缺陷（如智力、记忆力、性格等）而产生的轻视自己、认为自己在某些方面不如他人的心理。具体说来，自卑感的产生有以下几方面原因：

1. 自我认识不足，过低估计自己。每个人总是以他人为镜来认识自己，如果他人对自己作了较低的评价，特别是较有权威的人的评价，就会影响对自己的认识，从而低估自己。有人发现，性格较内向的人，多愿意接受别人的低评价而不愿接受别人的高评价。在与他人比较的过程中，也喜欢拿自己的短处与他人的长处比，这样越比越泄气，越比越自卑。

2. 消极的自我暗示抑制了自信心。当每个人面临一种新局面时，首先都会自我衡量是否有能力应付。有的人会因为自我认识不足，常觉得"我不行"，由于事先有这样一种消极的自我暗示，就会抑制自信心，增加紧张，产生心理负担，工作效果必然不佳。这种结果又会形成一种消极因素的反馈作用，影响到以后的行为，这样恶性循环，使自卑感进一步加强。

3. 挫折的影响。有的人由于神经过程的感受性高而耐受性低，轻微的挫折就会给他们以沉重的打击，变得消极悲观而自卑。

此外，生理缺陷、性别、出身、经济条件、政治地位、工作单位等等都有可能是导致自卑心理产生的原因。这种自卑感得不到妥善消除，久而久之就成了人格的一部分，造成行为的退缩和遇事回避的态度，形成回避型人格障碍。

心理诊所

处方一、消除自卑感

1. 要正确认识自己，提高自我评价。形成自卑感的最主要原因是不能正确认识和对待自己，因此要消除自卑心理，须从改变认识入手。要善于发现自己的长处，肯定自己的成绩，不要把别人看得十全十美，把自己看得一无是处，认识到他人也会有不足之处。只有提高自我评价，才能提高自信心，克服自卑感。

2. 要正确认识自卑感的利与弊，提高克服自卑感的自信心。有的人把自卑心理看作是一种有弊无利的不治之症，因而感到悲观绝望，这是一种不正确的认识，它不仅不利于自卑心理的消除，反而会加重。心理学家认为，自卑的人不仅要正确认识自己各方面的特长，而且要正确看待自己的自卑心理。自卑的人往往都很谦虚，善于体谅人，不会与人争名夺利，安分随和，善于思考，做事谨慎，一般人都较相信他们，并乐于与他们相处。指出自卑者的这些优点，不是要他们保持自卑，而是要使他们明白，自卑感也有其有利的一面，不要因自卑感而绝望，认识这些优点可以增强生活的信心，为消除自卑感奠定心理基础。

3. 要进行积极的自我暗示，自我鼓励，相信事在人为。当面临某种情况感到自信心不足时，不妨自己给自己壮胆："我一定会成功，一定会的！"或者不妨自问："人人都能干，我为什么不能干？我不也是人吗？"如果怀着"豁出去了"的心理去从事自己的活动，事先不过多地考虑失败后的情绪，就会产生自信心。

处方二、克服自己的人际交往障碍

回避型人格的人都存在着不同程度的人格交往障碍，因此必须按梯级任务作业的要求给自己定一个交朋友的计划。起始的级别比较低，任务比较简单，以后逐步加深难度。例如有专家提出下列梯级任务：

第1周，每天与同事（或邻居、亲戚、室友等）聊天10分钟。

第2周，每天与他人聊天20分钟，同时与其中某一位多聊10分钟。

第3周，保持上周的交友时间量，找一位朋友作不计时的随意谈心。

第4周，保持上周的交友时间量，找几位朋友在周末小聚一次，随意聊天，或家宴，或郊游。

第5周，保持上周的交友时间量，积极参加各种思想交流、学术交流、技术交流等。

第6周，保持上周的交友时间量，尝试去与陌生人或不太熟悉的人交往。

一般说来，上述梯级任务看似轻松，但认真做起来并不是一件轻松的事。最好找一个监督员，让他来评定执行情况，并督促坚持下去。其实，第6周的任务已超出常人的生活习惯，但作为治疗手段，以在强度上超出常规生活是适宜的。在开始进行梯级任务时，患者可能会觉得很困难，也可能觉得毫无趣味，这些都要尽量设法克服，以取得良好的治疗效果。

偏执型人格：非此即彼，非黑即白

刘冬，男，23岁，大学三年级学生，学习成绩相当好，还担任班长。平常，他虽然常与人交往，也很喜欢与同学交谈，但总觉得别人嫉妒他的才能，总是用一种异样的目光看他。虽然同学们都否定嫉妒，但他觉得他们是在为自己辩解。而且他还爱顶撞班主任，觉得他的想法经常是错误的。他一向我行我素，说话办事全凭个人意愿。因为，他觉得自己具有比他们更强的能力和智慧。结果不理想的时候，他就认为是客观原因造成的，不是他的能力存在问题。他认为自己属于人见人恨的那种人。后来他就懒得与他们交往了，更乐于独处，但对别人的怀疑却丝毫没有减少。

他对任何人，包括班里任何同学，甚至自己的父亲，不管他们做什么事、说什么话，都从心里怀疑。他觉得：如果信任他们，说不定哪天他们就会利用其信任加害他。最近他被班主任撤了班长一职。他为此感到愤愤不平，断定有人搞鬼，觉得这样对他实在是很不公平。于是他写信给校长，决心把班主任搞下去。女朋友说他有病，他却认为她是变心了。而且他一直都觉得，女朋友对班主任的眼神很有问题。

偏执型人格又叫妄想型人格，为人格障碍12大类型之一。据调查资料表明，具有偏执型人格障碍的人数占心理障碍总人数的5.8%，由于这种人少有自知之明，对自己的偏执行为持否认态度，实际情况可能要超过这个比例。

偏执型人格其行为特点常常表现为：

1. 极度的感觉过敏，对侮辱和伤害耿耿于怀。

2. 思想行为固执死板，敏感多疑、心胸狭隘。

3. 爱嫉妒，对别人获得成就或荣誉感到紧张不安，妒火中烧，不是寻衅争吵，就是在背后说风凉话，或公开抱怨和指责别人。

4. 自以为是，自命不凡，对自己的能力估计过高，惯于把失败和责任归咎于他人，在工作和学习上往往言过其实；同时又很自卑，总是过多过高地要求别人，但从来不信任别人的动机和愿望，认为别人心存不良。

5. 不能正确、客观地分析形势，有问题易从个人感情出发，主观片面性大。

6. 如果建立家庭，常怀疑自己的配偶不忠等等。

持这种人格的人在家不能和睦，在外不能与朋友、同事相处融洽，别人只好对他敬而远之。

偏执型人格的人总是将周围环境中与己无关的现象或事件都看成与自己关系重大，是冲着他来的，甚至还将报刊、广播、电视中的内容跟自己对号入座。尽管这种多疑与客观事实不符，与生活实际严重脱离，虽经他人反复解释也无从改变这种想法，甚至对被怀疑对象有过强烈的冲动和过激的攻击行为，从一般的心理障碍发展成精神性疾病。

因此，具有偏执性格缺陷的人，如果不能及时、主动地矫正自己的性格缺陷和心理障碍，则会因环境变化、人际关系紧张、工作生活不顺心，加上激烈的精神刺激等因素，而诱发为精神疾病，甚至对家人和社会造成损害。这样的事例并不鲜见。

偏执型人格形成的原因暂无定论，有专家曾尝试举出以下4条：

1. 早期失爱。幼年生活在不被信任、常被拒绝的家庭环境之中。缺乏母爱，经常被指责和否定。

2. 后天受挫。成长中连续地遭受生活打击，经常遇到挫折和失败。如经常受侮辱或冤屈。

3. 自我苛求。自我要求标准极高，并与自身存在某些缺陷之间构成尖锐的矛盾。但是从不公开承认自身的某些缺陷，如个子不高、长相不出众、才能不突出等，其实，意识深层正为此自卑。

4. 处境异常。某些异常的处境也使人偏执。如没有学历的人，厌恶别人谈论学历；经济状况不好的人，回避谈论经济收入问题；单亲家庭的孩子，怕别人知道自己的家庭情况。

偏执型人格障碍一但形成，就具有相当的稳定性，想彻底矫治好几乎不太可能，任何形式的疗法都是收效甚微的。其原因是患者总认为自己根本没有患病，别人是在胡说，因此，总是用不信任的眼光看别人，怀疑别人、拒绝与别人合作，使得想帮助他的人无计可施。可见，对偏执型人格障碍的调适不宜拖迟，应该在患病初期进行有效调节。

心理诊所

处方一、要自觉地创造一个良好的人际环境

周围的人对患者不要轻易地责备、侮辱，彼此间要互相理解、互相关心、互相尊重、互相帮助。要经常进行沟通和交往，减少或避免不良刺激。一旦争吵起来，周围人要尽快散开，不要去凑热闹，更不要去争辩，但大家可以齐声有力批评，使其收敛。而患者此时也要尽量警告自己不要吵架。使自己尽快离开，以免闹个不休。如果患者能自觉地把自己长期置身于这样一个良好的人际环境中，那么，其异常的人格就会逐渐得到好转，甚至可以有较大的改善。因为，在这种良好的人际环境中，患者通过良好的沟通与交往，容易理解他人，信任他人，减少敏感多疑。

处方二、学会用自我暗示调节法来逐渐消除偏执型人格障碍的异常人格特征

如默念"一个人固执多疑，不利于和老师、同学来往，因为固执多疑，就会听不进周围的人的任何意见，只相信自己，就会使周围的人感到与自己难以沟通；因为固执多疑，即使自己的意见是正确的，也会使周围的人在情感上难以接受，就有可能从反面去理解而造成误会。自己一定要改掉固执多疑的缺点，要谦和，要心平气和地表达自己的观点，要积极地去理解周围的人的意见，多听听周围的人的意见，对自己总是有帮助的，有些意见是自己苦思不得其解的，不要总认为自己比别人能干，要知道天外有天、人外有人，自己千万不要高傲自大，不要轻视周围的人的意见，而要向他们学习，同时也要相信他们，整天与自己过不去的人总是不会有的，自己不要整天去怀疑有人在搞鬼，不要轻易地去怀疑他们，否则，会给自己带来无穷的烦恼。因此，自己一定要用宽容的态度对待周围的人，相信他们也会这样对待自己……"如果有时间的话，每天最好都能这样默念一次，坚持一段时间，偏执型人格障碍的许多异常人格特征就会得到缓解，甚至会有明显的改善。对这种自我暗示首先要充分相信它的神奇作用，最好能在大脑皮层兴奋性较低的早晨、午休或就寝前进行默念。在默念过程中尽量运用想象，这样自我暗示的效果就会较佳。

处方三、学会用自我分析法分析自己的一些非理性的观念

逐步消除偏执型人格障碍的异常人格特征。例如，每当自己出现对周围的人有敌意的观念时，就要分析一下是不是自己卷入了"敌对心理"的漩涡之中。又例如，每当自己出现对周围的人有不信任的观念时，就要分析一下是不是自己卷入了"信任危机"之中了。如果是，就要提醒和警告自己，不要再沉浸于"自我信任"之中了。要知道世界上除了坏人还存在着好人、朋友，对好人、朋友应该持信任的态度。朋友、亲人或同事都是好人或比较好的人，都是可以信赖的，不应该对他们存在不信任的态度，否则，就会失去他们的信任。通过这种自我分析非理性观念的方法，可以阻止患者的偏执行为。有时患者自己不知不觉地表现了偏执行为，事后应抓紧分析当时的想法，找出当时的非理性观念，然后再加以改造，以防下次再犯。

总之，一个人生活在复杂的大千世界中，面对着各种冲突纠纷和摩擦是难免的，这时必须忍让和克制，不能让敌对的怒火烧得自己晕头转向，以免影响自己的正常生活和工作。发觉自己有偏执倾向时，要尽快采取各种措施消除自己的不良倾向。

被动—攻击型人格：凭什么听你的

小江的父亲是一个很严厉的人，对家人通常都是采用一种命令式的口气说话，从来不听别人的意见，母亲经常被他气得大哭，而小江小时候也经常因为达不到父亲的要求而受到严厉的打骂。

小江对父亲又气又恨，对父亲那种命令式的口气感到无奈又厌恶。长大以后，小江对父亲的命令越来越反感，发展到后来只是随口答应就不理不睬了。小江心里总是会说："你凭什么老是命令我？"他对父亲用了一种迂回的反抗方式，也就是人们经常说的被动攻击。

　　被动—攻击型人格障碍的具体表现是顽固执拗、固执己见，对别人的任何要求采取耽搁、伪装遗忘、拖沓等手段故意拖延，使之效率低下，以此来表达不满和愤懑情绪，使人感到有一种被动的阻力和攻击性的敌对心态。他们敷衍、抱怨、反对、磨蹭、"忘事"，对主动来帮忙的人冷嘲热讽。随后，他们感觉被生活耍了，因为他们觉得生活本应更厚待自己。他们在内心生活和现实生活中都经历着怨恨和不快，但是他们看不见，正是他们自己的人格使他们离幸福的大道越来越远。最普遍的表现形式是对让其尽职尽责的合理要求不以为然、消极抗拒。

　　现实生活中，有的人顺从、谦和、随意，而有的人则好胜、好强、好争，不肯放弃自己的意见，还有的人固执己见。应该说，好强本身并不一定不好，如同顺从也不一定好一样，但好强过头，变成了固执，甚至自以为是，为固执而固执，则是有害的。一个好强固执的人，可能是一个自信自立又有些自高自大的人，可能很武断，时常想要驾驭那些不及自己的人，对抗有权势者。喜欢坚持自己的主张，甚至不顾周围人的反对。可能会成于此而败于此。有一句话说得好，"物过于刚则易折"。

　　被动—攻击型人格障碍的主要特征：

　　1. 消极地拒绝完成一般的社会或职业工作。

　　2. 抱怨别人误会自己、不欣赏自己。

　　3. 闷闷不乐，好争吵。

　　4. 毫无道理地批判、嘲讽权威。

　　5. 对那些看起来比自己幸运的人表现出嫉妒和忿恨。

　　6. 说话时声音夸张，不断抱怨自己的不幸。

　　7. 表现出不友好的蔑视后会后悔，但下次还会再犯。

心理诊所

处方一、负责可靠地完成责任。

处方二、减少反对、埋怨行为的频率，增加合作。

处方三、直接表达出生气和埋怨的感受并对此负责。

处方四、降低或减轻关于独立还是与依靠别人的矛盾情感的强度。

处方五、稳固自己不规律变化的行为和情绪。

处方六、增强快乐感、幸福感和满足感。

处方七、减少抱怨的频率（如关于不幸、关于别人的误会）。

处方八、使用能引起友善感的方式与别人共处，而不是恼怒和生气。

第三章

你以为正常的就是正常的吗

——揭密常见的几种病态心理

葛朗台心理：花钱花到我心痛

老章早就过了不惑之年，经过多年的努力，家境宽裕，但他非常吝啬，对家人与亲戚都舍不得做任何花费，家里很少买好吃的，连孩子都很难添上一件新衣服，甚至住在乡下的老母亲来了都得不到款待。老章是罕见的"极端吝啬"，不管对谁，包括对自己，可以说是全方位的，而且随着年龄的增长，"吝啬"大有愈演愈烈之势。

吝啬危及到老章的人际关系和个人生活。事实上，对于它的危害，老章是从心底里深恶痛绝的。他也曾几度下决心想改掉这个毛病，但就是没有这个力量，这似乎应了那句老话："江山易改，本性难移"。在身边的人强烈表达不满的同时，老章自己也非常痛苦。

吝啬，俗称小气，"一毛不拔"，是一种不正常的心态和行为。《三国志·魏志之曹洪传》曰："始洪家富而性吝啬。"《颜氏家训·治家》曰："吝者，穷急不恤之谓也。"可见，吝啬是一种有能力资助或帮助他人，却不肯付诸行动的行为。

吝啬是一种极端自私的表现。其实任何人都有自私的一面，不为自己打算的人很少，但通常在人际交往中，要做到公私兼顾并不困难。所谓礼尚往来，来而不往非礼也。人敬你一分，你回敬三分，这当然好，回敬一分，也不为过。如果尽想让人敬你，而你不回敬，这就会遭到"吝啬"的评价。吝啬的价值观是很明确的，尤其是对金钱、财富的一毛不拔。有的吝啬者往往很会算计，自己尽可能少付出、多获得。

有些吝啬者，知道这样不好，有损于人际关系，因此采取不付出，也不接受别人的恩赐，只让别人求我，我不求人的策略。其实这两种情况都是孤立自己，是不利于社会生存的习性。有人明白这样不好，但一遇到付出时就情不自禁地吝啬起来，显得处处小气不大方。而有人不明白，甚至以为这是应该的为人之道。既不以此为羞，也从不理会他人的议论。无论是明白不明白，那不过是认识上的差距，但这种行为的影响是一样的。不同的是"明白人"自责自疚的心理多些；"不明白的人"落得个安逸，我行我素。

单就吝啬而言，不能构成一种病，无论是心理病还是精神病中都不存在什么"吝啬症"之说，但如作为某种病的表现还是可能的。如精神病中的偏执病可能有极度吝啬的表现，特别是脑器质病者，也有此情况发生，但他们根本没有自知，吝啬是受病态妄想所支配的。人们常说被什么事冲昏了头脑，所谓冲昏头脑，就是意识变得狭窄起来，在该人的思想里只有自己的利益，只知道收获，而付出是一种痛苦，甚至是很大的痛苦。有一部外国小说，描写主人公的吝啬，生怕柜里的酒被人喝掉，于是把一瓶毒酒放在酒柜中。没想到在急剧愤怒时，以酒压愁，自己误服了毒酒而身亡。这个故事就证明了吝啬者的意识是狭窄的。

在心理症中，有没有吝啬强迫症？按照心理学原理的说法是可以有的，因为强迫症的概念明确指出：本人不愿有这种想法或行为，但他无法控制住这种想法和行为，并为这些想法和行为而十分痛苦不安。如强迫想些下流的事、强迫数数、强迫洗手等。如何判断你的吝啬是不是强迫症，除此一条概念外，还要根据其他条件特别是性格基础来定。一般说来，凡患强迫症的人，其人格多有优柔寡断、循规蹈矩、生活刻板单调、情感比较贫乏、守旧拘谨、教条审慎等特点。如果你自己也解释不出自己为什么这样吝啬，并为吝啬而自责自贬乃至深恶痛绝时，还是请您去看看心理医生为好，如果真是强迫症，做些必要的分析治疗或许能有所改善。

心理诊所

处方一、正确认识吝啬

要想改掉吝啬的不良心理，首先要对吝啬有一个比较全面的认识。人在生活工作中不可能只是自己一个人，人的生活固然需要金钱，但是更需要的是别人的关爱，需要亲人、爱情和友谊。过于吝啬和冷漠只能让你失去朋友和亲人，变成孤家寡人。到了那个时候，就算你拥有一大堆的金钱，又有什么意思呢？没有人和你分享，快乐也变得暗淡无光。而且，这个世界上并不是什么都能用金钱解决的。今天你帮助别人，明天当你有了困难的时候，别人也会来帮助你。人与人之间的友爱是最值得去追求的东西。

处方二、从小事做起

先从力所能及的小事做起，先帮助自己的亲人和朋友，这样不仅能够帮助摆脱吝啬的心理，还能在很大程度上缓解和亲人朋友之间紧张的气氛，让他们对你有新的认识和看法，从而拉近你们之间的距离，让你们重新恢复良好的亲情和友谊。

处方三、乐善好施

传统宗教教导人们要乐善好施，多帮助困难的人、需要资助的人，可以为自己积累功德，并提倡善有善报，恶有恶报，不妨听听宗教中的教诲，做一个乐善好施的人，摆脱吝啬心理。

挫折心理：挫折面前抬不起头

小军考试刚刚结束，他的心情很沉重。不知为什么想哭，似乎生活中的一切都没有想象中的那么美好，他甚至都不知道找什么借口来安慰自己。本来想等考试结束，好好放松一下，但他没有一点儿心情。为了这次考试，小军准备了好久，也认为准备得可以，可是，不知道为什么考试的时候，答题的状态那么差，他开始对自己怀疑了，这是从来没有过的感觉。小军只想要求他应该得到的，他努力学习，总该要有优异成绩对得起自己的付出吧，可是，根本没有。小军对自己的能力和未来表示怀疑，感觉周围一切都像死灰一样，没有一丝生机和希望。的确，追求是一个过程，必须有回报。的确，失败是成功之母，但成功也是成功之母，如果没有一丝成功怎么再去期望成功呢？怎么再有奋斗的动力呢？他根本没有达到自己的目标，每当他有一丝放松的时候，他都会受到严厉的惩罚，他不明白为什么。想想他的学校生活、他的考试成绩，他自卑、退缩、不敢相信自己了。

心理上所说的挫折，是指人们为实现预定目标采取的行动受到阻碍而不能克服，因此产生的一种紧张心理和情绪反应，它是一种消极的心理状态。

挫折心理包含3个方面的含义：

1. 挫折情境。即对人们有动机、有目的的活动造成障碍或干扰的情绪状态或条件，可以由人、物或自然、社会环境构成。

2. 挫折认知。即对挫折情境的知觉、认识和评价。

3. 挫折反应，即挫折感。指个体在挫折情境下所产生的烦恼、困惑、焦虑、愤怒等负面情绪体验。

认识什么是挫折心理，对改变人的行为、提高人的积极性很有意义。

挫折心理的产生原因多种多样，主要分为两大类：

外在原因：又可分为实质环境与社会环境。实质环境指个人能力无法克服的自然环境限制，如天灾地变、衰老疾病、交通不便等。社会环境指个人在社会生活中所遭受到的政治、经济、道德、宗教、风俗习惯等的人为限制。

内在原因：包括个人的生理条件与动机的冲突。个人的生理条件指个人具有的智力、能力、容貌、身材以及生理上的缺陷疾病所带来的限制。动机的冲突指个人在日常生活中，同时产生的两个或两个以上的动机无法同时获得满足，产生的难以抉择的心理状态。

一个人受到挫折后，不论是因为外在原因还是内在原因，都会有愤怒、压抑或焦虑等情绪反应。这些情绪反应将同时引起生理上的变化，如血压升高、汗腺分泌增多、胃液分泌减少等，长久下去会导致生理疾病，如高血压、胃溃疡及偏头痛等。

在人生漫长的旅途中，由于各种主客观原因，难免会遇到挫折。俗话说："没有经历过失败的人生不是完整的人生。"正如没有河床的冲刷，便没有钻石的璀璨；没有挫折的考验，也便没有不屈的人格。正因为有挫折，才有勇士与懦夫之分。巴尔扎克说："挫折和不幸，是天才的进身之阶、信徒的洗礼之水、能人的无价之宝、弱者的无底深渊。"

生活中的失败挫折既有不可避免的一面，又有正向和负向功能。既可使人走向成熟、取得成就，也可能破坏个人的前途，关键在于你怎样面对挫折。适度的挫折具有一定的积极意义，它可以帮助人们驱走惰性，促使人奋进。挫折又是一种挑战和考验。英国哲学家培根说过："超越自然的奇迹多是在对逆境的征服中出现的。"

挫折帮助你成长。人的成长过程是适应社会要求的过程，如果适应得好，就觉得宽心和谐。如果不适应，就觉得别扭、失意。而适应就要学会调整自己的动机、追求和行为。一个人出生时，根本不知道什么是对，什么是错，正是通过鼓励、制止、允许、反对、奖励、处罚、引导、劝说，甚至身体上的惩罚与限制才学得举止与行为的适应和得当，学会在不同环境、不同时间、不同对象、不同规范条件下调整行为。反之，从小无法无天的孩子，一旦独立生活就会被淹没在矛盾和挫折之中。如德国天文学家开普勒，从童年开始便多灾多难，在母腹中只待了7个月就早早来到了人间。后来，天花又把他变成了麻子，猩红热又弄坏了他的眼睛。但他凭着顽强、坚毅的品德发奋读书，学习成绩遥遥领先于他的同伴。后来因父亲欠债使他失去了读书的机会，他就边自学边研究天文学。在以后的生活中，他又经历了多病、良师去世、妻子去世等一连串的打击，但他仍未停下天文学研究，终于在59岁时发现了天体运行的三大定律。他把一切不幸都化作了推动自己前进的动力，以惊人的毅力，摘取了科学的桂冠，成为"天空的立法者"。

挫折增强你的意志力。现在的青少年长期生活在被服务的环境中，从进小学到读大学，直到工作选择，都由父母去承受压力，因而他们对各种困难体验都不深，缺乏忍耐力，没有坚强的意志，一旦遇到挫折就被击垮了。实际上生活中许多轻度挫折，是意志力的"运动场"，当你大汗淋漓地跑完全程，克服了生活的挫折，就会获得愉快的体验。心理学家把轻度的挫折比作"精神补品"，因为每战胜一次挫折，都强化了自身的力量，为下一次应付挫折提供了"精神力量"。

挫折也有负面效应。在日常生活中，每个人对于挫折的反应并不相同。一方面这决定于对挫折的感情理解。如一个朋友批评了你，你可能会听从，甚至非常感激他，但如果把这位朋友的批评曲解，认为有损你的尊严，那你的反应也许就大不一样了。另一方面，感情上的失落比物质上的失落反应激烈。当你追求的目标代表着爱、名誉、地位、尊严时，一旦目标丧失，就会产生不良的心理影响，这是一种负面效应。人在遭遇挫折时，往往会感到缺乏安全感，使人难以安下心来，工作和生活都会受到影响。

心理诊所

处方一、暗示法

美国加州理工学院的高材生培姬，平素聪明活泼，十分健谈。可在一次紧张的考试之后，整天昏昏沉沉，连思考最简单的问题也感到困难，睡眠越来越差。她十分烦恼，骂自己是笨蛋，断定自己是脑子坏了，产生了厌世的情绪。

于是她来到了贝克教授主持的"心理门诊部"求治，贝克教授断定她是因挫折而引起抑郁症，便开了一张奇特的"意识疗法"处方，要求她对照表中的条目"每日三省吾身"。

1. 肯定一切或否定一切，把事物看成非黑即白，总是对自己失去信心。

2. 不必要的类推。由于有过一次不顺心的经历，就认为会祸不单行。

3. 戴上有色眼镜，只看到事物的消极部分，这样就会很快断定任何事情都是消极的。

4. 不自觉的自卑心理，常常有一个抑郁的假设在支配你的思想。

5. 夸大和缩小。用放大镜看待自己的缺点，同时又缩小了对自己力量的估计。

6. 情绪推理。比如常常感到好像做了什么坏事似的把自己的情绪当做自己做错事的证据。

7. 无所适从。这种思想的例子就是"我应当做这个"或者"我必须做那个"。你干一件事时所感到的内疚之情远远超过干这件事的动机。

8. 不准确的自我评价。有些人在碰到挫折时，也许会想"这是运气差"而不是认为"我犯了一个错误"，这种开脱是荒谬的，说明一个人不能准确地评价他所干的事情。

贝克教授向她建议，当心情不舒畅或难以自制时，首先要记录下自己的消极思想，在纸上就消灭它，别让它在自己的头脑中作怪。

培姬发现，其中列举的种种"心病"特征仿佛都与自己有关。她按照贝克教授的叮嘱，每天坚持对照，挫折心情果然渐趋消失。意识疗法的主要精神就在于重新建立自尊，它使你有信心，把自己当成一个值得尊敬的朋友。

处方二、呼吸调节法

呼吸调节法是指通过调整呼吸来使身体得到松弛，进而缓解精神紧张。如深呼吸练习操，其程序如下：

1. 选择一个舒适的坐姿，闭上双眼，注意自己是用嘴还是用鼻呼吸及呼吸频率。

2. 注意身体的肌肉群，尽量放松。

3. 用鼻吸气，用嘴吐气，连续做几次平静的深呼吸。

4. 深吸一口气（可默数4下）、憋气（数4下）、缓慢地用嘴吐气（默数8下），自然呼吸几次后，继续做深呼吸，如此反复进行10次。

5. 手掌置于腹部，自己能感到它的运动，将嘴做成"O"型，快吸气，短促喘气，进行10余次。

处方三、良好的情绪培养法

培养乐观豁达的良好情绪有助于消除受挫情绪，提高自信心，对抗精神压力。措施有：

1. 改变生活情趣，对周围事物感兴趣并具有积极的探求心理，培养多样化兴趣。

2. 不要老是担心自己的健康和疾病，不要过分自我注意，自我暗示自己有什么不适和疾病。

3. 培养积极向上的人生态度，树立远大的人生观。

4. 热爱自己的学习和自己的工作，以学习和工作为自己的第一生活乐趣。

5. 广交朋友、热情待人，遇到烦恼和心理矛盾时，主动找知心朋友谈心请求帮助，以及时得到安慰和心理支持。

6. 不要怨天尤人，牢骚满腹。

7. 遇事当机立断，不要为小事左顾右盼，要珍惜美好时光。

8. 在学习、工作和生活中人际关系要处理好，不要参与勾心斗角，要同舟共济。

9. 不要过分计较个人得失，宽宏大量，乐于助人。

10. 遇到痛苦和积怨，不要抑制自责，闷在心中，要善于转移和分散注意力，必要时可大哭一场，发泄内心积聚的能量，这样有助于情绪稳定。

极度自私心理：吃了我的都给我吐出来

庄蓝是一名15岁的高二学生，是家中的独生子。父亲长年在外工作，他从小由母亲一人带大。由于特殊的居住环境，庄蓝家周围的邻居中没有他的同龄人。母亲身兼两职，尽管特别疼爱自己的孩子，却没有时间陪他，经常让庄蓝一个人在家写字、画画、玩游戏、看电视、看书等。

庄蓝在学校人缘不佳，他不习惯和别人走得太近，自己的学习用品或带来的图书、零食等，都是独自一个人用、玩、吃，从来舍不得分给别人，而且还不让任何人碰他的东西。有时自己的新物件舍不得用，反而向别人借。他每天都固定坐一把椅子，为了不让别的同学坐，还特意在椅子上做了记号。但是他接受能力强，动手操作能力也强，是个很有创造性的人。

自私是一种较为普遍的病态心理现象。"自"是指自我，"私"是指利己，"自私"指的是只顾自己的利益，不顾他人、集体、国家和社会的利益。自私有程度上的不同，轻微一点儿是计较个人得失、有私心杂念、不讲公德。严重的则表现为为达到个人目的，侵吞公款、诬陷他人、铤而走险。贪婪、嫉妒、报复、吝啬、虚荣等病态社会心理从根本上讲都是自私的表现。

自私心理的特点是处处以自我为中心，无视社会法律、道德规范、良心风尚和他人感受及利益，不顾大局，只知道满足自己的各种私欲。自私者只讲索取，不讲奉献，争名夺利，甚至损人利己。自私是一种较为普遍的不良心理现象。严重地讲，自私是万恶之源，贪婪、嫉妒、报复、吝啬、虚荣等很多其他不良心理都是自私的衍生。

自私是一种近似本能的欲望，处于一个人的心灵深处。自私心理潜藏较深，它的存在与表现便常常不为个人所意识到。有自私行为的人并非已经意识到他在干一种自私的事，相反他在侵占别人利益时往往心安理得。所以，我们可以将自私看作一种病态社会心理。

造成人的自私心理的原因是复杂的：

从客观方面看，资源的数量、种类、方式在占有和配置方面都存在许多不平衡、不合理之处，于是，缺乏资源的一方不得不用非正当的方式去交换。

从主观方面看，个人的需求若是脱离社会规范的不合理的需求，人就可能倾向于自私。

个人的自我敏感性、价值取向与社会行为有着一定的内在联系。所谓社会行为，是指包括助人行为在内的一切有益于社会的个体行为；自我敏感性，是指一个人关心他自己的问题，感到需要别人的帮助，以及的确得到别人的帮助后的心理感受；价值取向，是指在社会发展过程中逐渐形成的、相对稳定的评价事物的标准和态度。高度的自我敏感性可以外化为对他人的敏感性，即"人人为我，我为人人"，但也可能外化为一种只顾自己的倾向。自私自利之人往往是自我敏感性极高，以自我为中心，对社会、对他人极度依赖与索取，而不具备社会价值取向（对他人与社会缺乏责任感）的人。

心理诊所

处方一、内省法

这是构造心理学派主张的方法，是指通过内省，即用自我观察的陈述方法来研究自身的心理现象。自私常常是一种下意识的心理倾向，要克服自私心理，就要经常对自己的心态与行为进行自我观察。观察时要有一定的客观标准，这些标准有社会公德与社会规范和榜样等。加强学习，更新观念，强化社会价值取向，对照榜样与规范找差距。并从自己自私行为的不良后果中看到危害找出问题，总结改正错误的方式方法。

处方二、多做利他行为

一个想要改正自私心态的人，不妨多做些利他行为。例如关心和帮助他人，给希望工程捐款，为他人排忧解难等。私心很重的人，可以从让座、借东西给他人这些小事情做起。多做好事，可在行为中纠正过去那些不正常的心态，从他人的赞许中获得利他的乐趣，使自己的灵魂得到净化。

处方三、回避训练

这是心理学上以操作性反射原理为基础，以负强化为手段而进行的一种训练方法。通俗地说，凡下决心改正自私心态的人，只要意识到自私的念头或行为，就可用缚在手腕上的一根橡皮筋不停弹击自己，从痛觉中意识到自私是不好的，促使自己纠正。

病态怀旧：假如能够穿越到过去

参加工作不久的张蒙蒙最近发现，妈妈老张半年前下岗回家之后，每天开口闭口都是她年轻时候的事，陈芝麻烂谷子说了一遍又一遍，连对常来串门的邻居都不厌其烦地说。

确实，老张现在做梦都想着回到过去，回到童年的小摇床，回到妈妈温暖的怀抱。她想恢复少女时轻盈的身姿，清澈如水的心灵。她甚至宁愿回到在云南边境插队那会儿，虽然苦点儿累点儿，但那时年轻！浑身有使不完的劲！而且，她还是班干部、大队长，男队员心目中的女神！

老张一直保留着旧照片、旧时装、旧书报等。现在，她把越来越多的时间都花在翻阅旧物上，也只有在那些时刻，才能从她的脸上看到一丝神采。

在老张的内心深处，现实生活并没有什么意思，她只是一个普通的家庭妇女，平时，丈夫和女儿一上班，家里就剩下她一个，就像被遗忘在角落的人。老张心想，要是还能回到过去该多好，她做梦都想回到年轻时那些春风得意的日子。

怀旧是一种常见的心理现象。一个人适当怀旧是正常的，也是必要的。比如思念故乡、故人的怀旧，"举头望明月，低头思故乡"、"月是故乡明"等等，能激发人的爱国热情；回忆过去的美好经历，可以使人心情舒畅。但是，如果因为怀旧而否认现在和将来，生活在今天，而志趣却滞留在昨日，一言一行与现实生活格格不入，就成了病态怀旧。病态怀旧心理通常是不能适应现实环境的表现和结果。

病态怀旧心理有很明显的症状：

1. 对现状不满。

2. 沉溺于对过去的追忆。追忆持续的时间相对较长，反复出现的时间频率较高。这些人长年保存着大量的旧照片、旧服装、旧书、旧报纸，给孩子取旧时代的名字；依恋过去的友人或恋人，热衷搞同乡会、同学联谊会；有的男士女士，过去曾有过一段恋情，因故未成连理，如今已届中年，旧情萌发，开始"第二次握手"；有的人过分看重过去所取得的功绩，把所获得的奖状、勋章、奖品保存得完整无缺，时常追忆当年那辉煌的经历，相比之下，现在这荣誉的光环正逐渐在消失，心理时常有失落感。

病态怀旧心理往往是由不适应造成的，而他们又不肯承认根源在于自己，而是将挫折合理化，把原因和责任全推给环境或变化。但这样会造成更大的挫折和不适应，继续强化怀旧心理，逐步扩大与环境、条件或事物的隔阂。

根据怀旧对象的不同，可以将怀旧分为5类：能力怀旧、经历怀旧、社交怀旧、物品怀旧、环境怀旧。社会怀旧是环境怀旧的一种。病态的社会怀旧是由于社会的变迁、价值观的改变以及个人的失落感引起的异常心理，主要表现在：对社会抱有偏见，对过去的东西夸大美化，对现在的一切只看到不好的一面，不能客观评价。

病态怀旧心理的产生有社会原因，也有主观因素。

1. 从社会原因来看：由于社会结构与阶层发生了重大变化，社会资源与利益重新分配组合，社会地位与经济利益受到冲击的那一部分人，极易产生失落感，但又无能为力，只能通过怀旧的方式来表达现实的遗憾。随着现代文明和都市的大规模崛起，原有的生活环境在被无情地解体。在大城市里人们告别了四合院、胡同、里弄，被困在钢筋水泥的框架中；在乡村，诗篇一样的田野，不断被公路、铁路吞噬；工业污染了大地；电视使世界和人们接近，却又使人们的心灵彼此疏远。这一切都使一些人感到不适与恐惧。

2. 从主观方面来看：

①怀旧实质上是一种对现实生活的躲避和遁逃，怀旧是一种特殊的机制。它把我们所不想回忆的痛苦和压抑隐藏了、忘却了，以至于我们自己永远不会再想起。而另一方面，它又把我们过去生活中美好的东西大大强化了、美化了，以至于人们在几次类似的回忆后把自己营造的回忆当作真实。②怀旧起源于个人的失落感。失落导致回首，以寻找昔日的安宁与情调。

另外，怀旧从心理学的角度出发，是一种习惯势力对个性的影响。

习惯势力是历史形成的旧意识形态的反映。这种旧的意识形态是以旧风俗、旧习惯、旧文化、旧思想沿袭下来的，当旧的意识形态仍为群众所习惯的时候，就将形成一种极大的势力。这种势力对个体心理产生很大的影响。习惯势力的存在常常是个体性格形成的一个重要因素。

病态的怀旧行为阻碍个体适应环境，对社会变革产生阻力。在人际交往中只能做到"不忘老朋友"，但难以做到"结识新朋友"，个人的交际圈也大大缩小。有病态怀旧行为的人很难与时代同步，这有碍于他们自身的进步与发展，应进行适当的调节。

心理诊所

处方一、面对现实

要认识到这种心理问题的危害，积极接受治疗；保持适度的紧张，不要逃避；树立期望，建立信心；获得家庭的支持、提醒；学习适应生活的方法，迅速填补生活空白，逐步改变观念；将调适计划明确写在纸上，在调适过程中严格遵循计划。

处方二、积极参与现实生活

如认真地读书、看报，了解并接受新生事物，积极参与改革的实践活动，要学会从历史的高度看问题，顺应时代潮流，不能老是站在原地思考问题。

处方三、寻找最佳结合点

如果对新事物立刻接受有困难，可以在新旧事物之间寻找一个突破口。例如思考如何再立新功、再创辉煌，不忘老朋友、发展新朋友，继承传统、厉行改革等。从新旧结合做起。

处方四、发挥怀旧的积极性

正常的怀旧有一种寻找宁静、维持心灵平和、返璞归真的积极功能。积极功能越强，病态怀旧心态就会越弱。因此，要提倡正常的怀旧。

虚荣心理：不拥有那些好东西就受不了

生于小康之家的大郭工作能力不错，但虚荣心很强，在单位没什么人缘。今年春天，大郭辞去了原来的工作，开始了新一轮的求职之路。由于一般大学的本科学历让他觉得没面子，于是在校园附近花200元买了一个"北京大学"的假文凭，并凭此混进了一家大公司，四处吹嘘他是北大学子。北京大学毕业生还是比较显眼的，大郭过了一阵子春风得意的日子。但很快，公司内部组织的同学聚会就让大郭像白蛇娘子喝了"雄黄酒"——现原形了。从此，大郭在公司里狼狈不堪，被迫在周围同事的鄙视眼光中离开了。

虚荣心是以不适当的虚假方式来保护自己自尊心的一种心理状态，指一个人借用外在的、表面的或他人的荣光来弥补自己内在的、实质的不足，以赢得别人和社会的注意与尊重。是为了取得荣誉和引起普遍注意而表现出来的一种不正常的社会情感。简单地说，所谓虚荣心就是扭曲了的自尊心。

在现实生活中很多人都具有虚荣心，虚荣心理是一种很复杂的心理现象。法国哲学家柏格森曾经这样说过："虚荣心很难说是一种恶行，然而一切恶行都围绕虚荣心而生，都不过是满足虚荣心的手段。"

虚荣心强的人喜欢在别人面前炫耀自己昔日的荣耀经历或今日的辉煌业绩，他们或夸夸其谈、肆意吹嘘，或哗众取宠、故弄玄虚，自己办不到的事偏说能办到，自己不懂的事偏要装懂，一切为了提高自己；虚荣心强的人喜欢炫耀有名有地位的亲朋好友，希图借助他人的荣光来弥补自己的不足，而对于那些无名无份、地位"卑微"的亲朋则避而不谈，甚至唯恐避之而不及。

人为什么会产生虚荣心呢？这与人的需要有关。人类的需要有很多种，包括生理需要、安全需要、归属和爱的需要、尊重的需要、自我实现的需要等等。一个人的需要超过了自己的担负能力，就会想通过不适当的手段来达到自尊心的满足，这就产生了虚荣心。虚荣者在虚荣心的驱使下，往往只追求面子上的好看，不顾现实条件，最后造成危害。有时甚至产生犯罪动机，带来非常严重的后果。虚荣者的内心其实是空虚的。他们表面的虚荣与内心的空虚总是不断地斗争：没有满足虚荣心之前，因为自己不如他人的现状而痛苦；满足虚荣心之后，又唯恐自己真相败露而受折磨。虚荣者的心灵总是痛苦的，完全不会有幸福可言。虚荣心男女都有，但总的说来，女性的虚荣心比男性强。

虚荣心是不实事求是，不考虑具体条件，追求虚假的声誉，也就是我们平时所说的"打肿脸充胖子"。有人把虚荣心的表现分为14个方面，在我们在平时的学习和生活中，有没有以下类似的表现呢？

（1）喜欢谈论有名气的亲戚朋友或以同名人交往为荣。

（2）热衷于时髦服装，对西方的流行货追崇。

（3）行事购物喜摆阔。

（4）不懂装懂，海阔天空。

（5）热衷于追求一鸣惊人的成果。

（6）对名著、影片只求一知半解，夸夸其谈。

（7）好表现自己，尤其想在大庭广众面前露一手。

（8）好掩盖自己。

（9）对表扬沾沾自喜。

（10）对批评耿耿于怀。

（11）表面热情，内心冷淡，讨好别人。

（12）找对象过分追求长相门第。

（13）婚礼讲排场、摆阔气。

（14）讲面子，面子第一。

虚荣心理，其危害是显而易见的。其一是妨碍道德品质的优化，不自觉地会有自私、虚伪、欺骗等不良行为表现。其二是盲目自满、固步自封，缺乏自知之明，阻碍进步成长。其三是导致情感的畸变。由于虚荣给人的沉重的心理负担，需求多且高，自身条件和现实生活都不可能使虚荣心得到满足，因此，怨天尤人、愤懑压抑等负性情感逐渐滋生、积累，最终导致情感的畸变和人格的变态。严重的虚荣心不仅会影响学习、进步和人际关系，而且对人的心理、生理的正常发育都会造成极大的危害。

虚荣心理的产生及其强弱与个体心理品质、思想修养有着直接的关系。除此之外，还受个体所处的生活环境及社会文化传统的影响。

1. 自尊心过强的人易产生虚荣心理。每个人都有维护自尊的需要，每个人都喜欢听恭维、赞扬的话，这在一定程度上是人的本性的显现。如果一个人的自尊心过于强烈，渴望获得别人对自己的重视、尊重和赞扬，而自身又缺乏过人之处，不具备足以令人称道的实力，则不得不寻求其他手段，如借用外在的、表面的，甚至是他人的荣光来弥补或替代自己实力的不足，以此满足自尊的需要。在此过程中，虚荣心理的产生在所难免。

2. 私心过重的人容易产生虚荣心理。私心过重的人会时刻考虑个人的利益得失，总希望自己时时处处胜过别人、超过别人。为了达到这一目的，常常煞费苦心地营造或借用本来不属于自己的、虚假的荣誉来掩饰个人的缺陷和不足，以抬高自己，显示自己的"过人之处"。

3. 缺乏自信的人容易产生虚荣心理。虚荣心理的产生往往是那些缺乏自信、自卑感强烈的人进行自我心理调适的一种结果。某些缺乏自信、自卑感较强的人，为了缓解或摆脱内心存在的自惭形秽的焦虑和压力，试图采用各种自我心理调适方式，其中包括借用外在的、表面的荣耀来弥补内在的不足，以缩小自己与别人的差距，进而赢得别人对自己的重视和尊敬，虚荣心便由此而生。

4.处于特定社会文化环境中易产生虚荣心理。

在人际交往中注意"脸"和"面子"，是中国人长期形成的一种社会心理。所谓"脸"，是一个人为了自我完善而通过形象整饰和角色扮演在他人心目中形成的特定形象。所谓"面子"，则是一个人在社会人际关系中依据对"脸"的自我评价，估价自己在别人心目中所应有或占有的地位。所以，"脸"和"面子"代表着人的荣誉和尊严。一个人要想有脸面，必须先成就大事，通过他的不平凡的作为而获得人们的褒扬，形象才会随之高大起来。

因此，从某种意义上讲，中国社会人际交往中注重"脸"与"面子"的文化传统在一定程度上刺激和强化了中国人虚荣心理的产生。

心理诊所

处方一、改变认知，认识到虚荣心带来的危害

虚荣心强的人，在思想上会不自觉地渗入自私、虚伪、欺诈等因素，这与谦虚谨慎、光明磊落、不图虚名等美德是格格不入的。虚荣的人为了表扬才去做好事，对表扬和成功沾沾自喜，甚至不惜弄虚作假。他们对自己的不足想方设法遮掩，不喜欢也不善于取长补短。虚荣的人外强中干，不敢袒露自己的心扉，给自己带来沉重的心理负担。虚荣在现实中只能满足一时，长期的虚荣会导致非健康情感因素的滋生。

处方二、端正自己的人生观与价值观

提高自我认知。正确认识自己的优缺点，分清自尊心和虚荣心的界限。

做到自尊自重。诚实、正直是对做人最起码的要求。我们绝不能为了一时的心理满足而丧失人格。只有做到自尊自重，才不至于在外界的干扰下失去人格。我们要珍惜自己的人格。崇尚高尚的人格可以使虚荣心没有抬头机会。

树立崇高理想，追求真善美。人应该追求内心的真实的美，不图虚名。一个人追求真善美就不会通过不正当的手段来炫耀自己，就不会徒有虚名。很多人能在平凡的岗位上做出不平凡的成绩，就是因为有自己的理想。同时，要正确评价自己，既看到长处，又看到不足，时刻把实现理想作为主要的努力方向。

处方三、摆脱从众的心理困境

从众行为既有积极的一面，也有消极的另一面。对社会上的良好时尚，就要大力宣传，使人们感到有一种无形的压力，从而发生从众行为。如果社会上的一些歪风邪气、不正之风任其泛滥，也会造成一种压力，使一些意志薄弱者随波逐流。虚荣心理可以说正是从众行为的消极作用所带来的恶化和扩展。例如，社会上流行吃喝讲排场，住房讲宽敞，玩乐讲高档。在生活方式上落伍的人为免遭他人讥讽，便不顾自己的客观实际，打肿脸充胖子，弄得劳命伤财，负债累累，这完全是一种自欺欺人的做法。所以我们要本着清醒的头脑，面对现实，实事求是，从自己的实际出发去处理问题，摆脱从众心理的负面效应。

要正确对待舆论，正确看待他人的优越条件，不要影响自己的进步，而应该作为自己前进的动力。要通过自己的努力满足自己的需要。只有自信和自强，才能不被虚荣心所驱使，成为一个高尚的人。

处方四、调整心理需要

需要是生理的和社会的要求在人脑中的反映，是人活动的基本动力。人有对饮食、休息、睡眠、性等维持有机体和延续种族相关的生理需要，有对交往、劳动、道德、美、认识等社会需要，有对空气、水、服装、书籍等的物质需要，有对认识、创造、交际的精神需要。人的一生就是在不断满足需要中度过的。可人毕竟不能等同于其它动物，马克思指出："饥饿总是饥饿，但是用刀叉吃熟肉来解除的饥饿不同于用手、指甲和牙齿啃生肉来解除的饥饿。"在某种时期或某种条件下，有些需要是合理的，有些需要是不合理的。

嫉妒心理：不可容忍"别人比自己好"

小雅发现，自己越来越讨厌同屋的小芹了。一年前，小雅和小芹同时从学校毕业，受聘到这个单位。她们住在同一个宿舍里，很快就成了形影不离的好朋友。小芹活泼开朗，小雅秀丽迷人，两人都不乏追求者。半年后，小芹有了一个人人羡慕的男朋友，而小雅还是名花无主，这让心高气傲的她心里很不是滋味。慢慢地，小雅觉得自己像一只丑小鸭，而小芹却是那个令人讨厌的美丽公主。小雅总觉得，是小芹抢占了自己的风头，于是经常冷眼以待。前两天，小雅得知与自己资历相当的小芹竟然升职了，更是痛不欲生，她简直不愿意再看到小芹。

嫉妒是一种比较复杂的心理。它包括焦虑、恐惧、悲哀、猜疑、羞耻、自咎、消沉、憎恶、敌意、怨恨、报复等不愉快的情绪。别人天生的身材、容貌和逐日显示出来的聪明才智，可以成为嫉妒的对象，其他如荣誉、地位、成就、财产、威望等有关社会评价的各种因素，也都容易成为人们嫉妒的对象。

嫉妒是一种负面情绪。它有明显的敌意，甚至会诱使人产生攻击诋毁行为，不但危害他人，给人际关系造成极大的障碍，最终还会摧毁自身。地位相似、年龄相仿、经历相近的人之间容易产生嫉妒。

嫉妒之心几乎人人都有，它是人们普遍存在的一种病症。从本质上看，嫉妒心理是一种不健康的心理。无论是何种形式和内容的嫉妒，都有害于保持正常的人际交往及健全的社会生活。在日常生活中，我们不知不觉地受到别人的嫉妒，或自己本身也在不知不觉对别人产生嫉妒之心。被嫉妒的人常常是自己周围熟识的人。有时，明知道是嫉妒，是不应该的，却无法消除。

嫉妒是心灵的地狱。嫉妒的人总是拿别人的优点来折磨自己。别人年轻他嫉妒，别人长相好他嫉妒，别人身材高他嫉妒，别人风度潇洒他嫉妒，别人有才学他嫉妒，别人富有他嫉妒，别人的妻子漂亮他嫉妒，别人学历高他嫉妒……德国有一句谚语："好嫉妒的人会因为邻居的身体发福而越发憔悴。"所以，好嫉妒的人总是40岁的脸上就写满50岁的沧桑。

好嫉妒的人往往自大。因为自大，想高人一等，所以就容不下比他强的人。看到周围的人有超过自己之处，要么设法去贬低，要么设置陷阱去坑害对方。

好嫉妒的人必然自私，自私的人必然嫉妒。嫉妒和自私犹如孪生兄弟。法国作家拉罗会弗科就曾说过："嫉妒是万恶之源，怀有嫉妒心的人不会有丝毫同情。""嫉妒者爱己胜于爱人。"因为嫉妒，他不希望别人比自己优越；因为自私，他总是想剥夺别人的优越。好嫉妒的人从来不为别人说好话。嫉妒的人，因为容不下别人的长处，所以他就通过说别人的坏话来寻求一种心理的满足。好嫉妒的人没有朋友，因为他容不下别人的长处，而每个人也都有自己的长处，所以他就把所有的人视作自己的敌人，以冷漠的目光注视别人。

嫉妒害己又害人。从自身来讲，嫉妒伤身，嫉妒使人把时间用在阻碍和限制别人身上，而不是潜心于对自我的开发。就他人而言，嫉妒者的流言、恶语、陷害、阻挠、拆台、造谣等，往往对被嫉妒者造成恶劣的影响。在中国古代，庞涓嫉妒孙膑、李斯嫉妒韩非子、潘仁美嫉妒杨令公等，都是以害人开始，以害己结束。总而言之，嫉妒不仅折磨患者本人，也危害被嫉妒的人。中国古代有副对联，叫做"欲无后悔须律己，各有前程莫妒人"。希望好嫉妒的人经常诵读此联，不断地反省自己，改善自己的品性。

嫉妒如此可怕，又如此不能割舍，我们不能期待消灭嫉妒，而要把嫉妒的力量转为前进的动力。这样，我们就真正战胜了嫉妒。诺贝尔文学奖获得者、影响深远的20世纪思想家之一伯特兰·罗素在《快乐哲学》一书中谈到嫉妒时说："嫉妒尽管是一种罪恶，它的作用尽管可怕，但并非完全是一个恶魔。它的一部分是一种英雄式的痛苦的表现。人们在黑夜里盲目地摸索，也许走向一个更好的归宿，也许只是走向死亡与毁灭。要摆脱这种绝望，寻找康庄大道，文明人必须像他已经扩展了他的大脑一样，扩展他的心胸。他必须学会超越自我，在超越自我的过程中，学得像宇宙万物那样逍遥自在。"

其实总的说来，嫉妒的建设性大大超过破坏性。我们之所以总是把它和破坏性连在一起，是因为我们所见到的、所听到的关于妒忌的案例都比较极端，令人震惊。然而人类文明发展史中，嫉妒是功不可没的。出于嫉妒，人们奋发图强。过去，我们古老的文化为我们赢得了许多嫉妒的眼光。当嫉妒者悄悄追赶时，我们还在洋洋自得。今天，环顾四周，突然发现我们已经掉队了。为了和世界"接轨"，我们还得哼哧哼哧学英语。我们嫉妒了，于是我们跑步前进。这就是嫉妒的力量。

对于个人来说，战胜嫉妒需借助于自身思想的成熟。幼儿会毫无顾忌地表现嫉妒，而成人在不断的交往中学会了人际间的基本规则，懂得了破坏性的嫉妒于人有害，于己无利。对无法改变的事实，如容貌、身材等，属父母所赐，理当珍惜，无需朝着玛莉莲·梦露努力；而对气质、能力等跟后天努力密切相关的事情，我们尽可以去嫉妒别人，找出差距，迎头赶上。当你理直气壮地说"我嫉妒"时，你已经在一定程度上战胜了嫉妒。

跟其他情绪一样，嫉妒也是一种本能力量。嫉妒作为一种本能反应，不同年代、不同文化中都有它根深蒂固的存在。曾经在一些非洲部落流行一夫多妻制，那里几乎都有一条准则，规定丈夫要不偏不倚，对他的所有妻子严格地平等分摊宠爱。妻子们的个人茅舍围着丈夫的茅舍排成半圆形，她们都注意看着，丈夫是否在某个妻子那里多呆了哪怕一小会儿。

我们现实生活中也充满了嫉妒。几乎任何事物，只要是别人有自己没有但又渴望拥有的，都会成为嫉妒的导火索。嫉妒的发生有个不可缺少的先决条件，即必须有两个或两个以上的人。如果人的眼光只盯着自己，他是不会知道什么叫嫉妒的。有些学者认为只要人与人之间有不平等存在，就有嫉妒繁衍的土壤。20世纪初，曾经有一些以色列移民区的集体农庄试图建立一种绝对平均的社会制度，以期消灭嫉妒。然而有关人士调查发现，这些地方关于嫉妒的问题依然无法解决。可见，嫉妒作为一种本能力量，跟社会文化没有必然的关系。

心理诊所

处方一、自知之明，客观评价自己

当嫉妒心理萌发时，或是有一定表现时，能够积极主动地调整自己的意识和行动，从而控制自己的动机和感情。这就需要冷静地分析自己的想法和行为，同时客观地评价一下自己，从而找出一定的差距和问题。当认清了自己后，自然也就能够有所觉悟了。

处方二、胸怀大度，宽厚待人

19世纪初，肖邦从波兰流亡到巴黎。当时匈牙利钢琴家李斯特已蜚声乐坛，而肖邦还是一个默默无闻的小人物。然而李斯特对肖邦的才华却深为赞赏。怎样才能使肖邦在观众面前赢得声誉呢？李斯特想了个妙法：那时候在钢琴演奏时，往往要把剧场的灯熄灭，一片黑暗，以便使观众能够聚精会神地听演奏。李斯特坐在钢琴面前，当灯一灭，就悄悄地让肖邦过来代替自己演奏。观众被美妙的钢琴演奏征服了。演奏完毕，灯亮了。人们既为出现了这位钢琴演奏的新星而高兴，又对李斯特推荐新秀的胸怀大度深表钦佩。

处方三、快乐之药可以治疗嫉妒

快乐之药可以治疗嫉妒，是说要善于从生活中寻找快乐，正像嫉妒者随时随处为自己寻找痛苦一样。如果一个人总是想：比起别人可能得到的欢乐来，我的那一点儿快乐算得了什么呢？那么他就会永远陷于痛苦之中，陷于嫉妒之中。快乐是一种情绪心理，嫉妒也是一种情绪心理。何种情绪心理占据主导地位，主要靠人来调整。

处方四、少一分虚荣就少一分嫉妒心

虚荣心是一种扭曲了的自尊心。自尊心追求的是真实的荣誉，而虚荣心追求的是虚假的荣誉。对于嫉妒心理来说，它的要面子，不愿意别人超过自己。以贬低别人来抬高自己的行为，正是一种虚荣，一种空虚心理的需要。单纯的虚荣心与嫉妒心理相比，还是比较好克服的。而二者又紧密相连，所以克服一分虚荣心就少一分嫉妒。

处方五、自我转换法可以消除嫉妒心理

嫉妒可以使一个人萎靡不振，但是如果合理地自我转换，不把时间浪费在抱怨外在环境，就能变为发奋图强。作家爱德蒙德·威尔逊在看到同行写的《伟大的盖茨比》时，非常嫉妒其对戏剧场面的营造。但他马上将嫉妒转化成发奋，写出了许多充满激情、技巧高超的作品。

处方六、自我抑制和自我宣泄

嫉妒心理也是一种痛苦的心理，当还没有发展到严重程度时，用各种感情的宣泄来舒缓一下是相当必要的，可以说是一种顺坡下驴的好方式。

在这种发泄还仅仅是处于出气解恨阶段时，最好能找一个较知心的朋友或亲友，痛痛快快地说个够，暂求心理的平衡，然后由亲友适时地进行一番开导。这样做虽不能从根本上克服嫉妒心理，但却能阻止这种发泄朝着更深的程度发展。如有一定的爱好，则可借助各种业余爱好来宣泄和疏导，如唱歌、跳舞、书画、下棋、旅游等等。

浮躁：没有一刻得安心

张某，男，26岁，某事业单位一般干部。他主动找到心理医生讲述自己的苦闷："我近一年来一直心神不定，老想出去闯荡一番，总觉得在我们那个破单位待着憋闷得慌。看着别人房子、车子、票子都有了，我心里慌啊！以前也曾炒过股，倒过一些货，但都是赔多赚少，我就去摸奖，一心想摸成个万元户，可结果花几千元连个响都没听着！后来又跳了几家单位，不是这个单位离家太远，就是那个单位专业不对口，再就是待遇不好，反正找个合适的工作太难啊！后来听说某人很有钱，于是写了信去，说自己很困难，可他连信也没回，气得我去信大骂了他一顿，还讲了些威胁的话。为此我心里也确实感到失衡，但这种恶作剧让我解恨呀！反正，我心里就是不踏实，闷得慌。"

"浮躁"一词，《辞海》解释为轻率、急躁，做事无恒心，见异思迁，不安分，总想投机取巧，成天无所事事，脾气大。浮躁是当前普遍的一种病态心理表现。其具有以下特征：

1. 心神不宁。面对急剧变化的社会，不知所为，心里无底，慌得很，对前途无信心。

2. 焦躁不安。在情绪上表现出一种急躁心态，急功近利。在与他人的攀比之中，更显出一种焦虑的心情。

3. 盲动、冒险。由于焦躁不安，情绪取代理智，使得行动具有盲动性。行动之前缺乏思考，只要能赚到钱，违法乱纪的事情都会去做。这种病态心理也是当前犯罪违纪事件增多的一个重要原因。

产生浮躁的社会原因主要是目前我国正处在经济飞速发展时期，竞争激烈，压力过大的生存现状，让每个人都面临一个重新定位的问题，感到很难把握自己的未来。于是患得患失、焦躁不安、迫不及待等情绪就不可避免地成为一种社会心态。

产生浮躁的个人原因是个人间的攀比，有的人较早获得成功，有的人却迟迟没有什么进步，于是攀比在所难免，往往造成浮躁心理。通过攀比，对社会生存环境不适应，对自己的生存状态不满意。于是过火的欲望油然而生，个人奋斗又缺乏恒心与务实精神，缺乏对自己的智力与发展能力的准确定位。

浮躁使人失去对自我的准确定位，使人随波逐流、盲目行动，与我们所倡导的艰苦创业、脚踏实地、励精图治、公平竞争的精神相对立，对社会、国家和个人的发展极为有害，必须加以克服。

在当代中国，浮躁心理尤其成为青少年的通病之一，表现为行动盲目，缺乏思考和计划，做事心神不定，缺乏恒心和毅力，见异思迁，急于求成，不能脚踏实地。比如，有的孩子看到歌星挣大钱，就想当歌星；看到企业家、经理神气，又想当企业家、经理，但又不愿为了实现自己的理想努力学习。还有的孩子兴趣爱好转换太快，干什么事都不能坚持，今天学绘画，明天学电脑，三天打鱼两天晒网，忽冷忽热，最终一事无成。

青少年浮躁心理的产生主要有以下原因：

家长的影响。在社会变迁日新月异的形势下，不少家长的心理处于矛盾状态，甚至无法适应社会，表现得患得患失、心神不安、急功近利，于是出现急躁的心理，这种心理往往会影响到子女。

与遗传有关。心理学的研究表明，具有强而不灵活、不平衡的神经类型的人，容易急躁。他们沉不住气，做事易冲动，注意力易分散。

意志品质薄弱。有的父母只知道给孩子灌输知识，却不知培养孩子的意志品质，因而造成有的孩子学习怕苦怕累，做事急躁冒进，缺乏恒心。

为了改变孩子的浮躁心理，父母应指导孩子注意以下问题：

教育孩子立长志，而不是常立志。这点对于防止孩子浮躁心理的滋生和蔓延是十分有利的。父母在帮助孩子立志时，要注意两点：一是立志要扬长避短。有的孩子立志经常不考虑自身条件是否可行，而是凭心血来潮，或看到社会上什么挣大钱，就想做什么工作。这种立志者多数是要受挫的。父母应该告诫孩子，要根据自己的特点来确立目标（最好和孩子一起分析孩子的特点），才会有成功的希望，千万不要赶时髦。二是立志要专一。俗话说"无志者常立志，有志者立长志。"父母要告诉孩子立志不在于多，而在于"恒"的道理。要防止孩子"常立志而事未成"的不好结果的产生。

重视孩子的行为习惯。一是要求孩子做事情要先思考，后行动。比方出门旅行，要先决定目的地与路线；上台演讲，应先准备讲稿。父母要引导孩子在做事之前，经常问自己这样一些问题："为什么做？做这个吗？希望什么结果？最好怎样做？"并要具体回答，写在纸上，使目的明确，言行、手段具体化。二是要求孩子做事情要有始有终，不焦躁，不虚浮，踏踏实实做每一件事，一次做不成的事情就一点一点分开做，积少成多，聚沙成塔，累积到最后即可达到目标。

有针对性地"磨练"。父母可以采取一些措施，有针对性地"磨练"孩子的浮躁心理。如指导孩子练习书法、学习绘画、弹琴、解乱绳结、下棋等，这些活动有助于培养孩子的耐心和韧性。此外，还要指导孩子学会调控自己的浮躁情绪。例如，做事时，孩子可用语言进行自我暗示，"不要急，急躁会把事情办糟"，"不要这山看着那山高，这样会一事无成"、"坚持就是胜利"。只要孩子坚持不断地进行心理上的练习，浮躁的毛病就会慢慢改掉。

用榜样教育孩子，身教重于言教。首先父母要调适自己的心理，改掉浮躁的毛病，为孩子树立勤奋努力、脚踏实地工作的良好形象，以自己的言行去影响孩子。其次，鼓励孩子用榜样如革命前辈、科学家、发明家、劳动模范、文艺作品中的优秀人物以及周围的一些同学的生动、形象的优良品质来对照检查自己，督促自己改掉浮躁的毛病，教育培养其勤奋不息、坚忍不拔的优良品质。

心理诊所

处方一、在攀比时要知己知彼

"有比较才有鉴别"。比较是人获得自我认识的主要方式。比较要得法，要"知己知彼"。知己知彼才能知道是否具有可比性，否则就无法去比，得出的结论也会是虚假的。做到知己知彼就不会出现心理失衡现象，不会产生心神不定、无所适从的感觉。

处方二、自我暗示

自我暗示是控制情绪的一个简捷而实用的好方法。如你可这样暗示自己：无论面对怎样的处境，总会有一种最好的选择，我要用理智来控制自己，决不让情绪来主导我的行动，只要我善于控制自己的情绪，我就是一个战无不胜、快乐的人。

处方三、要有务实精神

做事要有开拓、创新、竞争的意识，更要有持之以恒、任劳任怨的务实精神。开拓当中要实事求是，不自以为是，踏踏实实，做好每一件事情。

处方四、遇事要善于思考

考虑问题应从现实出发，不能跟着感觉走，命运应掌握在自己手里。道路就在脚下，切实做一个实在的人。

完美主义：我不可以有缺点

小艾出生在一个知识分子家庭，是家中老大，有一个弟弟。她的妈妈是小学老师，爸爸是大学老师，家教特别严。小艾性格温顺，比较胆小，非常听父母的话，这与妈妈的性格特点很相似，她害怕爸爸的严厉，处处严格要求自己，尽量做得尽善尽美。她常常要照顾弟弟，因为父母要求她为弟弟做表率。当她出现失误时，爸爸会严厉批评，令其改正，以使弟弟引以为诫。所以，小艾在家是一个非常懂事听话的孩子。

在这样的环境下，小艾的学习成绩很好，业余兴趣广泛，全面发展，是人人羡慕的。然而，小艾却从不认为自己是优秀的，认为自己缺点很多，内心压力非常大，对已经取得的成绩，认为是运气好，不值一提。

"完美主义"是一种对己或对人所要求的态度。持完美主义的人对任何事都要求达到毫无缺点的地步，因而难免只按理想的工作标准苛求，而不按现实情境考虑是否应该留有弹性或余地。

每个人多少都有追求完美的倾向与需要，希望每件事都尽可能地做到完美的地步，这种倾向是人类追求自我实现与自我超越的动力源泉，促使人们为自己或某些工作设定较高的目标，并更加努力地去完成它。

但是，这种倾向若过度苛求，就会变成完美主义。对任何事都坚持高远无边的目标，不考虑自己的能力、环境的条件、他人的需要、工作可达到的限度等等，一味地要求目标的完美无缺。如此，不能忍受所作所为未能达到目标，往往给予自己和他人许多压力与责难。也不欣赏与肯定自己及他人在努力过程中的付出，经常地责备自己与他人，充满不满与批评。

完美主义者在日常生活中通常有如下的表现：不愿冒险，生怕任何微小的瑕疵损害了自己的形象；不愿尝试任何新的东西；神经紧张得连一般工作都不能胜任；因为有些事情还不完善，寝食不安；对自己诸多苛求，毫无生活乐趣；对别人吹毛求疵，人际关系糟糕。

过度完美主义的人，除了因苛责、批评而使自己及他人感到不愉快之外，也容易因所定目标高，又怕无法完成所带来的不完美感，而不敢有所作为。如此，反而会给人一种顾虑太多、畏首畏尾的感觉。

从心理学角度来说，"完美主义"是对完美的一种极端追求。那种完善自我，健康地追求完美，并且在努力达到高标准过程中体验到快乐的人，不是完美主义者。心理学上所说的完美主义者是指那些把个人的理想标准和道德标准都定得过高，不切合实际，而且带有明显的强迫倾向，要求自己去做不可能做到的事的那种人。

完美主义者往往不愿意接受自己或他人的弱点和不足，非常挑剔。比如，他们让自己保持优雅的姿态、不俗的气质、温柔的谈吐，这就是为自己定了一个过高的理想标准，而且也带有强迫的特征；他们会为一个自认为不优雅的姿态就紧张焦虑，这也并不是一个健康的追求完美的正常心态。

完美主义者表面上都很自负，其实自己内心深处却是非常自卑。比如，他们很少看到自己的优点，总是在关注自己的缺点，而且总是不知足，也很少肯定自己。不知足就不快乐，周围的人也一样不快乐。所以，学会欣赏别人和自己是很重要的，它是进一步实现下一个目标的基础。

在人际交往方面，为了维护自己这个完美的角色，完美主义者常常生活在一个狭小的圈子中。比如他们很想可又不敢融入到群体中去，怕暴露了自己的缺点。他们不敢表露自己的感情，不敢表达自己的观点和态度，他们给自己制定了太多的条条框框，以完美的标准要求自己，带给自己的却只有沉重的压力和深深的自责。对于别人的褒奖，他们只会感到诚惶诚恐，认为自己还差得很远。他们违心地满足别人的要求，委屈自己，打肿脸来充胖子。

心理学研究证明，完美主义者的自我要求与他们可能获得成功的机会恰恰成反比。开始的时候，他们担心失败、辗转不安，于是妨碍了全力以赴去取得成功的决心。遭到失败之后，他们就异常焦虑、沮丧和压抑，想尽快从失败的境遇中逃避开去，但他们并没有真正在失败中总结教训，想的只是如何避免尴尬。完美主义者背负着如此沉重的精神包袱，如何取得事业上的成功呢？而且，他们往往在家庭、人际关系等方面的表现也很不如意。

美国心理医学界发现有这样一类求治者：他们是成功的商人、艺术家、医生、律师和社会活动家等。他们在自己的领域如鱼得水，出类拔萃，但他们的努力并未给他们带来所期待的幸福生活。心理医生们发现这些人具有这样一些共性：他们的成功既不能给他们带来成就感，也不能带来一个完整、独立的自我感受。他们寻找心理治疗以期给自己的生活带来意义，并克服空虚感。

心理医生发现这类人的自我系统处于分离状态，一方面，当他们获得成功时，他们可以体验欢欣。另一方面，在他们的内心深处却隐藏着深层的无价值感和自卑感，正是这种匮乏感导致了他们将无所不能的完美主义倾向当作护身的盔甲。他们抱怨所有的成功似乎都不能给自己带来快乐，没有人理解他们，他们也不能理解他们自己。他们的整个生活都在隐蔽自身中不被自己接纳的那部分，通俗地说他们不能接受自身的不完美。

这些具有完美主义倾向的人，几乎全与童年的家庭教育有关。他们的父母对孩子树立的标准太高太完美，在任何时候都是贬低他们而不加赞美。于是久而久之，这些孩子也就学会了总爱找自己的过错，认为自己不配被赞扬和被尊重，并以自我挑剔和自责为习惯，甚至产生了一种自虐的"快感"。

改变这种可怕性格的方法就是让他们重新树立评价自己的标准，改掉原来那种完美的、苛刻的、倾向于全面否定的标准，树立一种合理的、宽容的、注重自我肯定和鼓励的标准，学习多赞美自己，把过去成功的事例列在纸上，坦然愉悦地接受别人的赞扬并表示感谢。

有人问一位走红的国际女影星是否觉得自己长得完美，她说："不，我长得并不完美，我觉得正因为长相上的某些缺陷才让观众更能接受我。"能认识到自己有种种不足并能宽容待之的人，可以说是自信的，心态也是健康的。人生并非上帝为人类设计的陷阱，好让他谴责我们的失败。人生也不是一盘棋，如果走错一步那么步步皆错。人生其实就像踢足球，即使最伟大的球星也会在比赛中失误，我们的目标是努力发挥最佳水平，但不能要求自己脚脚都是妙传甚至是射门得分。

可见，醉心于追求"完美"的人，其实是不完美的。因为"完美"毕竟是抽象的，只有生活才是具体的。生活中有不少"完美"并非靠追求就能得到，相反，生活中有许多遗憾也是无法避免的。假如我们在心理上战胜了这些，我们的内心就会稳健许多，就会重新感受到生活的乐趣。

所以，不要以为只要自己尽心尽力去做的事，就一定会达到完美。现在应认真思考一下，你到底需要什么？在人际关系中，你总想扮演"好人"的角色，但你应该知道其实根本不存在绝对的"好人"。请你不要压抑自己，也不要太在乎别人的言论，你要为活出自己的特色，活出自己的风格而努力。

"最完美的商品只存在于广告中，最完美的人只存在于悼词中"。完美永远是可望而不可及的，请你最好脱下虚假的外套，亮出真实的自我，当我们不再注意自己是否完美时，或许有一天我们会惊喜地发现往日渴求的完美已经具备。

心理诊所

处方一、接受"瑕疵"

没有"瑕疵"的事物是不存在的，盲目地追求一个虚幻的境界只能是劳而无功。生活绝不可能一帆风顺，遇到挫折和处于低谷时，自信和乐观的心态尤为重要，切不可自暴自弃。学会换个角度看问题，正因为生活中有让你感到沮丧、绝望的问题，你才会付出更多努力，才更懂得珍惜所得到的，即便是事情不尽人意，即便失败，可那和成功一样构成你丰富的人生体验，那才不枉活一世。人只有经受住失败的悲哀才能达到成功的巅峰。不要为了一件事未做到尽善尽美而自怨自艾。

处方二、正确认知自我

既不要把自己的能力估计得太高，更没必要过于自卑。如果事事要求完美，那将成为你做事的障碍。要在自己的长处上培养起自尊、自豪和工作兴趣，不要拿自己的短处上去与人竞争。

不要对自己太苛刻，不要为了让周围每一个人都对你满意而处处谨小慎微，要有点"我行我素"的气魄，做事只要对得起自己的努力和良心，不要太在意他人对自己的评价。否则，遇到挫折时就可能导致身心疲惫。

处方三、设定短期合理目标

实际上，当你不追求完美，而只是希望表现良好时，往往会出乎意料地取得最佳成绩。寻找一件自己完全有能力做好的事，然后去把它做好。这样你的心情就会轻松自然，行事也会较有信心，感到自己更有创造力和更有成效。你的生活也会因此而充实起来，变得富有色彩。

处方四、学会放松和排解不快情绪

情绪的过分紧张和焦虑，会影响一个人解决问题的能力。而生活中常常会遇到一些始料不及的事，应学会调节自己的情绪，保持生活的规律和睡眠的充足，以饱满的精神状态面对并解决问题。学会倾诉和寻求帮助来排解不愉快，生活中绝大多数人都有一颗助人为乐的心，找一个听你诉苦的朋友不会是太难的事。

1. 学会接受不完美的现实。没有十全十美的人，没有十全十美的事物，这是客观事实，不要逃避，也不要苛求。

2. 放松对自己的要求。为自己确定一个短期的合理的目标。目标定得太高，形同虚设，欲速则不达。目标定得太低，轻轻松松就过关，自身的潜能受到抑制，很不利于自己水平的提高。目标定位的原则是"跳一跳，够得着"，正因为目标合理，每次总能接近或超过目标，这样下去，才能培养起成就感和自信心，在以后的学习和工作中就会取得优异的成绩。

3. 对"失败"要重新认识。谁都会遇到失败，不同的只是失败的多少而已。失败并不可怕，可怕的是对失败的消极态度。"不经历风雨，怎么见彩虹。"应把失败看作是自己前进道路上宝贵的经验，要相信这一次失败之后一定就是成功。

4. 宽以待人。完美主义者是仔细周到的人，但是你要小心，不要总是指出别人的错误，让别人感到反感和紧张。也不要因为做事不合你的要求就牢骚满腹，尤其是对你的孩子。

猜疑心理：杯弓蛇影酿悲剧

贺英原本性格温和，待人和气，可是近两年她就像变了一个人似的。快退休时，她时常向丈夫老张念叨，说厂子里的某某总在算计她，企图使她在退休前犯错误；还说同车间的某某总与她过不去，就是看她快退休了讨厌她等等。老张对老伴儿只是一笑置之，并没在意。后来，贺英提前办了内退，在家里种花、养鱼，日子很清闲。丈夫老张想，这回她可以静心休养了。没想到，她整天不是怀疑对门的邻居在议论她，就是猜疑楼上的人家往家里阳台上扔东西。

每天老张一下班回来，她就叨叨个没完，有些想法让老张觉得幼稚得可笑。老张劝她几次之后，她却将矛头指向了老张，说他什么事都向着外人说话，总反着调与她作对，甚至怀疑老张有了外遇，看不上她了。从此，贺英就将全部注意力放在了丈夫老张的身上，规定他每天下班后必须准时回家，稍晚一点她就再三盘问干什么去了。不准老张穿整洁的衣服，甚至不让他梳头理发，一见他收拾自己，马上就认为他要去约会。女儿有时看不过去了，说她几句，她就认为丈夫将女儿收买了，两个人串通好了气她，为此她伤心欲绝。

罗贯中的《三国演义》中有这样一段描写：曹操刺杀董卓败露后，与陈宫一起逃至吕伯奢家。曹吕两家是世交，吕伯奢一见曹操到来，本想杀一头猪款待他，可是曹操因听到磨刀之声，又听说要"缚而杀之"，便大起疑心，以为要杀自己，于是不问青红皂白，拔剑误杀无辜。

这是一出由猜疑心态导致的悲剧。猜疑心理是一种由主观推测而对他人产生不信任感的复杂情绪体验。猜疑心重的人往往整天疑心重重、无中生有，每每看到别人议论什么，就认为人家是在讲自己的坏话。猜忌成癖的人，往往捕风捉影、节外生枝、说三道四、挑起事端。猜疑是人性的弱点之一，历来是害人害己的祸根，是卑鄙灵魂的伙伴。一个人一旦掉进猜疑的陷阱，必定处处神经过敏，事事捕风捉影，对他人失去信任，对自己也同样心生疑窦。猜疑心理是人际关系的蛀虫，既损害正常的人际交往，又影响个人的身心健康。

有一则很有趣的故事：古代有一个人，丢失了一把斧子，他怀疑是他的邻居偷了。他有心观察，觉得邻居走路、说话、神态都像是偷了他的斧子，他肯定邻居就是小偷。不久，他在自家地里找到了斧子，再观察邻居，觉得他说话、走路、神态竟全然不像小偷的样子。这位丢斧者为什么会对同一个人作出前后两种截然不同的判断的呢？这正说明猜疑是一种主观的想象和推测，不是以客观事实为依据的。那么猜疑心理是如何养成的呢？

一是心理不够健康。他们常常会歪曲地理解别人善意的、正常的言行。例如别人赞扬他，他会怀疑是在挖苦、讥讽他；别人批评他，他会怀疑别人是攻击他；别人不理他，他又怀疑别人是在孤立他。狭窄的心胸使他无法容纳别人对他的正确评价。

二是思想方法主观。戴上"有色眼镜"去观察人，用别人的举动来验证而不是修正自己的看法，因而常常歪曲事实，对别人产生怀疑。

三是缺乏自信。他们总要以别人的评价来作为衡量自己言行是非的标准，很在乎别人的说长道短。而当别人的态度不明朗时，他就往往要从不利于自己的方面去猜测、怀疑，自寻烦恼。

四是听信流言，不做调查分析，产生疑虑。

不管怎样，猜疑都是良好人际关系的大敌。它会破坏朋友间的友谊，疏远同学或同事间的关系，无端地挑起同学、同事和朋友间的矛盾纠纷，也很影响自己的情绪。生活在猜疑中的人，很容易郁郁寡欢，缺少内心的宁静。

爱猜疑的人，首先要开阔自己的心胸，加强自身的修养，培养开朗、豁达、大度的性格。需要澄清的事实，要诚恳地同别人交换意见。对鸡毛蒜皮的小事，不要过分计较。不必过分在乎别人的态度与说法。"未做亏心事，不怕鬼敲门"，"走自己的路，任别人评说吧"。这些话都是鼓励人们心胸坦荡、豁达开朗的。人生在世，难免受他人的议论，只要时时检点自己的行为，相信别人也不会跟自己过不去。相反，一切都要按别人意志去做，自己又怎么个活法？对似是而非的流言，不要偏听偏信，要用理智分析对待，静观事情的变化，切勿感情用事。有的人一听流言，就暴跳如雷，"听风就是雨"，迫不及待地找上门去讲理争辩。由于缺乏调查研究，找错了说理对象，反倒使自己十分尴尬被动。理智、冷静地对待别人的猜疑，这才是我们应保持的正常心态。

生活中我们常会碰到一些猜疑心很重的人，他们总觉得别人在背后说自己坏话，或给自己使坏。有时我们自己也喜欢猜疑，看到别人说笑，便以为他们在议论自己，心里就不痛快起来。喜欢猜疑的人特别注意留心外界和别人对自己的态度，别人脱口而出的一句话很可能琢磨半天，努力发现其中的"潜台词"，这样便不能轻松自然地与人交往，久而久之不仅自己心情不好，也影响到正常的人际关系。

心理诊所

处方一、进行积极的自我暗示

当自己正想猜疑或已陷入猜疑，这时可自己暗示自己：他们这样做是为了我好，他们的行为是善意的，并无恶意，是我多虑了，我应该向他们表示感谢。

处方二、进行思维转移

当自己胡思乱想瞎猜疑时，可转移思维去想其他美好的人或事物，这样心情会好些。

处方三、坚持"责己严，待人宽"的原则

猜疑心重的人，大多对自己要求不高，对别人倒多少有些苛求。如果对别人的要求不那么高，就不会把别人的言行变化看得那么严重，许多无端猜疑就从根本上失去了产生的基础。

处方四、用理智力量克制冲动情绪的发生

当发现自己开始怀疑别人时，应当立即寻找产生怀疑的原因，引进正反两个方面的信息。现实生活中许多猜疑，如果被戳穿了会发现是很可笑的，但在被戳穿之前，由于猜疑者的头脑被封闭性思路所主宰，会觉得自己的猜疑顺理成章。此时，冷静思考显然是十分必要的。

处方五、培养自信心

每个人都应当看到自己的长处，培养起自信心，相信自己会处理好人际关系，会给别人留下良好的印象。

处方六、学会使用"自我安慰法"

一个人在生活中，遭到别人的非议和流言，与他人产生误会，没有什么值得大惊小怪的。不要在意别人的议论，这样不仅解脱了自己，而且还取得了一次小小的精神胜利，产生的怀疑自然就烟消云散了。

处方七、及时沟通，解除疑惑

猜疑者生疑之后，冷静地思索是很重要的，但冷静思索后如果疑惑依然存在，那就该通过适当方式，同被疑者进行推心置腹的交心。若是误会，可及时消除；若是看法不同，通过谈心，各自的想法也会为对方所了解，也有好处；若真证实了猜疑并非无端，那么，心平气和地讨论，也有可能使事情解决在冲突爆发之前。

猜疑就像一条无形的绳索，束缚了人的手脚，使人远离朋友，远离人群。为避免猜疑，交往中一要力求实事求是，二要在猜疑得到证实前，予以"冻结"，不以怀疑为基础，进行"合理推论"。做到这两点，我们就能从猜疑的枷锁中解脱出来。

害羞过度：一到公共场合脸就发红

袁武从小内向，害羞，不敢大声说话，特别怕与别人的眼睛对视。如果他偶尔说句什么，成为大家目光聚焦点的时候，他就羞得要命，不仅面红耳赤，连手心都汗淋淋的，说话也语无伦次，想马上躲开，否则双腿就抖个不停，连迈步都艰难。高中阶段，袁武过得很安稳，大家忙着学习，谁也不会和他主动搭讪，老师上课也不会抽问他。而现在上了大学，袁武发现自己的害羞越发严重了，每次上课被老师抽中回答问题时，他就无异于小死一回。他躲避所有的眼神，开始只是对女性，现在对男性也是如此，可是又情不自禁地用眼睛的余光扫视对方，给对方以很不舒服的感觉，说他这人很"不正经"。袁武也特别恨自己的眼睛，有时甚至都想把它们挖掉。

羞怯既指害羞，也指胆怯。人们总以为那是未成年人的心理或心理特征，随着年龄、阅历的不断增长，会自然地被克服。然而根据斯坦福大学的心理学家所做的调查，在抽样调查的一万多名成人中，约40%的被调查者有不同程度的羞怯心理，且男女人数比例基本持平。几乎所有的人都有或曾经有过某种程度的羞涩和胆怯，不过有些人表现得特别严重而已。羞怯心理较重的人在人际交往中表现为：话未说脸先红、话语低沉心发跳，遇到困难，宁可憋在肚子里，也不好意思向他人请教。羞怯心理会影响人的正常交往，不利于发展自己的聪明才智和适应社会环境。

羞怯心理的产生有3方面的原因：

1. 青春期生理变化引起的感应性反应。人在青春期，生理、心理发育最旺盛，激素分泌较多，外界刺激时会打破体内的平衡而变得紧张，表现为冒汗、脸红、心慌等感应性反应。

2. 自卑心理的影响。具有羞怯心理的人羞于与他人交往，特别是不敢与陌生人交往，是因为对自己的信心不足，害怕出错。

3. 成长中的环境影响。如果在童年、少年期交往中曾经受到过他人的训斥、嘲笑或戏弄，心里会形成阴影，以后进入类似环境或新环境就会出现胆怯反应。

人的害羞心态似乎是一种与生俱来的品质，从某些情况来看，害羞并不一定是一个贬义的词，有人甚至认为"适当的害羞是一种美德"。在现实生活中我们确实能遇到十分害羞的人，他们一方面对自己缺乏信心，不喜欢公开亮相，无意与他人竞争，遇事犹豫不决，表现得很不善于交际，另一方面又往往勤于思考，凡事多为人着想。我们也会遇到一些不太害羞的人，他们一方面对自己十分自信，很少拘谨，另一方面，也可能太过冒失，容易与人发生争执，得罪和伤害别人。因此，害羞与不害羞究竟是好是坏，不能一概而论，但它们都不能超过一个有限的"度"，过度的害羞会使人消极保守，沉溺在自我的小圈子里，不利于一个人的成功，甚至有可能造成心理障碍。

美国心理学家沃伦·琼斯博士认为，害羞一般被认为是一个人的弱点，但这弱点并非有害无益，恰恰相反，它也可变成许多优点。假如你是害羞人士，不妨认识它，并尽量发挥：

1. 害羞人士比较聪明。由于他们通常少说话，多动作，所以他们勤于思考，比较机警。

2. 害羞人士比较可靠。许多人都比较信任害羞人士，因为他们不会说人长道人短或搬弄是非。

3. 害羞人士是较好的搭档。因为害羞者在群体中往往不爱出头，会替他人设想。

4. 害羞女士比较令人喜欢，因为她们比较贤淑拘谨，而不会叽叽喳喳。

同时，多数男士认为，羞答答的女士会给人带来一种神秘感，更有魅力。

5. 害羞人士通常受教育较多，她们喜欢阅读和记录。

6. 害羞人士更能体谅别人，了解别人。在交谈时，他们会细心听你倾诉，不会随意打断你的话。

7. 害羞人士通常可以与人成为知心朋友。当对方可靠并待人心诚时，他会忠心耿耿，很努力去维系这种友谊。

据统计，害羞人士的婚姻能维持更长时间。害羞人士往往会努力去维系婚姻，对丈夫（妻子）和家庭比较关心和爱护。

当然，对于过分的不正常的害羞还是要努力去克服。克服害羞，使自己能存活于社会中的方法是要学着让自己变得更加果敢。果敢是指适时地为自己辩护、直言无畏并懂得表达自己的意见、需求和不满，而不会让人觉得暧昧不明，更要懂得如何请求原谅或道歉。要变得果敢，你尤其需要学习大胆、爽朗地提出你的需求，勇于说"不"，有效地应付蛮横无礼的人。想保持你的自尊且获致成功，学着如何处理以上几种情形是很重要的。

果敢并不等于蛮横、凶悍或粗暴，那是好斗挑衅的特征，果敢的意思是以礼貌但很自信的方式提出你的需求及为自己辩护，在保住对方和你自己的面子的同时赢得别人的好感。

不果敢的人只是有一种过度的移情作用，他们太在意别人的感觉和需求，以至于他们会常有内疚感或不好意思向任何人要求任何事。你可能认为这样也没什么不好，但这样的情况常会让不够果敢的人满足不了他们的需求，并常让别人有机会利用他们。

如果你不开口说，别人怎么知道你要什么？如果你有能力而且你也愿意，帮别人忙或借钱给别人是没什么不好，但很多不够果敢的人会帮助别人、借钱给别人是因为他们不知如何婉拒别人，或不好意思拒绝别人。你是这种人吗？如果你在帮助别人之后感到心里不爽，就可以确定你帮了一个你不想帮的忙。害羞的人因为喜欢讨好别人，期待别人会喜欢他们，久了之后，挫折、愤怒、焦虑和忧郁就会油然而生。

害羞的人倾向于把别人看得比自己还重要，他们很容易把别人的需求摆在自己的需求之前。为了要交到朋友，他们会很努力地让别人对他们另眼看待，并期待别人会因此喜欢他们。他们相信如果别人不喜爱他们，至少可以让别人需要他们，所以结果呢？他们变得很难去拒绝别人，而别人也常发现他们很容易欺负。

心理诊所

处方一、如果你是一个完美主义者

如果你是一个完美主义者，那么你必须先试着打破那完美主义（它根本不存在）的迷思，不要再做出想成为神一样的举动，好好地做一位凡人，勇于当个普通人。

接着，你必须对那些会使你害羞的场合感到麻木，有些人可能会对你说："勇敢地面对嘛！你很快就能适应了！"大错特错！如果有某个场合把你吓得半死，你的恐惧很有可能会变得更加根深蒂固，使得你的情况变得更糟。

最好的办法是采用渐进方式让你接触各种社交场合，让你的恐惧慢慢上升、到达顶点、再下降，就在恐惧快要消失之际时离开。基本上，这可以训练你的身体在面临那些场合时能由你的意志来控制。

把那些让你害怕的场合列出来，在必要时可将它们分成更细的步骤，然后按重要程度依序排好，接着，选出某个场合，在你的脑海中开始想象并排演你在那个场合中的一切行为，让你有恐惧提高、到顶点、再下降的感觉。当恐惧几乎要消失时，就停下来并奖励自己一下，慢慢地从最简单的场合演练到最困难的场合。最重要的是，一定要在你的恐惧降低之后才能让你的想象离开那个场合。

处方二、成为健谈的人

克服害羞的方法是成为一位健谈的人，学习如何让对话持续，改善对话的技巧有助于减轻一般害羞所造成的紧张，你可以培养经常思考谈话内容的习惯，不断地累积一些话题以供而后之需。在参与一些需要对谈的场合或活动之前，可事先想出一些有可能会谈论到的话题，这通常会很有帮助，思考一下你周边的人和发生在你身边的事如何才能变成好话题，如在排队或洗碗的时候，想象一下自己突然巧遇一位你曾见过的人以及你们可能会讨论的话题。

你可以和一些人闲聊他们的兴趣或爱好，平时多阅读报刊书籍会让你得到多方面的知识，如此累积资讯有助于你开始并维持一段有趣的谈话。

做个有心人，记下你感到不安的事情，你会觉得这些害怕和担心不可思议，而且完全没有必要，从而预先做好克服它们的准备。比如去面试，也许你担心交谈当中会缺乏应变能力，那么你不妨在交谈前先猜想对方将怎样提问，把要回答的话想好，甚至自言自语地进行不懈的练习。这样就能临场不惧，应付自如。

处方三、多交朋友

如果你还在求学，接受有关教育课程、参加社团，或在公司里上班或加入一些组织，你应该已认识很多人了，但要如何把这些人变成你的朋友呢？

首先，记得不要把所有的友情都倾注在一个人身上，应该试着和几位不同个性的人交往，你应该可以直觉判断哪些人可以成为你的好友。举例来说，如果你和对方交谈甚欢，彼此都很高兴找到趣味相投的朋友，你们之间的友谊就可以马上建立。然而，现实中大部分的友谊都不是一蹴而就的，大多数的人都是在交谈过好几次后才成为朋友，这也就是为什么说学校、社团、机构、活动组织都是结交朋友的好地方的原因。

如何知道哪些不太熟识的人喜欢你呢？他（她）大概会主动找你聊天，如此一来，恭喜你，你可能已交到一位朋友了，在学校或工作地点附近约他出来吃个饭、散散步或一起看书，如果感觉还不错，就再邀请一次。如果对方也找你一起出去做些事，这就是好现象，但不要期待过多，有可能对方和你一样害羞！而他（她）可没有读过这篇文章！也许他（她）因为太过害羞而不敢邀请你。

再者，你可以和对方一起去一些地方，你们可以去逛商场、游泳或去听音乐会，如果感觉都不错，那么你应该已快交到一位好朋友了。记得要多交几位好朋友。

要让你生活周围所遇见的人都成为朋友的机率很小，但你认识的人越多，你就越有可能找到非常要好的朋友，这也说明为什么克服害羞是有好处的。如果你觉得和陌生人交谈很困难，你则会发现要交到朋友更是一件不容易的事。所以，就放心大胆地去做吧！

悲观：活着是一种痛苦

圣诞节来临前，父亲为了考验两个儿子，分别送给他们完全不同的礼物。第二天早上，小兄弟俩起床一看，哥哥的圣诞树上礼物很多，有气枪、崭新的自行车，还有一个足球。哥哥把自己的礼物一件一件地取下来，并不是很高兴，反而忧心忡忡的样子。父亲问他："是礼物不好吗？"哥哥拿起气枪说："看吧，这支气枪我如果拿出去玩，没准会把邻居的窗户打碎，那样一定会招来一顿责骂。还有，这辆自行车，我骑出去倒是高兴，但说不定会撞到树上，会把自己碰伤。而这个足球，我总是会把它踢爆的。"父亲听了没有说话。

而弟弟的圣诞树上除了一个纸包外，什么也没有。他把纸包打开后，不禁哈哈大笑起来，一边笑，一边在屋子里到处找。父亲问他："为什么这样高兴？"他说："我的圣诞礼物是一包马粪，这说明肯定就有一匹小马驹就在我们家里。"最后，他果然在屋后面找到了一匹小马驹。父亲也跟着他笑起来："真是一个快乐的圣诞节啊！"

从上面这个故事我们可以悟出一个道理：在学习和生活中，很多事情也是这样，乐观情绪会带来快乐明亮的结果，而悲观的心理则会使一切变得灰暗。

什么是悲观心理？一般而言，容易悲观的人是与世无争的"好人"。他们表现为心地善良，洁身自好，习惯在处理事务中忍让、退缩、息事宁人，常常是生活中的弱者，生性怯懦，他们不仅对自己的言行"负责"，甚至对别人的过错也"负责"。

心理学上观点认为，悲观情绪是一种心理上的自我指责、不安全感和对未来恐惧的几种心理的混合物。这种情绪还会影响到组织器官，引起相关的一些心理及生理疾病如焦虑、神经衰弱、气喘不接等等。

极端悲观的人越是怕出错，越是将眼睛盯在过错上。常常会为了一句话后悔半天，对别人并未介意的事也会神经过敏。他们对人际冲突极为恐惧，解决人际冲突的办法也很奇怪，比如自己的孩子被人家打了，他们还跟着打自己的孩子，因为生怕孩子给自己惹是生非。像这种极端的悲观是心理不健康的表现，必须进行适当调适。

美国著名心理学家马丁·加德纳曾做过一个著名的实验，得出的结论是竭力反对把实情告诉癌症患者。他认为，在美国630万死于癌症的病人中，80％的是被吓死的，其余才是真正病死的。这个著名的实验是：让死囚躺在床上，告之将以放血的方式执行死刑。然后用木片在他的手腕上划一下，接着把预先准备好的一个水龙头打开，向床下的一个容器滴水，伴随着由快到慢的滴水节奏，结果那个死囚昏了过去。他用事实告诉了世界：精神才是生命的真正脊梁，一旦从精神上摧垮一个人，那么这个人的生命也就变形了。

人有悲观心理是正常的事情，但让悲观成为习惯却并不是件好事。如果悲观太甚，就有麻烦了。有的人长时间感到悲伤、忧郁，有很凄凉和痛苦的感觉，常常唉声叹气、焦虑不安；感到处处不如意，遇到亲友、同事不想打招呼，对任何事情都提不起兴趣；看见别人高兴、嬉笑，自己反觉更加痛苦，而且自卑感相当严重。甚至对生活和前途失去信心，有自杀的念头或行动。这样的人悲观心理很严重，已经严重妨碍了其正常生活、工作和学习，需要加以克服。

严重悲观者还可能出现一些生理症状，比如失眠、头痛、头晕、心烦、胸闷、腹泻或便秘、乏力，性欲下降、月经不调等等。

心理诊所

处方一、与消极面绝缘

你可能依然记得多少次受到别人的"抢白"或遭受不公正的待遇，你总是对自己说："我真倒霉，总被人家曲解、欺负。"那么你当然没有一刻的轻松愉快。如果你把注意力盯在与别人的友善和好的事物上，并常常告诉自己：误解、敌视毕竟是次要的，要与消极悲观的念头彻底有个了断。让你的心与愉快、向上的事串连起来，由一件想到另一件，你就可以逐步消除自怨自艾或怨天尤人的情绪。

处方二、莫过于挑剔

很多乐观的人往往是心胸宽阔的人，而愁容满面的人，又总是那些心胸狭窄的人。他们看不惯社会上的一切，希望人世间的一切都符合自己的理想模式，这才感到顺心。这种挑剔的人常给自己戴上是非分明的"桂冠"。对很多事物少一分挑剔，少一分担心，你会发现还是有很多美好的事情值得我们去学习、去接受。

处方三、学会躲避挫折

情绪受挫时，不妨暂时回避一下，转个弯可能看到的是另一番美丽的景色。或者打破静态体验，用动态活动转换惰性，只要一曲幽静的古典音乐，就会将你带到梦想的世界。如果你能跟随欢乐的歌曲哼唱起来、手拍起来、脚动起来，表示你的心灵已经与音乐融化在忘我的境界。同样，看场电影、散散步、和孩子玩玩都能把你带到另一个情绪世界。

处方四、能屈能伸

一些身体上有残疾的人，往往浮躁、悲观。这些情绪不但无济于事，还会影响生活和身体健康。不如冷静地承认发生的一切，放弃生活中已成为负担的东西，终止不能进行的活动，并重新设计新的生活。大丈夫能屈能伸，不妨试着放下心里的负担，或许能另辟蹊径发现生活原本的真谛。

处方五、不要制造人际隔阂

别人在背后说自己的坏话，或者轻视、怠慢自己，想想不是滋味，于是以眼还眼，以牙还牙，结果就多了一个人际屏障。那当然也使你整日诚惶诚恐，不知他人在背后又要搞什么。对付这种情况，正确的方法是：净化自己的诚意。不回避对方，拿出豁达的气质，主动表示友好。这样做，是最利于个人心理情绪恢复健康的方式。

狂躁：情绪激动到无法自抑

马老师从教十多年，班主任也当了好几届，但班级管理太难了，学生的思想工作也是越来越难做。最近马老师的情绪很容易被学生的不良表现所左右。由于他总是用一种挑剔的眼光看学生，越看越窝火，班主任的职务也越当越泄气。晚上睡觉，时常伴有失眠现象，脾气也变得越来越急躁。这一天，他们班的一位学生无故缺席，马老师竟然又急又气，满头是汗。

急躁是神经系统兴奋和冲动的表现。犯有急躁情绪者，一事当前往往不慎重地付诸行动，结果事与愿违，接着陷入灰心丧气之中。另外，由于急于求成，常伴有情绪紊乱，和谐与平静的心态被打破，给身心健康造成莫大的影响。

急躁情绪与高级神经的活动类型（气质类型）有关，人的高级神经活动规律是兴奋和抑制相互诱导。急脾气的人大多是兴奋和抑制不均衡，兴奋型强，而抑制性弱，这样就容易导致当事人做事冲动性强、犯急躁的毛病。由于高级神经的活动类型是天生的，后天改变起来就比较困难，所以虽经过反复努力还是收效不大。但这并不是说急躁情绪不能改变。只要我们持之以恒，在做我们应该做的事情中有意识地改变自己，急躁情绪还是可以缓解的。

心理诊所

处方一、加强计划

办事之前首先要冷静地思索一番，大事订个书面计划，小事做到心中有个谱。第一步做什么，第二步做什么都做个安排，这样工作起来就不会急三火四、毛手毛脚了。慢慢就会养成稳重的习惯。

处方二、自我放松法

当急躁情绪已经产生时，及时进行心理上的自我放松，暗示自己"这件事根本就不值得着急""着急会把事情办坏的"等等，使冲动和急躁的情绪平静下来，再从容不迫地进行工作。急躁心情有可能不断出现，需要不断地进行心理上的自我放松，直到急躁情绪被克服为止。

处方三、加强素质训练

急躁情绪往往和个性密切联系在一起，并形成了习惯性。为了克服急躁，可以通过下棋、书画、做小手工艺品等方法，磨练自己的耐性和柔韧性，久而久之会自然地养成不急躁的好习惯。

处方四、做事始终如一

急躁者做事千万不要虎头蛇尾，故在行动时，不但要有良好的开头，还要有满意的结尾。因此保持善始善终也是克服急躁情绪的重要环节。

处方五、预期时间法

确立合理的、适度的预期时间。有的人没达到预期目标就急躁起来，看看收效不明显就发急。这些都是预期时间不恰当的缘故。而这些急躁情绪又都会妨碍人们做持续努力，最终会影响目标的实现。那种企图通过"短促突击"立见成效，经过短期的奋斗就来一个一鸣惊人的想法，是很不现实的。任何人要想取得突出成就，都需要经过长期努力。例如，达尔文的《物种起源》花了40年时间调查总结才写成；爱迪生发明电灯，进行了上千次实验才最终取得成功。如果我们没有一个合理的时间预期，就可能会一遇困难和挫折就灰心丧气。因此，合理预期是非常重要的。

控制急躁情绪也并不是一朝一夕的事，得有一个过程才能收到效果。因此，控制急躁情绪需要下决心，要有意志力才行，否则很难取得良好的效果。

愤怒：坏脾气是不是天生的？

梅梅是家中的小女儿，可大家都说她"人小脾气大"，因为梅梅动不动就爱发脾气。只要稍有不顺心的事，她就很难控制自己的情绪，总要拿哪个人或哪件东西来出出气。她上班迟到受批评，回家后拿妈妈出气，怪妈妈没有早一点儿叫她起床；在单位值日时打扫卫生，地扫得不干净，她怪扫帚破了不好扫，因此拿扫帚发脾气；业绩不理想时，她生上司的气，说上司没能力将她带好，弄得她拿不到满意的奖金；走路摔跤她还生路的气，怪路坑坑洼洼不平坦……总而言之，梅梅就是喜欢发脾气。而且，梅梅发脾气还有个特点，那就是怪别人不好，怪东西不中用，因而总要骂人、摔东西，把他们当成"出气筒"。为此，身边的人给她取了外号——"脾气大王"。

愤怒是个人的欲求和意图遭到妨碍时产生的一种消极情绪体验。许多人由于情绪的自我调控能力较差，冲动性较为明显，因此常常在不该发脾气的时候发脾气，因为一点儿小事就会相互打起来，因为别人的某些做法不够合理而冲他们大喊大叫……

在日常生活中，引起愤怒的原因很多，每个人都不可避免地会产生愤怒的情绪体验。愤怒是一种有害的情绪状态，常常会给人带来意想不到的麻烦，人在愤怒时，意志力会变得薄弱，判断力、理解力都会降低，理智和自制力也容易丧失，而且，长期、持续的愤怒对我们的健康损害也是极大的。《内经》上说："喜怒不节，则伤脏，脏伤则病起。"当人愤怒时，交感神经兴奋增强，从而使心率加快，血压升高。所以，经常发怒的人，容易患高血压、冠心病，而且可使病情加重，甚至危及生命。愤怒可使人食欲降低，影响消化，经常发怒可使消化系统的生理功能发生紊乱。愤怒还会影响人体腺体的分泌功能。过度的愤怒甚至还会使人丧失理智，引发犯罪或其他后果，因此控制愤怒的情绪十分重要。

生活中我们总会因为一些事情而陷入愤怒之中。愤怒虽然只是一种情绪，但却具有极大的破坏力。但是，引起愤怒的直接"元凶"却不是事件本身。有心理学家认为，人的情绪不是由于某一事件直接引起的，而是因为经受了这一事件的人对事件的不正确的认识和评价，形成了某种信念，在这种信念的支配下，导致了负面情绪的出现。这一观点在心理学上被称作"ＡＢＣ"理论，其中，Ａ代表某一事件，Ｂ代理信念，Ｃ代表情绪与行为。Ａ并不会直接导致Ｃ的发生，而是通过中间的Ｂ起作用的。著名心理医生卡尔·孟宁格也曾经说："态度比事实重要得多。"

当我们被烦恼、愤怒、绝望等负面情绪包围时，不仅要从事物本身寻找原因，更重要的是及时检查自己的态度，看看我们是否在用消极的态度评价所发生的事情。正如成功学大师拿破仑·希尔所说："我们怎么对待生活，生活就怎么对待我们。"

心理诊所

处方一、意识到自己在做什么

当你爆发愤怒情绪时，无论什么原因，不但会使你的肾上腺素分泌急速上升，更重要的是，你根本得不到任何益处。用怒气来恐吓你的伙伴绝不是最好的交流方式。通过控制你的进攻性的情绪，你不但可以赢得自爱而且可以提高你的说服力。这样无论你是在同事、朋友还是陌生人面前，你都会知道采取平和态度而不是轻易发火的重要性。这是情绪智商的一个基本原则。

那些容易生气的人，其实有的时候并没有意识到他们在做什么。拿孩子举例来说：家长有的时候发威并不意味着真的发火。当然，有的时候突然提高你说话的声音是必要的，这之后，我们会感觉舒服一些，但是这不应成为生活中的习惯，除非你想看着你的朋友们都和你对立起来。

处方二、提高情绪智商

听要比争吵好。想象一下你遭受到了语言攻击并且完全失去了对愤怒的控制。练习对着"进攻者"把这些说出来，即使这并不是很容易。有的时候，你的对手会放弃争吵。因为这不像网球比赛：如果没有人接球，那么比赛就不存在了！开导你的情绪，如果一点小的误会就会使你轻易生气，那么如果你处在一个雕刻师的位置上，可以想象你将做出什么反应。这并不是说闭上嘴就好了，而应该试着去解决问题并思考是不是值得为此要争吵。

处方三、控制自己的声音

提高你的声调是你不能够很好地控制自己的表现。如果大声笑，那没有任何问题，但是当你生气大叫的时候却是在浪费呼吸。用下面这个经常被使用的小窍门：当你的对手大叫时，降低你的声音。说话越来越慢，并且声音越来越小。那么你的对手在没有意识到的情况下就会跟随你降低了声音。谁会在温柔的声音下发怒呢？

处方四、控制压力

现代生活充满了压力，人们会在无缘无故的情况下发火。放松，做自己感兴趣的事情，并且学着在和外界失去联系的情况下放松。当怒气上升时，做做深呼吸，并用一点儿时间来分析考虑一下应该如何去做。

紧张过度：心慌气促，草木皆兵

晓霖是个长得文静秀气、性格略微有点儿内向的女孩。她在各方面都很不错，但却有个别人都不知晓的"心病"：总觉得有人盯着她看，尤其是在当众讲话、演节目时，她都慌得不得了，呼吸急促，脉搏加快，话说得吞吞吐吐。

当今世界是一个竞争激烈、快节奏、高效率的社会，这就不可避免地给人带来许多紧张和压力。精神紧张一般分为弱的、适度的和加强的三种。人们需要适度的精神紧张，因为这是人们解决问题的必要条件。但是，过度的精神紧张，却不利于问题的解决。从生理心理学的角度来看，人若长期、反复地处于超生理强度的紧张状态中，就容易急躁、激动、恼怒，严重者会导致大脑神经功能紊乱，有损于身体健康。因此，要克服紧张的心理，设法把自己从紧张的情绪中解脱出来。

有效消除紧张心理，从根本上来说，一是要降低对自己的要求。一个人如果十分争强好胜，事事都力求完美，事事都要争先，自然就会经常感觉到时间紧迫，匆匆忙忙（心理学家称之为"A型性格"）。而如果能够认清自己能力和精力，对自己合理要求，凡事从长远和整体考虑，不过分在乎一时一地的得失，不过分在乎别人对自己的看法和评价，自然就会使心境松弛一些。二是要学会调整节奏，劳逸结合。在日常生活中要注意调整好节奏。工作学习时要思想集中，玩时要痛快。要保证充足的睡眠时间，适当安排一些文娱、体育活动，做到有张有弛，劳逸结合。

当一个人已经出现了紧张的情绪反应时，该怎么调适呢？对于这种情况，人们习惯上常常会劝慰当事人："别紧张，有什么大不了的！"而当事人自己也通常会这样告诫自己："别紧张，有什么了不起的！"然而，十分不幸的是，这种办法几乎是行不通的，实际上这会使人感到更加不安。因为这是在和自己过不去，在给自己制造更大的紧张。正如有句话所说的"情绪如潮，越堵越高"，因此，如何摆脱和控制紧张情绪，对于每一个人来说，都是十分重要的。

心理诊所

处方一、坦然面对和接受自己的紧张

你应该想到自己有紧张情绪是正常的，很多人在某种情境下可能比你更紧张。不要与这种不安的情绪对抗，而是体验它、接受它。要训练自己像局外人一样观察你害怕的心理，而不要陷入到里边去，不要让这种情绪完全控制住你。此刻你可以选择和你的紧张心理对话，问自己为什么这样紧张，自己所担心的最坏的结果可能是怎样的，这样你就做到了正视并接受这种紧张的情绪，坦然从容地应对，有条不紊地做自己该做的事情。

处方二、做一些放松身心的活动

具体做法是：①选择一个空气清新、四周安静、光线柔和、不受打扰、可活动自如的地方，采取一个自我感觉比较舒适的姿势：站、坐或躺下。②活动一下身体的一些大关节和肌肉，做的时候速度要均匀缓慢，动作不需要有一定的模式，只要感到关节放开，肌肉松弛就行了。③做深呼吸，慢慢吸气然后慢慢呼出，每当呼出的时候在心中默念"放松"。④将注意力集中到一些日常物品上。比如，看着一朵花、一点烛光或任何一件柔和美好的东西，细心观察它的细微之处。或点燃一些香料，微微吸它散发的芳香。⑤闭上眼睛，着意去想象一些恬静美好的景物，如蓝色的海水、金黄色的沙滩、朵朵白云、高山流水等。⑥做一些与当前具体事项无关的自己比较喜爱的活动。比如游泳、洗热水澡、逛街购物、听音乐、看电视等。

处方三、寻求帮助，畅所欲言

当为什么事烦恼的时候，应该说出来，不要存在心里。把你的烦恼向值得信赖的、头脑冷静的人倾诉，如你的父亲或母亲、丈夫或妻子、挚友老师、辅导员等等。

处方四、暂时避开

当做事情不顺利时，暂时避开一下，去看看电影或读一本书，或做做游戏，或去随便走走，改变一下环境，这一切能使你感到松弛。强使你自己"保持原来的情况，忍受下去"，无非是做自我惩罚。当你的情绪趋于镇静，而且当你和其他相关的人均处于良好的状态可以解决问题时，你再准备回来，着手解决你的问题。

处方五、一次只做一件事

在紧张状态下的人，连正常的工作量有时都担当不起。工作量显得是如此繁重，去做其中的任何一部分都是痛苦的——即使非常需要去做的事情亦是如此。最可靠的办法是，先做最迫切的事，把全部精力都投入其中，一次只能做一件，把其余的事暂且搁到一边。一旦你做好了，你会发现事情根本没那么可怕。你做了这些事以后，其余的做起来就感觉容易得多了。

敌对心理：世界上的所有都在和自己作对

高一男生小岳考入高中前一直担任班长，还曾被学校评为优秀班干部，但考入高中后，没有进入班委，心里已有失落之感；在学期结束评选三好学生时，又未被选上，而他自己感觉比被评为三好学生的另外两名同学更为优秀，便非常愤怒，追查不投他票的同学，寻机报复；对被评为三好学生的同学，制造谣言，恶意中伤。在学校老师对他稍有批评，便扎老师车带，给老师起外号，找茬跟老师作对，跟同学争吵，把别人对他的真诚赞扬看成是冷嘲热讽；把老师和同学给他提意见当作挖苦打击，对他人怀有一种明显的敌对情绪。

敌对是指与他人心理不相容而敌视、对抗他人的消极心态。其目的在于在心理上给他人造成有害结果，使对方蒙受痛苦和不快。其主要表现为对一切外在力量予以排斥的意识和行为倾向。具体表现为：

1. 常常表现为怒目相对、冷漠仇视。对他人漠不关心、冷眼相对、动辄非难。虽有时不直接顶撞敌对的对象，但却采取一种事不关己的态度。

2. 常常是态度强硬、举止粗暴。对一切有于己"不利"言谈举止的人都充满敌意。

3. 反抗的态度和情绪不易随具体情景的变化而转移，具有固执性。

4. 敌对具有迁移性。即当某人的某一方面的言行引起了他们的反感时，就倾向于将这种反感及排斥迁移到此人的方方面面，甚至将这个人完全否定。

敌对情绪常在以下两种情景中产生：一种是客观情景。当受到他人轻视、指责和伤害时，有敌对心态的人，常常表现为怒目相对、冷漠仇视，不管这种"轻视""指责""伤害"是出于善意还是恶意，是确实如此还是自己主观上的错觉，反正对一切有于己"不利"言谈举止的人都充满敌意。另一种是主观情景。凡自己主观上看不顺眼、不满、厌恶的，常常表现为对他们冷眼相对、动辄非难，尽管他们没有触犯自己，但只要这种偏见诱发出敌视情感，就会随时随地在情绪和行为上表现出这种敌对心态。无论敌对心理由以上哪种情景引起，都是攻击行为的潜在状态。一旦敌对情绪迅速膨胀，超过了忍耐的限度，就会演变为挑衅、报复、破坏等攻击性行为。

具有敌对心态的人，在相安无事、诸事顺利和心情愉快的时候则如常人。敌对与攻击不同。攻击是指对他人的有意侵犯和破坏行为，程度则有轻有重，从语言上的谩骂到行动上的暴力，都属于攻击的范畴。当然攻击有时也可以是间接的，因慑于攻击对象的权势或碍于自己的身份不便直接攻击，于是就把攻击方向转向不相干的其他人或事物，即把愤怒情绪通过谩骂、暴力发泄到其他人身上，或通过捣毁、破坏发泄到其他事物上。敌对则只是一种敌视、对抗的情绪状态，仅处于攻击行为的潜在状态，即一般仅限于攻击欲望而不转化为攻击行为，尽管敌对有时也有非难举动，但非难只是设置障碍，与攻击的进攻性、侵犯性不完全相同。

心理诊所

处方一、消除偏见

在人际交往中，不要带着有色眼镜曲解他人的态度，不要不分青红皂白地认为他人的言谈举止都有敌意。凡事要多从正面去理解，不要以自身的好恶取舍他人，要懂得人的兴趣、需要、性格是各不相同的。要努力学会肯定别人，懂得宽容之道。

处方二、热情待人

对任何人都应该与之热情相处，任何形式的轻视、蔑视、歧视和敌视都是造成敌对状态的温床。只有热情待人、悦纳他人，他人才能热情待己、接纳自己。尊崇他人、理解他人，只有这样，他人才能尊重自己、理解自己。

处方三、在人际交往中逐步学会互相包容

只有互相包容、互相谅解、互相支持、互相协助，并逐渐习惯和适应这种交际方式，才能使敌对情绪渐趋淡化、消弭。要主动多与人交往，或许你会发现别人的可取之处。

处方四、提高自控能力

自控能力是指对自身的心理和行为主动掌握的能力，这就需要忍耐、克制。通过自我锻炼和自我监督，不断提高忍耐水平和克制能力，就能够充分发挥意志的抑制能力，使敌对情绪消除在萌芽状态。

处方五、增强挫折容忍力

挫折容忍力是指遭受打击后免于行为失控的能力，即经得起挫折的能力。在实践中不断提高自己的挫折容忍力，凡事不纠缠于一时的得失，对一般的损害和侵犯采取宽容的态度，改变容易造成挫折的环境、条件和方法以及自我疏泄烦恼和愤怒情绪等。

第四章

自我较劲为哪般

——揭密本能行为障碍

失眠症：睡觉是件奢侈品

方小姐在一家外企工作，和同事合租一套房。有个问题已困扰她三四年了，一直未能成功克服。她的睡眠通常很浅，稍有动静就会醒过来，醒来以后就很难再入睡。更糟糕的是，她还怕光，有一点儿也不行。由于室友们作息时间不一致，总有人很晚才睡，她也只好等着大家都睡了，所有的灯都关上了，周围一片黑暗时才能入睡。而一到早上，她又很早就被一点儿动静惊醒。长期如此，她苦不堪言。方小姐在白天总是无精打采，头昏脑胀，周身疲乏无力，工作效率也不高。她不知道自己这是怎么了，有心改善自己的睡眠状况，却又不知如何着手。

失眠症是一种以失眠为主的睡眠质量不满意状况，其他症状均继发于失眠，包括难以入睡、睡眠不深、易醒、多梦、早醒、醒后不易再睡、醒后不适感、疲乏或白天困倦。失眠可引起人们焦虑、抑郁或恐惧心理，并导致精神活动效率下降，妨碍社会功能。失眠主要分成入睡困难与维持睡眠困难，会导致无法恢复体力与白天精神萎靡之后遗症。

我们难以睡眠时数的长短，决定一个人的睡眠够不够，因一天中所需的睡眠时数因人而异，有人一天只睡四五个小时就够了，但却有人一定要睡上十来个小时，才觉得有饱足感。更多时候我们认为失眠是一种症状，而不是一种疾病，就像是发烧或腹痛一样，只是一种疾病的象征，必须找出潜在的病因加以治疗，不应只是治疗失眠的症状而已。

失眠症表现为入睡困难、睡梦过多、睡眠浅、易醒、睡眠时间过少等。具体来说：

1. 几乎以失眠为唯一的症状，包括难以入睡、睡眠不深、多梦、易醒，或醒后不易再睡，醒后不适感、疲乏，或白天困倦等。

2. 具有失眠和极度关注失眠结果的优势观念。

3. 对睡眠数量、质量的不满引起明显的苦恼或社会功能受损。

4. 至少每周发生3次，并至少已1个月连续出现此种状况。

5. 排除躯体疾病或精神障碍症状导致的继发性失眠。

失眠症依病程时间的长短分为短暂性失眠（短于1星期）、短期性失眠（1～3星期）及长期性失眠（长于3星期）。短暂性失眠，几乎每个人都有经历，当你遇到重大的压力、情绪上的激动，都可能会造成你当天晚上有失眠的困扰；短期性失眠的病因和短暂性失眠有所重叠，只是时间较长，往往需要数星期；长期性失眠，是患者至失眠门诊求诊中，最常遇到的疾病类型，其病史有些达数年或数十年，必须找出其潜在病因，才有痊愈的希望。

最容易出问题的地方在于不规则的睡眠模式、工作或学习得很晚、白天经常睡觉，或者睡得过多，早晨起得又太晚。容易出问题的睡眠会导致社会、职业、生理或者心理压力。失眠倾向于恶化，因为不利的影响会在你睡眠时反复出现在你的脑海里。你很担心睡不着，结果就更难以入睡。你越是努力入睡，越是难以使担心远离你。如果你白天所处理或遇到的事没有处理好，甚至带给你颇多的困扰，当累积到一定的程度后，你的思绪仍会持续到睡眠的时候，最后可能导致失眠症状的产生。失眠的困扰一旦来袭，代表着我们的心理困扰已超越了你能容纳的临界点，此时势必要对引起我们困扰的事物加以处理，勿使失眠的情况恶化。

许多研究表明，失眠可能引起的对心理健康的伤害比起生理方面来要严重得多。一个人在失眠之后，往往感到情绪不稳定，容易激动，烦躁不安，好发脾气，造成所谓"焦虑"的精神状态。或者恰恰相反，对于什么事情都提不起兴趣，漠然视之，对事物的反应相当迟缓。失眠所引起的这种消极心理后果，其根本原因不在失眠本身，而恰恰在于不良的心理因素——对失眠的"自我暗示"。现实生活中，不难发现长期失眠的人，多是"自我暗示"极高的人。由于这种强烈的自我暗示，使失眠者在经历几次失眠后，变得忧心忡忡，对睡眠产生一种莫名的"恐惧感"，如此"失眠"和"暗示"交替复始，便形成了恶性循环，结果酿成严重的心理创伤。

心理诊所

处方一、缓解情绪过度的紧张

睡眠是中枢神经系统的一种主动抑制过程，任何一皮层区域产生的抑制过程广泛扩散，并扩布到皮层下中枢时，才能引起睡眠。如果情绪过度紧张，焦虑不安，瞻前顾后，就会在皮层相应的区域形成一个很强的兴奋灶，干扰入睡抑制过程的扩散，会导致人难以入睡。无论多么重要的考试、比赛或其他重大事情，在经过反复认真的准备之后，直至临战前夕，都应充分相信自己的工作及准备，坚定必胜的信念，做些轻松的运动或娱乐，使精神放松，消除对成败的种种顾虑及杂念，这是得以安眠的重要前提。

处方二、纠正对睡眠的种种误解，消除对失眠的畏惧心理

失眠应被看作是一种心理障碍而不是生理疾病。尽管引起失眠的原因是多种多样的，最主要的是精神因素、心理因素和环境因素三大类，也有一些是因为其他疾病和服用兴奋性酒精、饮料、茶水等所引起的。

有人以为"要是少睡了多少时间，就得补多少时间，否则就会影响精力"，这是没有科学道理的。很多人有这样的体验，在非常紧要时期，即使少睡了一些时间，同样也会感到精力充沛，这说明人是有很大潜力的。人的精力和体力都具有一定的保险系数，所以即使一时难以入睡，也千万不要着急。相反，越急就越难入眠。

处方三、创造一个较好的睡眠条件

尽量养成每天同一时间上床睡觉，上床后除了睡觉之外，不想其他的事。

不睡懒觉。睡懒觉是失眠的开始，不要有"由于昨晚没睡好第二天早晨多睡一会儿"的想法。不睡懒觉按时起床很重要。虽然次日可能出现头晕乏力，不想活动，但持续几天后反而会促发睡意。

保持卧室环境安静，昏暗，温度适宜，床铺和被褥清洁、舒适，为快速入梦创造一个最佳环境。

体力活动有助于睡眠，但睡前过度运动可使血液循环加速，精神兴奋，不利于睡眠。

床是用来睡觉的地方，不要在床上观赏紧张、刺激、恐怖的电视、电影如恐怖片、凶杀片等，造成心理不安而影响入睡，也不要在床上思考问题，有些事应在睡觉前想好或干脆留到明天去想。当然，你可以看一本平时觉得特别无聊，一看就打瞌睡的书，或听一点儿轻柔的音乐这样会有助于睡眠。音乐通过听觉可怡神，可解除头痛脑闷，轻压眼球可使梦中产生五彩缤纷的梦境。这样，就可以使不良情绪和意识在梦幻世界中得到解脱。

处方四、顺其自然，放松思想情绪

有的人从上床之前就开始烦恼"今天晚上能睡着吗？""万一睡不着怎么办？"等问题，这正是引起失眠的恶性循环的开始，结果越着急越睡不着。要把注意力集中在自己所做的事上。停止一些争取睡眠的努力，如"数数、想象气功"等方法。失眠的原因就是想睡着觉。把睡眠当成一件自然而然的事。放松心情，不要过于在意，睡眠就会自己来找你了。

晚上如果实在睡不着也不要在床上翻来覆去，并尽量减少上厕所次数，最好的办法是闭上眼睛保持平卧的姿势，静静地躺着，这样可以达到与睡眠同样的效果。当你在床上翻来覆去辗转难眠时，躺在床上只会使你更加紧张、更难入睡。干脆起床离开房间做些轻松活动，如：看书、听音乐、静坐，等到累了再进房间。但如果你躺在床上无法控制脑中的思绪时，你也可以照以下方式做：

平躺，不垫枕头，将双手双脚打开呈大字形，手心朝上，眼睛闭起，下巴往内收，将注意力集中在腹部，开始用腹部呼吸，并将每次的吸气、吐气的时间一次一次拉长变慢，约五六个回合。

除了呼吸之外，一面想着自己身体的每一个部位，顺序从脚趾、脚板、脚踝、小腿渐渐往上，不漏掉身上任何一个部位，慢慢地在心中默念，请它不用力地放松，重重地掉在床上，渐渐地连腰部都可以平贴在床面上（需要多练习几次即可），渐渐地你会发现你已将心中的杂念都甩掉了。

试试看，这是一个不错的方法，即使只有几个小时的睡眠也可以让身体各器官获得足够的休息。

处方五、失眠食物疗法

在日常的饮食中有几种食物是具有安神、镇静功效的，常吃可以对神经系统有安抚作用：

1. 莲藕茶：藕粉一勺，水一碗，入锅中不断地搅匀，再加入适量的冰糖即可，当茶喝，有养心安神的作用。

2. 玫瑰花茶：具有很好的清香解郁作用。

3. 龙眼＋百合茶：龙眼肉加上百合，很适合中午过后饮用，有安神、镇定神经的作用。

4. 多吃钙质丰富的食物有助睡眠与安定神经的作用。如奇异果、豆浆、芝麻糊、玉米汤。每晚睡前若要喝牛奶来助眠，请搭配饼干、面包之类的甜点，因为虽然牛奶中的钙质可以安神助眠，但是因为牛奶还含有丰富的蛋白质可以促进血液循环，反有提神的作用，如能搭配一些高糖食物，则可以促使血管收缩素的分泌，较能使人产生睡意。

另外，中医中有"胃不和则卧不安"的说法，故睡觉前不要吃得太饱，因为吃得太多后胃肠运动会加强，以致影响睡眠；睡前避免喝太多的水，以免因尿频而影响睡眠；睡前不宜饮酒，虽然饮酒有暂时的催眠作用，但酒精的刺激会使人睡眠不踏实，早醒。

嗜睡症：睡不醒的瞌睡虫

王女士原本在一家公司做财务工作，但去年年底，由于公司经营状况不好，没能同她续签劳动合同。突然失去工作的王女士每天待在家里，有时一周都不出门，一向勤快的她也开始不爱打扫屋子，甚至从早睡到晚，并一改好客的个性拒绝朋友登门。

王女士的生活作息规律大乱。要么没有食欲，要么老想大吃大喝；要么睡不着，要么疯狂嗜睡。

睡眠是人体不可缺少的生理需求，而整日总是想睡觉，无论在开车、在吃饭、在打电话或在会议中都可以睡着，这就提示我们睡眠不足或存在了嗜睡症状。嗜睡不同于全身疲倦、无精打采或缺乏动力，它们的根本区别在于是否会在不适当的场合中睡着。嗜睡的特征是不分时间、地点犯困，哈欠连天，侧身便睡。

嗜睡症指白天睡眠过多，但不是由于睡眠不足、药物、酒精、躯体疾病所致，也不是某种精神障碍（如神经衰弱、抑郁症）症状的一部分。多在青春期以后发病，发作年龄一般在15～25岁之间。除了爱睡觉的特点，猝倒是嗜睡最特异的症状，情绪激动、焦虑、恐惧等可诱发猝倒，如打麻将和牌、游戏时，在特别兴奋的一瞬间，虽然意识清醒，但支配不了自己而突然瘫倒在地。

睡瘫也是嗜睡常见症状，在睡醒后或入睡时发生，人的意识虽然清醒，但全身无力，动弹不了，不能说话，一般数秒种至数分钟后会恢复正常。

嗜睡症表现为似睡非睡，对弱刺激有反应，能叫醒并作简短应答，但不久又入睡。昏睡表现为对强刺激才有反应，但不能应答。具体来说嗜睡症的具体特征有：

1. 白天睡眠过多或睡眠发作。

2. 不存在从唤醒到完全清醒的时间延长或睡眠中呼吸暂停。

3. 排除各种器质性疾病引起的白天嗜睡和发作性睡病，嗜睡症的发病多与心理因素有关。

4. 每天出现这种睡眠障碍，持续1个月以上或反复睡眠发作，引起明显的苦恼或影响正常的工作或家庭生活。

虽然嗜睡症在现代社会是一种常见病，但关于嗜睡症目前尚未见器质性病因，一般认为与心理因素有关。有些是病人白天心情不愉快，或在不恰当的时间入睡造成夜间睡眠过度延长。有的是由睡眠——觉醒的节律与本人所处环境要求不一致所造成。应注意的是这种障碍可能是抑郁症的一个症状。治疗首先要尽可能地找出原因，有针对性地进行治疗。

造成嗜睡症的病因很多，多由睡眠不足症候群、发作性睡病、特发性中枢嗜睡症、反复性嗜睡症等疾病引起。嗜睡症通常由狂暴情绪刺激而发作，比如愤怒、绝望或者休克，或因为无法控制的大笑引起。

在日常生活中，引起嗜睡症的主要原因还有：缺乏足够的睡眠，最常见于工作学习时间过长，睡眠时间过短者，目前这种现象在学生中发生的比较严重；周期性嗜睡，患有这种疾病的人，在发病的几天内整天不分昼夜地睡；夜间睡眠差，或睡眠时间过短也可引发嗜睡症。

暂时无法查明嗜睡原因的人，也不必忧虑，但要对自己的生活重新进行调整，白天要集中精力工作，并安排一些有兴趣的活动，还要加强体育锻炼，中午可小睡片刻，夜间则要保证睡眠质量，这样白天就会有充沛的精力。

心理诊所

处方一、正确看待嗜睡

不要把嗜睡的人看成是懒惰、不能发挥自己能力的人，要让他们感觉到别人对他们的支持和鼓励，只有这样，才对缓解嗜睡者的症状有好处。

处方二、积极的生活态度

每天给自己制定好生活学习计划并努力完成；要多参加体育活动，每天不少于1小时，使自己的身心得到兴奋；多参加集体活动，如唱歌、郊游等，主动与别人进行交往是非常重要的。

处方三、肥胖是产生嗜睡的重要原因

如果患者的体重超标，就要从健康减肥和控制体重入手来治疗嗜睡症。临床研究证明，有相当一部分嗜睡症患者在成功减肥之后都减轻甚至彻底消除了这种症状。

处方四、顺其自然

如果白天实在无法抑制自己想睡觉的欲望，可以顺其自然，在白天有规律地安排时间小睡一段或几段。只要形成规律，不影响正常生活，就不要把嗜睡当成病来看。

贪食症：吃到呕吐才罢休

小美，26岁，教师，身高165厘米，体重50千克。最近3个月来十分贪食，每天在吃饱晚饭的情况下无法控制，自己，将家中所有能吃的食物统统吃完。但她又害怕过多的进食会导致肥胖，被人笑话，所以在进食后，又躲在没有人的地方，用手指抠咽喉的方法，将刚吃的食物呕出来。她刚呕出时觉得非常舒服愉快，但过后又非常后悔。长此以往，小美感到非常痛苦，情绪低落，没有精神，工作和生活都受到一定程度的影响。

贪食症也称暴食症，是一种以反复发作性暴食及强烈的控制体重的观念为特征的综合症。此症为周期发作、不可控制地多食，包含两大主要特征，其一是不可抗拒地强迫自己多食，其二是自己设法进行呕吐以避免体重增加，有时则是滥用泻药。此类患者的体重常保持在正常范围之内，以女性较为常见。

事实上，大多数人偶尔都会放量大吃一顿，狂喝一回。人人都有这样的时候。偶尔失去控制是没有关系的，不要因此而责备自己。这样临时和偶尔的放纵并不说明有贪食症，因为贪食症是经常和反复失去控制的暴饮暴食。暴食就像一场摄食狂暴活动一样，暴食者会失去控制，一直吃下去，直到胃疼起来，不得不停为止。然后，会呕吐，一切又重新开始。

贪食症以反复发作性暴食和强烈的控制体重的愿望为特征，为防止暴食对体重的影响，患者采用各种措施，如呕吐、导泻、增加活动量等，致使体重反低于正常范围。具体来说，贪食症的特征有以下几点：

1. 反复发作地暴食，饮食无法控制。一次可进食大量食物，但是没有明显体重增加。

2. 过分看重体重，对自己的体形和体重持久地过度担心。

3. 常采取引吐、导泻、利尿、节食或运动的方法，消除暴食引发的发胖。

4. 身体症状。如体重不稳、用餐后马上呕吐、皮肤变差、委靡不振、容易疲劳、眼睛充血、女性经期不规律等等。

5. 情绪波动。如抑郁，自我形象低落，羞耻内疚，常感觉孤立无助。

6. 贪食后的后悔与冲动。可以说，难以控制的暴吃冲动和进食后的焦虑不安并存。

贪食症是用来处理压力以及不愉快感觉的一种方式，患者在生理上并不需要进食，而在心理上却有长期饥饿的感觉。这种饥饿涉及心理需要，并非单靠食物便能解饿。病患者只觉饥饿难耐，但疯狂进食后，又会马上以抠喉、服泻药等方法拼命把食物呕泻出来，用尽各种方法避免体重增加。但这样做并不能真正起到解除心理压力的功能，反而使"吃"变成了处理焦虑不安、寂寞和生气的不当方式。由于很多贪食症患者暗地暴饮暴食然后排泄并且能够保持正常或超正常体重，所以他们可以隐藏问题很长时间。

贪食症的罹患因素与厌食症类似，皆因各种问题所导致，不同的是，暴食症的发病因素较为严重与复杂，存在一种持续的难以控制的进食和渴求食物的心理需求，并且患者屈从于短时间内摄入大量食物的贪食欲望。此症患者有对自我要求完美、忧郁、焦虑、强迫人格等倾向。个性上厌食症者偏内向、敏感，贪食症者则较外向、易怒。一般来说，完美主义者、做事一丝不苟的人比较容易产生摄食障碍。拒食症患者通常往往认为能够自己控制饮食的行为非常完美，可是患有贪食症的人却会认为自己的行为很悲哀。所以一旦患有贪食症，患者往往会产生严重的自我厌恶感，会认为自己很差劲，甚至丧失生存的力量。

大多数贪食症患者都认为自己没有吸引力，害怕变胖，觉得自己比实际体重要重。与厌食症患者相比，他们控制体重的努力是混乱的：克制的饮食行为常常被反复的、持续时间较短的不可控进食破坏，随后又会出现挽救其后果的行为。暴食中消耗的食物量是巨大的，他们吃东西并非为了寻求快乐，相反，他们吃东西都是秘密的、快速的和囫囵吞枣式的。这些行为发生之前通常会出现身体或心理紧张，进食只是为了缓解这种紧张。在暴食时，个体会感到无法控制自己的行为，但吃完以后，负罪感、自责和抑郁便随之而来。不久，又会通过呕吐或吃泻药作为对暴食行为的补偿和惩罚。暴食行为和"抗暴食"的循环就这样完全控制了他们的生活。

心理诊所

处方一、找到暴食的内在原因

改变对体形和体重的过分关注以及其他方面的认知歪曲。重新树立信心，改变我们错误的想法。由于神经性贪食症的患者一般来说都表现为有较为明显的自责、焦虑、抑郁等情绪障碍，与抑郁症有很大的关系。在平常的生活之中，应该注意放松自己，相信自己，不要给自己太大的压力，不开心的时候学会倾诉。

处方二、调整饮食习惯，建立正确的饮食及体重认知观念

控制进食行为，改变对饮食的态度。可以给自己制定一个计划，什么时候吃东西，吃什么东西，做到一日三餐、营养均衡，避免在两餐之间吃零食或者是高脂高糖的食物。养成三次正餐定时定量的习惯，用低热量的食物以取代高热量食物。避免患者独自进食且进食时不做其他事情。用有规律的饮食行为代替暴食。

处方三、行为疗法

旨在使患者吃以前回避的食物以及高热量的食物。可以建立一个食物等级来实现这个目标，最初是患者比较能够接受的，最终的则是此前会引起患者高度焦虑和暴食、导泻行为的食物。

处方四、适当转移注意力

暴食通常是由触发因素引起的。这样的触发因素有可能是情境式的，比如晚上一个人待在厨房里，或者看电视的时候，或者经过快餐店。也有可能是情绪式的，比如觉得孤独、嫌恶自己或者无聊的时候。要学会其他一些处理紧张和痛苦情绪的办法，可以用其他行为来替代暴食，比如给朋友打电话、出去散散步、听听放松情绪的音乐，这样也可以打破暴食循环。

厌食症：瘦不下来就去死

晓青今年19岁，身高1.61米体重却不到35公斤，只剩下皮包骨，可她还是认为自己太胖了。

原来，晓青为了让自己的身材符合某些时尚杂志上提供的"优美标准"，开始瞒着父母买减肥药吃，偷偷吃了1个月后，为了不让体重反弹，从此严格控制自己的饮食。她规定自己每天早上只吃一个苹果、中午吃1两左右的米饭、晚上只吃水果和青菜。父母担心她营养不够，每天都变着花样做好吃的给她，但她总以吃多了会长胖为由，尽量少吃或不吃。

偶尔，她忍不住的时候，也会买来大量的零食狂吃，但一吃完她又害怕长胖，又想尽办法把吃进去的食物吐出来，如此反复，发展到最后，她一见到食物就想吐。慢慢地，她开始出现头晕、记忆力下降、注意力不集中等问题，脸色也变得越来越苍白，学习优秀的她成绩一落千丈。

厌食症是指一个人怕胖而少量或不愿进食，常有意地严格限制进食，使体重下降至明显低于正常标准或严重的营养不良，此时仍恐惧发胖或拒绝正常进食为主要特征的一种进食障碍。即使体重已减轻至标准体重的85%以下，仍主观地担心体重增加，且无视身体已出现部分不适症状，女性患者甚至会有连续3个月以上的停经。此症患者的年龄通常在13～20岁，女生比男生多10倍以上，并且发达国家或中上层阶级的家庭子女罹患此病的人数相对较多。

你一定有过这样的经验：当碰到不如意的事或跟别人吵完架后，心情变得非常恶劣，这时你可能不太想吃饭或根本没有食欲。如果食不下咽的情况只是短暂的，其实并没有什么关系，不过如果你为了"瘦"而有意长期不吃或少吃，营养严重不良，这个时候就要多注意自己的心理状况，看看是否罹患了厌食症。

神经性厌食临床表现核心是对"肥胖"的强烈恐惧和对体形体重的过度关注。最初患者有意限制进食，逐渐发展为不吃或采取过度运动避免体重增加，或采用各种方式避免体重增加。具体来说：

1. 有意控制进食量，不吃或少吃，或通过采取过度运动、诱吐、导泻、服用药物等方法以减轻体重。

2. 过分担心体重增加，即使体重已低于标准体重仍担心不已，常处于担心发胖的恐惧和烦恼中。

3. 体重明显下降。因极担心肥胖，过分节食结果体重远远低于应有水平。

4. 认识出现扭曲。尽管已经明显体重不够，但仍然觉得肥胖。自我价值观几乎完全取决于体重或者体形。

　　5. 体重下降导致了各种生理功能的改变。严重时，出现一些病态身体症状。如女性出现闭经，男性则性功能低下等。

　　与其他精神障碍相比，厌食症在社会经济地位较高的女性和高学历人群中最常见。他们对体形和体重持有主观歪曲的看法和态度。苗条和减肥是他们最为关注的，而个体的努力就是为了避免体重增加和变胖。对另一些人而言，对体重的过分关注和控制反映了他们缺乏自信以及力图控制生活某一方面的愿望。在他们看来，再瘦一点儿会让自己感觉更好——这使得他们永远都不会对自己的外貌满意，对于减肥的努力也就一直这么持续下去。

　　厌食症一般是从"正常的"节食开始的，但慢慢就发展成了十分挑剔和严格的热量限制和剧烈漫长的生理活动。食物限制和身体锻炼形成了强迫性。开始的时候是不敢吃，到疾病后期，身体消瘦，对食物有强烈的欲望，这样的节食坚持不了几天就会禁不住食物的诱惑，大吃一顿。为了不导致发胖，就采用吃泻药或自我引吐的方法，使吃下去的食物迅速排出体外，然后再继续开始节食，控制不住了再暴吃一顿。如此周而复始，出现了贪食症的症状。到了后来，为了控制自己的食欲，干脆自行服用食物抑制药，但这些药却使人情绪低落，反应能力下降，甚至完全没有食欲，又开始厌食。也因此，厌食症俗称"减肥综合征"。

　　虽然厌食症患者回避吃东西，但他们对食物还是很关注的。他们会花很多时间思考食物，并为他们自己或他人烹调，或看着别人把食物吃掉。他们承认自己会梦到食物，有饥饿的疼痛感，也保持着一定的食欲。大多数的厌食症患者存在歪曲的身体意象，他们过分高估了自己的体重，对自己的体形很不满意。轻度抑郁、强迫症以及焦虑等心理问题普遍存在于厌食症患者中。

　　除了与某些遗传因素有一定的关系外，个体的易感素质是厌食产生的一种原因。这类患者常常争强好胜、做事要求尽善尽美、喜欢追求表扬、自我中心、神经质；而另一方面又常表现出不成熟、不稳定、多疑敏感、对家庭过分依赖、内向、害羞等。

心理诊所

处方一、找到厌食的根源

意识到自己关于瘦的看法是扭曲的，或者承认这些看法有一些夸张，就会有助于患者增强进食意愿。可以通过改变患者的消极认知以及鼓励他们相信自己的直觉和情绪，来发展他们的自主性，从而相信体重的重要性，以及进食缺乏会造成的严重后果。要清楚体重减轻与厌食症状之间的因果关系。

处方二、及时补充营养

厌食症治疗的首要目的就是恢复患者的营养状态，因为由于长期进食不良而出现的脱水及电解质失衡会造成严重的问题，重者甚至可引起患者死亡。如果患者拒绝治疗，应采用劝说及强迫方式使其住院，以挽救病人的生命。

处方三、改变不良的饮食习惯

合理饮食，对体形和体重保持健康的、现实的态度。纠正饮食习惯，并形成健康进食的计划。

处方四、认知疗法

要找出关于食物和体形的扭曲想法并向其提出挑战。当你确信吃几块饼干都会使身体增加半斤重量时，需要有人告诉你应该如何看待这样武断的结论，并以现实一些的办法来对待这些错误看法。同样，你必须接受，自己已经失去了客观地评估自己体重和体形的能力。正如同色盲者不能够相信自己搭配衣服的能力一样，你也必须学会思量你对体重的估计是否错误。

处方五、心理调节

其目的是帮助患者建立更为健康的饮食习惯和恢复健康的体形。包括疏导自己的心理压力，对环境、对自己有客观认识，找到适应社会的角度及处理和应付各种生活事件的能力。另外，还包括对健康体魄的概念，标准体重的意义，以及对自己的身体状况有客观的评估。

自伤：伤疤才是疗愈内心的神药

半年前，家勇离开家乡到省城求学。都市的繁华让他感到了生活的美好，他对未来充满了美好的憧憬。可是，不到两个月，他就接到了父亲病重的电话。等他日夜兼程赶回老家时，父亲已经去世了。家勇不相信父亲真的会走，他后悔极了，说："如果我不离开，这一切也许都不会发生。"带着深深的歉疚，带着母亲和亲人的希望，这使他再次回到学校，却再也找不到初来时的感觉，还时常接到母亲充满悲痛的电话，这使他难受极了。渐渐地他发现，每次用刀子把自己的胳膊划破，看到红色的血滴在地上，心情就会好转……一段时间过去了，家勇发现自己喜欢上了这种发泄心情的方法，同时，他也意识到自己的心理好像出现了问题。

所谓自伤，就是有意识地以种种方式伤害自己的身体。故意在自己身上造成损伤，损伤部位可以自己达到，且多为机械伤，方向一致，范围较集中。其目的只是损伤自己的身体而不是要结束自己的生命。自伤的方式不同，可用刀或其他器械切割，或者吞食异物。在精神障碍病人中，自伤也很常见，其原因可能与病人的认知功能或精神症状（如幻觉、妄想、抑郁、焦虑等症状）有关。

有一些人在遇到挫折打击的时候会选择自伤，比如用尖刀划伤自己、用头撞墙、用烟头烫、不吃饭、不睡觉、用针扎，或者以其他的方式伤害自己，这些都属于自伤行为。

自伤行为一般会持续多年。可多次发生自伤行为，方式呈多样化，但致死性低，大多伴有情绪焦虑或不稳定。具体的特点有：

1. 言语中有意无意表现出想死的念头，或谈话内容常以"死亡"为主题。

2. 情绪不稳定，多数伴有憎恨自己，感到沮丧，有被抛弃感，或者抑郁、愤怒等。绝望、焦虑、愤怒及认识狭隘是主要的心理状况。

3. 实施自伤时的故意性。也就是说患者对所采取的自伤行为应该是有意识的，而非在自动的、无意识的情况下发生的。

4. 自伤直接造成对于身体的伤害，并非像抽烟、酗酒一样过段时期才表现出来。

5. 自伤损害的程度有限，且具有重复性。应对身体造成轻微或中度的伤害，而重大、致命性的伤害应排除在外。

6. 无自杀动机，不是要造成自己死亡的严重后果。虽然自伤的个体偶尔也会出现自杀意念，但他们还是能够清楚地意识到自我伤害行为不同于自杀。

自伤是自我发泄比较极端的一种方式，用自身的痛苦来麻痹外界带来的痛苦。它甚至是一种想活下去的呐喊。希望自己藉由这些方法，摆脱纠缠不去的不愉快感觉。自伤的危害是非常大的。同时，在心理上的影响也是非常大的。它会造成自伤者的一种依赖心理。当遇到痛苦的时候，会依赖于用自身的痛苦来抵御外界的痛苦。

自伤行为的产生与个体的个性特征有着密切关系。有些患者因有强迫性格或太过追求完美主义而自伤；另有些依赖性格过重，会以自伤行为来吸引别人的重视。自伤者多认为自己是无能的，自认为有缺陷或是能力不足，他们觉得情感上没有人可以依赖或信任，给人的印象总是紧张害怕。而为了缓和持续不断的紧张害怕，自伤者经常背负着深沉的愧疚感，怕别人视自己为危险人物或极度厌恶自己，这些害怕带来经常且毫无根据的愧疚感。此外，自伤者对情绪的痛苦是极端敏感的，他们无法信赖别人，宁可选择自己来掌控体验伤痛的过程，以及伤痛之后留下的麻木感。疼痛与自我伤害就是为了产生宽慰与安全感。

至于自伤的外部原因，有学者指出，自伤者最初可能为疏解压力、发泄愤怒。我们认为，自伤大致经历以下几个阶段：

1. 诱发事件，通常是真实的或感觉到将要失落、受拒绝或被抛弃的感受。

2. 无法忍耐的情绪越来越高涨，可能是情绪低落或麻木的感觉。

3. 开始想尝试自我伤害行为。

4. 执行这些行为，执行时个体通常感到"部分疼痛"或"完全麻木"。

5. 得到短暂的心情舒解。

创伤经验通常可以在冲动性的自我伤害行为中看到，不论是在行为的不久之前发生或是发展过程中，这些经验都和自伤行为有一定的关联性。而一旦自伤的行为出现，就会出现模仿效应，自伤的次数和频率会快速增加。

心理诊所
处方一、保持良好的心情

要知道良好的心情对健康的积极作用是任何药物都无法代替的，恶劣的心情对健康的危害则犹如随时将要发作的病原体。其实，日常生活中保持良好心情的"砝码"就在自己手中。

处方二、重拾对生活各方面的积极情绪

对于感到"生活单调、缺乏挑战性"的个体，这类自伤的预防就是让他们学会生活。缓和自我伤害的冲动、念头，使自己恢复到正常的日常生活状况。

处方三、心理治疗是重要的治疗方式

要让患者表达其不良心境和自伤的冲动和想法，使其明白自伤的想法纯粹是自我心境所致。帮助患者认识其思想方法是错误的，并要使患者得到保证，随时准备帮助他，希望积极配合，争取早日恢复健康。

患者应认识自己的病情，以缓解抑郁、愤怒、恐惧等不安情绪，及增进自控能力。诉说引起焦虑、抑郁、愤怒的原因和内心感受。清除环境中的危险因素和物品。

处方四、要适度、合理地宣泄

妥善使用心理防御机制。换一种利人利己的宣泄方式，如体育活动、体力劳动、娱乐活动等。还可以升华这种心理防御机制，经典的做法便是"化悲痛为力量"。

处方五、调节挫折

调节挫折即调整对挫折的认知方式，提高适应能力。关键是认识挫折的两面性，它一方面使人痛苦、忧伤、失望，但另一方面，会给人以教益和磨练，使人变得聪明、坚强、成熟起来。

第五章

人生就要过把瘾

—— 盘点生活中的极品各种癖

贪购症：恨不得将超市的东西都搬回家

小芳今年30岁，是一位外企白领。在外企的工作压力比较大，竞争也比较激烈，尽管如此，在丈夫的大力支持下，小芳在工作中的表现一直受到上司的表扬，与同事们的人际关系也处得很好。但是，平时温柔善良的她，自从有一天和丈夫吵架之后，只要她走到街上就想进服装店，看到五颜六色的服装就感到那些衣服在向她招手。每当这个时候她没有一点犹豫，只感到购物的兴奋和快乐。而且每一次从店里出来，她常常会花掉几千元钱。她知道自己并不需要那么多衣服，也曾暗下决心控制购衣数量，但一到服装店就控制不住自己购物，乐此不疲。小芳为控制不住自己的购买欲而感到深深的苦恼。小芳的行为也严重影响了她的正常工作。

小芳的行为实际上是患上了贪购症，俗称疯狂购物症。贪购症是一种个人心理的不正常状态。患贪购症的人对商品有一种病态的占有欲，面对琳琅满目的商品，经常会不假思索地掏腰包大肆购买，购买的同时会有占有的满足与快感。如果患者硬是控制自己的欲望而不去购买，就会出现心理上的焦虑不安、身体上周身不适，而且，在勉强控制一次的情况下，只会使下一次购物更疯狂。但当理智占上风时，后悔和苦恼必然伴随而来。

那些购物上瘾形成习惯而又苦于不能自拔的人，通常也被称为购物狂。他们总是在家中堆积自己用不上的所谓在商场上的战利品，或因买不起自己想要的东西而失眠，甚至可能把人生的成就感建筑在购物的行为上。如此周而复始，自然影响心情与工作。虽然目前无论是在医学上还是在心理学上都暂未能具体界定，达至何种程度才算购物狂，不过此种俗称"购物狂"的病态消费模式，可能转化成为一种"癖"，也就是购物癖，并最终一发不可收拾。小芳无疑就是属于他们其中的一员。

贪购症的患者基本上都是属于那类工作压力大、平常找不到合适方式释放压力的人，尤其是经济条件比较好的年轻女性，她们有充足的收入来供自己狂购。很多年轻女性都想通过购物的方式来振奋自己，提高自尊心，释放压力。但是，结果往往事与愿违。狂购以后，行为人心里充满了羞愧感和负疚感，以及冲动控制失调的痛苦。这种心理转换过程包括了一系列心理机制：患者先是经过了几天或是几星期的积累，购物冲动开始聚集起来，直到通过购物，或者买很昂贵的或不是特别需要的东西，来释放这种紧张感，狂购之后，才能心情比较轻松地回家。在接下来的一段时间里欲望暂时被压抑，经过一段时间积累后，新的循环开始重复。患者则陷入苦不堪言的心理折磨之中，严重影响日常工作和生活。毫无疑问，小芳在日常紧张工作的压力下，经过和丈夫的一次争吵的催化，选择了以购物来释放压力的做法，却让自己陷入了痛苦不堪的心理折磨中。

心理学知识告诉我们，许多人有压力时总会通过购物或者是大吃大喝来消除压力。不过，当你发现自己有疯狂恋物血拼的状况时，可千万别大意。这时候，你要先尝试问自己一些问题，比如"我在躲避什么？"等等。

最近一次关于国内消费的调查结果显示，在极端情绪下消费的女性高达46.1％。美国加利福尼亚州立大学在一次类似的调查中也发现了相同的问题，在该次调查中还发现，男性情绪化消费的比例也达到了17.4％。调查结果显示，购物狂多数是女性，这与各国的文化传统普遍接受女性购物较多有关。

心理学家发现，有必要在那些为了自娱自乐而反复购买某种物品的购物者与那些已经购物成癖的人群之间划出界限，对于后者必须进行心理治疗。

一个典型性的购物癖患者至少每个星期都会进行一次疯狂的大采购，他们好像受到了强制一样，去买一些根本用不着的东西，事后又感到非常后悔。另外，这些人由于并不十分富有，所以经常会陷入财政困境。

心理学家分析说，这些人往往生活中有自卑感，希望通过购物来发泄某种压抑的情绪，或是用这些外在的物质刺激来填补内心的空虚，结果是"他们只是在买东西的过程当中感到快乐，而物品一旦到手就失去了吸引他们的魅力。"

在这一消费群体看来，无论是什么样的事情，"去大肆采购一番，然后想尽办法把钱花光，心情也就好了"。似乎在不如意的时候，购物和大把地花钱是他们来缓解压力、平衡情绪和宣泄无奈的最佳方式。一般存在下列几种情况：

1. 为平衡情绪埋单。

张先生是某科研院所里德高望重的人物，这次老所长退休，他是理所当然的接班人。他每天都急切地等待这个好消息，但是最终，新所长却是从其他的单位调来的，张先生的希望一下子破灭了，十分懊恼。想找朋友谈谈，又觉得说不出口，很丢人。当他无目的地在路上走的时候，正巧路过一家商场，就顺路走了进去。在商场中，服务员热情地介绍了他要看的东西，当他买下的时候，还夸张先生有眼光、有品位。这样，张先生把兜里的现金花光后，又接着刷卡，卡透支后，才拿着东西，兴冲冲地回家了。到家后，他看着自己买的东西很多是没用的，又想到妻子回家后的一顿唠叨，心情更加郁闷。

"不想当将军的士兵不是好士兵"，但当不了将军的士兵，也不见得就不是个好士兵。有进取心是值得表扬的，但对一些事情，人们要正确认识。有很多事情，其决定因素很多，有些是可以想到的，有些因素是事先无法预知的。且领导的欣赏水平也不一样，一件事情只要尽力了，就不要过度地自责。像张先生这个情况，应当找朋友聊聊，不要有自卑心理，适时地把不良情绪宣泄出来对于自己的身心都有好处。疯狂地购物，也许在当时来说是有效的，但却要付出金钱代价，买了许多不适用的东西还是要后悔，那就得不偿失了。疯狂购物是一种非理性的表达，偶尔一次还可以，但是一旦形成了难以摆脱的习惯，后果将不堪设想。

2. 为缓解压力埋单。

杨小姐是外企的白领，平时工作的压力很大，老板交代的任务很艰巨，完成得不好还要受到老板的质疑，有时也情不自禁地想，自己能力是否存在问题。一次她在很压抑的时候到商场逛了一圈，买了很多的东西后觉得很过瘾，于是，她接着买了更多的东西，在商场中重新找到了自信。可是回到家中才想起，明天要交的创意还没做，自己的房租还没交。

很多的白领阶层的人都有很大的精神负担，当杨小姐为了缓解压力而到商场购物时，商场给她提供了展示自我的舞台，服务员都会关注她，受到了服务员的重视，她的欣赏目光也会得到肯定，当她埋单时，还会让服务员很羡慕，对她的能力给予肯定。但是她离开了商场这个特定的环境，一点也不能激发她工作的热情，反而会因为她的提前透支，增添更多的烦恼。

3.为失落情绪埋单。

前几天李小姐接到男友的电话，说他们不适合，应该分手，让她以后找个合适的男友，并请李小姐以后不要再和他联络。李小姐还没缓过神儿，对方已经挂了电话。再打，对方关机，找到他租的房子，房东说他已经搬走了。问他的朋友，都说最近没什么联系。就这样，李小姐在家待了两天，两天中她不停地想自己到底哪里没做好，哪里出了错。想到她为男友付出的点点滴滴，她觉得现在这样折磨自己真是不值，于是决定重新振作起来，首先要做的便是买东西，彻底地改变自己。于是她拿着自己的全部存款，到商场疯狂购物，把自己平时很喜欢又没舍得买的东西买了个遍，即使是现在不使用的东西，只要自己觉得好，就统统买下，直到信用卡无法继续透支。但当她回家后，依然觉得很难过，这堆东西也无法抚平她失恋的伤口。

像这样的情况在生活中很多见，特别是女孩子失恋或是心情不好的时候，要么疯狂购物，要么就到饭店海吃一顿，还有的疯狂上网，所以现在才会出现这么多的"购物狂""贪吃狂""上网狂"。当她疯狂购物时，她的很多观点会得到服务员的认可，使她产生一种归属感，用金钱找回被朋友抛弃的平衡。但离开商场后，她还会觉得失落。所以，当你选择这种快速的满足方法时，一定要有个限度，对自己的购物需求要有准确判断。不要当你不高兴、空虚或工作中遇到挫折时就去购物，因为你购物回来后会很快又会产生失落感，然后再买，陷入恶性循环中，永远也找不到解决问题的真正方法。

心理诊所

处方一、清醒地认识压力，对待压力

对自己的日常工作等方面带来的压力有一个清醒的认识。正确对待自己的压力，并尽量找寻合适的途径予以释放，比如可以通过和朋友聊天、与亲近的人分担等。

处方二、养成记账的习惯

将所买的东西统计一下，看看哪些是没用的或多余的并计算出你浪费金钱的数目和由此产生的利息或投资损失。

处方三、用"改日再来"的延缓方针

在垂青某商品时，先不急于掏钱，而是暗示自己："改天再来吧"。下次来时由于心情变化，购物欲可能下降。

处方四、避免独自一人购物

独自一人上街，又有孤独感受时，常常经不住店家的劝说而掏了腰包。缓解的有效方法是：对可买可不买的商品狠狠地杀价，这势必造成碰壁或讨价还价之局面，而且侃价可使人不再孤独。

处方五、尝试一些直接效果比较好的做法

比如，出门不要带太多的钱。每次出去购买日用品之前想清楚需要什么、不需要什么，必要时可以找一个同伴一块去购买，并请求同伴在自己有失控表现时予以帮助提醒。

处方六、将自己的注意力集中到其他地方

每当产生购物欲望时，尽量转移自己的注意力，将精神分散到其他事情上去，淡忘购物。心中空虚、压抑、无聊时，最好的解决方法是去做些较激烈的体育运动，而不去逛街购物。

总之，克服贪购心理及贪购行为的关键之处，在于搞清楚购物欲望的背后有哪些心理问题，是否有对现实的不满和对自己的不满，是无法应对压力还是其他什么原因。当一个人敢于面对问题并去解决问题时，心理才会平衡。

赌博瘾：赌场就是我的家

44岁的林先生原本是一个非常成功的私人老板，从开小饭店起家，与妻子起早贪黑辛苦了几年，生意越做越大，终于开了两家大酒店，资产数百万元，家境十分宽裕。

偶尔一次，林先生因为生意上的原因，陪几个老板赌钱。第一次他的手气特别好，一个晚上就赢了3万多元。没过多久，林先生又与几个人打麻将，也是"满载而归"。从此，林先生迷上了赌博，甚至连酒店也爱管不管的。后来，林先生在赌桌上不再春风得意，总是输多赢少。为了扳回本钱，他更是变本加厉地疯赌。3年下来，他不仅把原来的积蓄全部输掉，还准备把两个酒店也卖掉。这个时候，全家人都联合起来劝他戒赌。林先生也知道赌博不好，但他一天不赌博就不舒服，至今也没有戒赌成功。

曾几何时，赌博这个恶习慢慢开始侵蚀着我们的生活，多少个原本幸福的家庭被毁灭，由此带来的一系列社会问题也显而易见，多少人最终因为参与赌博而堕入毁灭的深渊……

赌博这个社会毒瘤难以彻底剔除，归根结蒂在于部分人妄想不劳而获的侥幸致富心理。具体来看，参赌心理分为以下几种：

1. 为赢利而赌。参赌者获胜的机会越大，其参赌的动机就越强；赌注得失的差额越大，其对赌徒的吸引力也就越大。赌徒如果在赌场赢了，会促使他继续赌，想赢得更多；输了，想把损失挽回，也会促使他继续赌下去。这对赌徒形成一种间歇性的强化机制，使他们在希望与绝望之间越陷越深，不能自拔。

2. 为娱乐而赌。很多人在游戏中加入了赌博的成分，由于赌的数额很小，赢了能享受到成功的喜悦，输了损失也不大。但由于金钱对人的巨大诱惑，这种以娱乐为主的动机，很容易发展为赢利的动机。

3. 从参赌之中体验竞争。技术性赌赛活动的竞争性很强，有些人有强烈的好胜心理，希望通过参赌战胜对手，以满足自己的好胜心理。

4. 通过参赌寻求刺激。赌博项目越富刺激性和冒险性，对以赌博寻求刺激的人吸引力就越大。

5. 想以参赌逃避社会现实。这些人开始的动机多是在于逃避家庭或者社会对自己的压力，达到麻醉自己的作用。

对某种东西成瘾就是对它有依赖性。所以，人的某些行为，如赌博，也能像药物、酒精一样，因对其产生依赖性而成瘾。

尽管赌博的种类多种多样，但赌注却无一例外都是幸福，正所谓"赌海无边，回头是岸"。

至于赌博的危害，简单地说，从家庭来看，由于参赌者必须占用大量时间，并造成经济损失，严重时会耗尽家庭财产，背上满身债务，也缺少与家人团聚的时间；还常会虐待配偶和孩子，导致家庭不和睦、子女教育不良，甚至与配偶分居或离异，导致妻离子散等家庭悲剧；从社会角度看，赌博是导致社会不安定的重要因素，而且常常与犯罪联系在一起，从而破坏社会秩序，影响社会治安；从医学角度看，赌博更是健康的大敌，赌博成瘾对个人的身心健康影响极大，经常参赌之人，喜怒哀乐变化无常，因求赢心切，或输了又想捞回来，常提心吊胆，心绪不宁；因债台高筑，导致家庭失和，因而吵闹或打闹不休，故烦恼、愤怒；因一夜之间突发横财，又兴奋激动、狂喜等，各种情绪变化往往交织在一起。长期处在紧张激动的情绪状态之中，会导致心理、生理上的许多疾病。

心理诊所

处方一、避免出席任何赌博场合，培养其他可取代赌博的爱好，打消赌博的念头。

处方二、定一个限额，无论你正在赢钱或输钱，只要赌款达到所定的限额，便立即停止赌博。

处方三、控制精神压力，定时做运动（如缓步跑）及学习松弛的技巧（如冥想或瑜伽），或进行休闲活动（如听音乐、与朋友逛街），借此驱走闷气，舒缓紧张的情绪。

处方四、养成记录的习惯，写日记可助你了解自己的赌博行为，找出赌博的倾向和模式。例如，你可能发现，每当你感到苦闷或失落、手上持有现金或当你需要用钱时，便会去赌博。这些记录便可助你找出抑制赌博的有效方法。你可通过各种方法，恰当地满足不同的需要，而尽量地避免接触、参与赌博。

信息焦虑综合征：买报纸比吃早饭更重要

刘先生刚过而立之年，为人开朗而且慷慨，在某知名出版社做编辑，和同事之间关系处理得很好。但最近一些日子不知为什么，总是提不起精神，睡不好也吃不香，还莫名其妙地跟妻子大吵了一通，在此之后，办公室的同事都很小心翼翼地和他讲话，生怕什么地方不对头。刘先生也意识到了自己的变化，并到医院仔细检查了一圈，结果什么病也没有查出来。

与刘先生相类似，在一家网站担任编辑的王小姐也有着同样的烦恼。王小姐的工作是每天浏览国内外各种传媒上的行业信息，经筛选后摘录到自己的网站上。近日她也得了一种怪病：每到晚上就觉得头痛，并且还有呕吐感。同时，在日常工作中也是提不起精神，注意力不能集中，与同事的关系也变得紧张起来。

像刘先生和王小姐这样的情况，一般认为是属于信息焦虑综合征的症状表现。所谓信息焦虑综合征，又称知识焦虑综合征。最早提出这个概念的是香港中文大学医学部的孙彼得教授。孙教授认为在信息爆炸时代，人们对信息的吸收量是成平方数增长的，但人类的思维模式还没有很好地调整到可以接受如此大量信息的阶段，由此造成一系列的自我强迫和紧张症状，这些症状非常接近于精神病学中的焦虑症症状。孙教授将其称为信息焦虑综合征。

现代社会，大量地吸收信息有时候并非是由于人的主动意识，在大多数情况下，是一个被动的行为，是出于工作的需要，在相当程度上可以认为是被逼无奈。从日常生活上看，每天连续看电视、听广播的人和每天都泡在图书馆或上网查阅资料的人都很容易引发焦虑。从职业角度来讲，像记者、广告设计人员、信息员、网站管理员、图书编辑等等都是该综合征的高发人群。

也有专家认为，像刘先生和王小姐这样的情况，不应该将其作为一种病态来对待，但是尽管如此，专家还是提醒，一定要注意对自身的关注。身体的任何不适都可能为自己带来健康损害，不容忽视。世界卫生组织曾经发表的一份专家报告中指出，目前就全球范围而言精神病已经成人类的第二杀手，仅次于癌症。而焦虑症或过度焦虑则属于精神病科的高发症。大家都会有类似的感觉：有一天你的心情好极了，而第二天你的心情却又糟糕透了。两者相比可以说一个是天堂的快乐，而一个是地狱的痛楚。其实引起这种截然不同情感的事件和客观理由都是次要的，我们也许并没有意识到，真正严重地影响我们情感的是我们人类自己的心情。

人类的心理疾病并没有随着医学与心理学的发展而得到缓解，相反的，科技与文明把人的心灵变得更为拥挤和孤独。所谓的知识焦虑症就是这个时代的产物。它本身属于一种焦虑症的异化形式。由于生活或工作环境的瞬息万变，使得许多人对未来无法确定，甚至充满恐惧。这就必然会造成心理上的紧张、急躁。严重的甚至可能会引起一系列的生理反应。如果不懂得恰时地放松和调节，就极有可能会给你的精神及生理造成伤害。

求知欲使人类渴望把更多非我的东西转变成自我的东西。这一方面符合人类进步的需要，但另一方面，现代社会非我的知识确实无限浩大。未知的知识就像黑暗对于一个无知的孩童，对未知的恐惧感使现代人承受着更多的心理压力，甚至造成不必要的心理障碍，严重者则导致心理疾患。所有这些，就像一个无形的杀手，时时侵蚀着人类的健康与生存。

一般来说，信息焦虑综合征的症状表现可分为三种类型：第一种是信息消化不良。患者在短时间内接收到大量信息，却来不及对之进行处理，时间一长，便会出现偏头痛、头昏脑胀、注意力分散等现象，比较严重的还可能会导致高血压、心律不齐、紧张性休克等；第二种是信息干扰。患者大脑中可能同时贮存着大量同类信息，对于各种信息接触过多，如果不善于分析和处理，就会变得思绪混乱，判断力下降，同时带来一系列情绪上的困扰，甚至是生理不适；第三种是信息恐惧。由于知识更新过快，患者不得不拼命学习新的知识。有些人就因此而顾虑重重，感到自己负担过重或担心跟不上时代的发展，最后出现惶恐不安、失眠健忘、食欲不振、心悸气短等症状。

值得庆幸的是，信息焦虑综合征或知识焦虑综合征本身并不可怕，也不用担心它会转变为某种精神疾病。只要患者能够正确意识到自己发病的原因，并进行有针对性的治疗，在很大程度上是能够有效缓解的。

心理诊所

处方一、一定要保证自己每天有足够的睡眠，一般应该保证有9小时或更多。每天睡前坚持锻炼15分钟，尽量过有规律的生活，可以适当减少不必要的娱乐活动。

处方二、提醒自己每天尽量减少接触各种信息量较大的媒体，阅读对象最好不要超过2种，尽量避免大量信息对自己的刺激。

处方三、给自己每天的工作制定一个计划，尽量减少意外情况的发生，并且尽量按照自己的计划行事。

处方四、注意自己饮食习惯方面的问题，去除不良习惯，增加各种绿色蔬菜的食用量，保证每天的饮水量，最好不少于3000毫升。应该彻底减少自己使用刺激性物质的机会，严禁饮酒。可以在医生指导下适当补充维生素C和营养神经的药物。

当患者对所谓的信息焦虑症有了一个清醒认识之后，患者就可以很容易地将之摆脱，重返正常生活。

烟瘾：可以不要健康，但不能不吸烟

苏先生刚过而立之年，却是一位老烟民了，有十多年的烟龄。他自称，从16岁开始就跟着周围的朋友们学抽烟，当时觉得抽烟的人看上去很有气质，于是就慢慢学会了，然后烟瘾越来越大。

步入社会后，他平均每天要抽掉两包烟，周末和朋友聚会时则更多。

虽然家人都不赞成他抽烟，但他依然我行我素。现在，他和妻子商量好，准备生一个孩子，但医生强烈建议他戒烟，苏先生为此深感苦恼。

吸烟是一种后天形成的不良嗜好，它对自己、他人和环境都有较大危害。全世界每年因吸烟导致死亡的人数达250万之多，可以说，烟是人类的第一杀手。

烟草的烟雾中至少含有3种有毒的化学物质：焦油、尼古丁和一氧化碳。焦油由多种物质混合而成，在肺中会浓缩成一种黏性物质；尼古丁是一种会使人成瘾的药物，由肺部吸收，主要是对神经系统发生作用；一氧化碳有降低红血球将氧输送到全身去的能力。有资料表明，一个每天吸15~20支香烟的人，其易患肺癌、口腔癌或喉癌致死的几率要比不吸烟的人大14倍；其易患食道癌致死的几率比不吸烟的人大4倍；死于膀胱癌和心脏病的几率要比不吸烟的人大2倍。吸烟是导致慢性支气管炎和肺气肿的主要原因，而慢性肺部疾病也增加了得肺炎及心脏病的危险。同时，吸烟也增加了患高血压病的危险。

被动吸烟又称"强迫吸烟"或"间接吸烟"，是指不愿吸烟的人被迫吸入别人吐出来的、夹有大量卷烟毒性物质的空气15分钟以上。被动吸烟者可能遭致与吸烟者同样的病症。

吸烟主要是外界环境的影响：一是好奇，二是模仿。香烟具有多种象征作用，历史上许多伟人都是大烟鬼，这些伟人形象与吸烟联系如此紧密，无形中便成了一种力量和自信的象征，吸引着许多青少年去模仿。此外，成人或同伴的影响，吸烟者那种潇洒自如、悠然自得的神态对青少年有极大的诱惑力，吸引着年轻人去模仿。此外，还有交际的需要，在中国吸烟已成为一种交际手段，敬烟往往是社交的序曲，能缩短人与人之间的心理距离。互相敬烟能沟通感情，产生心理上的接近，有利于问题的解决。许多人开始吸烟纯粹是因为社交上的应酬，但随着这种"礼尚往来"的增多，最终加入到吸烟者的行列。另外，消愁和提神也是烟瘾形成的原因之一。

心理诊所

处方一、消除紧张情绪

如果紧张的工作状况是您吸烟的主要起因，那么拿走您周围所有的吸烟用具，改变工作环境和工作程序。在工作场所放一些无糖口香糖、水果、果汁和矿泉水，多做几次短时间的休息，到室外运动运动，几分钟就行。

处方二、体重问题

戒烟后体重往往会明显增加，一般增加2～4千克。吸烟的人戒烟后会降低人体新陈代谢的基本速度，并且会吃更多的食物来替代吸烟，但可以通过增加身体的运动量来对付体重增加，因为增加运动量可以加速新陈代谢。另外，多喝水，使胃里不空着。

处方三、加强戒烟意识

一旦开始戒烟，人感觉总是不太舒服，要有这种意识，即戒烟几天后味觉和嗅觉就会好起来。

处方四、寻找替代办法

戒烟后的主要任务之一是在受到引诱的情况下找到不吸烟的替代办法。做一些技巧游戏，使两只手不闲着，通过刷牙使口腔里产生一种不想吸烟的味道，或者通过令人兴奋的谈话转移注意力。如果您喜欢每天早晨喝完咖啡后吸一支烟，那么您可以把每天早晨喝咖啡换成喝茶。

处方五、打赌

一些过去曾吸烟的人有过打赌戒烟的好经验，其效果之一是公开戒烟，并争取得到朋友和同事们的支持。

处方六、少参加聚会

刚开始戒烟时要避免受到烟的引诱。如果有朋友邀请你参加聚会，而参加聚会的人都吸烟，那么至少在戒烟初期应婉言拒绝参加此类聚会，直到自己觉得没有烟瘾为止。

处方七、游泳、踢球和洗蒸汽浴

经常运动会提高情绪，冲淡烟瘾，体育运动会使紧张不安的神经镇静下来，并且会消耗热量。

处方八、扔掉吸烟用具

烟灰缸，打火机和香烟都会对戒烟者产生刺激，应该把它们统统扔掉。

处方九、转移注意力

尤其是在戒烟初期，多花点儿钱从事一些会带来乐趣的活动，以便转移吸烟的注意力，晚上不要像通常那样在电视机前度过，可以去按摩、听唱片、上网冲浪，或与朋友通电话讨论股市行情等。

处方十、经受得住重新吸烟的考验

戒烟后又吸烟不等于戒烟失败，但要仔细分析重新吸烟的原因，避免以后重犯。

酒瘾：今朝有酒今朝醉

唐禹有十几年的饮酒历史，他每日要喝半斤白酒，后来增加到每天喝8两，并经常空腹饮酒，即便上班时也要喝两口，性格因此也发生了变化，生活变得懒散，很少与人交流。唐禹的颓废，使他的工作一落千丈，最终因为经常醉酒闹事而被单位开除。他的妻子也忍受不了他的颓废生活，无奈地离他而去。如今，唐禹一个人生活，每天至少花4个小时喝酒，他一身污垢，散发着淡淡的臭味，近1.8米的身高，体重却只有50千克。

据相关文献考证，我国早在古代夏禹时期开始酿酒，在人类三大嗜好——烟、酒、茶中，别看酒既不能充饥又不能解渴，特别是白酒也没有什么值得特别宣扬的营养价值，但古今中外都在喜庆的欢宴中少不了酒，所谓"无酒不成席""无酒不足庆"。

在现代社会生活中，美酒加咖啡更是一种时尚，特别是人逢喜庆更少不了三杯美酒敬亲人，作为礼仪交流的一种方式，酒文化的含义早已超越了它原本的内涵，但是这只能是在"适当"饮酒中才能展示其高雅和喜庆的风范。当然，适当少量饮酒还能健身。《本草备要》载："少饮则和血运气，壮神御寒，遣兴消愁，辟邪逐秽、暖内脏，行药势。"这说明喝酒有一定好处，但是一旦陷入嗜酒如命的酗酒成瘾状态则会使之完全变了性质。

首先，酗酒必伤肝。肝脏是人体最重要的解毒器官，也是合成胆汁、贮存肝糖元的脏器，过量饮酒引起脂肪肝必然导致消化吸收功能障碍和免疫功能下降，使肌体对各种疾病的抵抗能力降低；酗酒可损伤大脑，造成记忆力下降、智商和判断力明显减退；经常醉酒可导致血管痉挛、呼吸肌麻痹，还会将造成心肌脂肪化损伤心脏功能，诱发高血压、冠心病。另外，经常酗酒会损伤生殖功能。医学研究证实，大量的酒精对精子和胎儿都有致命"打击"和损伤，酒鬼的后代容易出现弱智子女和畸形后代。中国历史上著名文学家陶渊明曾以其名作《桃花源记》备受世人称颂，但由于一生嗜酒，连生五子非呆即傻，全是畸形弱智儿。

什么"交情深，一口吞，交情浅，舔一舔。""宁可伤身体，不能伤感情"之类的劝酒辞，其实对健康无益，劝人伤身体的这类酒友还有什么"感情"值得珍惜呢？

酒精是一种合法的可使人成瘾的物质，对人体中枢神经系统有较强的亲和力，一次大量饮酒后能明显地影响人的心理状态，长期大量饮酒则可形成对酒精的依赖，成为一个人人讨厌的"酒鬼""酒徒"或"酒君子"，成为酒精的俘虏，心甘情愿地听从酒精的摆布，堕入万劫不复的深渊而不能自拔。那么，什么是酒精依赖呢？

酒精依赖是由于饮酒所致对酒精产生渴求的一种心理状态，可连续性或周期性出现，以体验饮酒所带来的那种欣快的心理效应，有时也是为了避免不饮酒所带来的不舒服的感觉，这种渴求常常很强烈。一般认为，如果饮酒的时间和饮酒的数量达到了一定的程度，使饮酒者无法控制自己的行为，并且出现了躯体耐受或无法戒断的症状，我们就将这种症状称之为酒精依赖。

俗话说"老有老相，少有少相"，酒精依赖者也有其"赖相"。一般来说酒精依赖者具有以下特征：

1. 对酒的体验。酒精依赖的病人多数体验饮酒初期心情愉快，酒后喜欢交往，缓解紧张、焦虑和苦闷，恢复疲劳等心理快感。这样，渐渐形成每天不断饮酒，随着饮酒量的增加和饮酒时间的延长，饮酒者就慢慢被酒精所俘虏，陷入不停饮酒的泥潭。

2. 固定的饮酒模式。长期酒依赖者常常不分场合、时间，在很短的时间内饮下大量的酒，虽然多次宣称断酒而不能戒除。为了追求"喝酒的真正陶醉感"，病人连续几天饮酒，不吃，不喝，也不洗漱，与外界隔绝来往，一直到身体脱水不能再饮酒为止。

调查表明，我国酒依赖患者人数呈连年上升之势，酒精滥用问题的严重状况已到了不容忽视的程度，安全饮酒必须提倡。在心理方面，要想戒掉酗酒的"瘾"患，关键在于自己对酗酒的危害性有深刻的理解，树立"健康第一"的意识并采取坚强的自我克制措施。

心理诊所

处方一、正视自己的内心

大多数饮酒成瘾的人都同时有其他的心理问题。有句老话叫做"借酒消愁"。很多人把喝酒作为一种逃避现实的方法，所以要解决酒依赖的问题，必须重视心理健康。比如，有人喝酒是因为生活中遇到了挫折。而据调查，很多人都有社会适应不良、不会表达情感的情况存在。这就需要调整心态，学习应对技能，解决其不愿意去面对的心理问题。

处方二、培养自己的毅力

每当酒瘾的"浪花"向你袭来时，你要立即想到这是冲向你"健康防波堤"的恶浪，千万别动摇，只要坚持5～10分钟，成瘾性冲动便会逐渐减退。同时采取出去散散步或听一段音乐或找个朋友聊聊天转移一下注意力就过去了。

处方三、主动避开诱因

尽量少和原来的酒友见面，少去原来常喝酒的饭店就餐。还应提倡文明饮酒。北方一些地区的饮酒文化也应净化一下，那些非要让大家都喝醉了方显得自己好客的风俗，也该改一下，因为你和客人都应知道，劝酒如同催命。酒是助兴和交际的纽带，少量喝酒对健康人也有保健的作用，那么我们怎样喝酒才不为过呢？

精神科专家们对此给予了通俗的解释，即男性每天饮酒不得超过2瓶啤酒或1两白酒，女性每天不超过1瓶啤酒。此外，不论什么性别，每周至少应有两天滴酒不沾。

处方四、最好有家人和好友的支持

一旦饮酒成瘾，要想三天两日戒掉是很不容易的，这时候亲朋好友的鼓励和支持，对戒酒的积极配合至关重要。比如针对每天晚餐都要来个一醉方休的习惯，就坚持把酒杯收起来，吃过晚饭来点新鲜水果然后和家人一起去室外散散步、弹弹钢琴、看看电视，总之要把与酒有关的心思转移开，并且用另外一个内容取代之。

处方五、千万别给自己找借口

比如"把酒柜里现存的几瓶酒喝光后就不买啦""白酒不喝，啤酒、葡萄酒总可以喝吧""别的酒不喝，这瓶老战友送来的茅台总不能浪费了吧"……诸如此类想喝酒的借口有的是，一定要把住"进口"关，说不喝就不喝，不给"酒虫子"留下喘息的机会，只有这样才能立竿见影把酗酒恶习连根铲除。

网瘾：控制不住的网吧情结

作为SOHO中的一员，姜珊最开始的感觉是——这才是我理想中的生活方式，白领的收入、小资的自由。可渐渐地，一丝恐惧却逐渐爬上她的心头，从事广告设计的她渐渐感到江郎才尽了。她开始在网上搜索资料以获取创作的灵感，可这种行之有效的方法却也在不知不觉间将她带入了一条未知的道路。

也不知道从哪一天开始，姜珊忽然发现自己对于网络已经欲罢不能，不停地搜索信息成了她难以摆脱的习惯。"只要一有时间，我就会流连于网络。有时我自己都不知道要去搜索些什么，我仅仅是不停地搜索、搜索。我根本无法控制自己的双手，因为这样能让我觉得安全、觉得坦然，而一旦停下来，我想世界末日也就到了。我完了。"最后，这种搜索信息的癖好扩展成了对于所有信息的收集欲望，即使是在因工作而无法浏览网页时，搜索和下载软件也必须开着。她终于被淹没在了信息的海洋中……

"上网成瘾症"是一种过度使用互联网行为的心理疾病，它指在人的工作、生活中，对网络产生较强的依赖性而成瘾，在心理和生理的某种尝试行为中产生了愉悦反应，这种反应的多次重复，就形成了人对愉悦刺激的依赖。正如饮酒、抽烟、赌博、吸毒等等一般，离开它就无法正常生活，否则会有一系列强烈的生理心理反应，成瘾者往往感觉现实生活没有意义，只有在网瘾被满足的时候才有精神。

"上网成瘾症"的表现是多种多样的，一般症状主要有：

1. 上网时间长，而且控制不住时间。

2. 上网时精神极度亢奋并乐此不疲，而下网后则有烦躁不安、情绪波动等现象。

3. 上网的行为常常不能自制，宁可荒废学业或事业甚至抛弃家庭，也要与电脑为伴。

4. 工作和学习积极性较差，沉醉和崇尚虚幻的网络世界，对现实生活缺乏起码的热情。

5. 严重者有自虐行为，上网期间不吃不喝不睡，有的人因沉迷网上的不健康内容而导致疾病。

"互联网心理病"这项新兴研究的先导者金伯利·杨认为格林菲尔德的研究层面广泛，可证明"上网瘾"问题并非杞人忧天。

根据格林菲尔德的分析，网民"上网瘾"的原因包括"感觉亲密""没有时间限制"和"没有禁制"。格林菲尔德说："互联网的影响力与其他导致大家上瘾的力量截然不同，是我们从没处理过的。"

研究人员说，"上网瘾"最终会被细分为数个类别。他们相信这些细目有可能是环绕"性和人际关系""消费""赌博""股票买卖"及"纯粹个人迷恋上网"来分类。

如果有关症状和类型的描述只是让你觉得新奇，甚至你还跃跃欲试的话，下面这些曾发表在专业期刊上的研究结果可能会让你警惕起来。

首先，网络成瘾虽然不像真正的毒品那样会危及我们的生命，但长时间上网必然影响我们的健康，如视力下降、肩背肌肉劳损、睡眠剥夺以及免疫功能变弱。当然，更为严重的是网络成瘾给学习、工作和家庭生活带来灾难。

如果你是个学生，那么小心了，网络成瘾会使你的学习成绩下降。虽然互联网被广泛认为是一个重要的教育工具，加利福尼亚州的一项调查显示，86％的中小学教师认为，使用互联网并不能提高学生的学习成绩。另一项调查发现，宾夕法尼亚州某个大学里58％的大学生因为花费太多时间上网而影响了学习。得克萨斯州大学奥斯汀分校的心理学家更是发现，至少有14％的在校学生符合互联网成瘾症的标准。马里兰大学心理咨询中心的肯得尔医生在对本校学生进行了调查后，立刻组织了全校性的互助小组来帮助互联网成瘾的学生。

如果你是个公司职员，而你所在的公司已经联网，那么小心了，网络成瘾会危及你的工作效率。一项对全美前1000家大公司的调查显示，超过55％的管理人员认为，很多职员把上班时间用在与工作无关的网络活动上。纽约州一家公司暗中统计了本公司职员上班时间的网络活动，发现其中仅有23％是真正与工作相关的。由于上班时间在网上漫游而被辞退的职员更是不断增加。

如果你有一个温暖的家庭，而最近你丈夫对上网的兴趣越来越大，那么小心了，网络成瘾可能会使你成为"电脑寡妇"！匹兹堡大学心理学教授金波利·杨在过去3年中亲自访问了数百名网络成瘾患者，她发现一个患有网络成瘾的丈夫，每天和他心爱的计算机在一起的时间，远比和他亲爱的妻子在一起的要长。更糟糕的是，或许他已一"网"情深地爱上他的"英特恋人"，正准备带上他的电脑离你而去。怎么，你不信？那么你就去问美国的离婚律师吧，他们会告诉你，由网络恋情而引起的离婚案正不断增加。还有，你可能需要留神你那初中还没毕业的女儿，不久之前的新闻里，新泽西的一个15岁小女孩不告而别，横跨美洲大陆去寻找她的网上情人！

毋庸置疑的是，网络是人类科技进步的产物，也正在促进着人类社会的更大进步。所以我们一方面要防止上网成瘾，另一方面要建立正确的网络观，正确地使用网络。

专家们对于青少年上网，提出了以下建议：

1. 青少年要合理使用网络，多浏览一些有价值的内容。

2. 要明确这个阶段自己的任务，要对自己的人生有个规划和设计。

3. 要培养自己的责任心，承担对自己的责任，以及对朋友对亲人的责任。

4. 青少年朋友要善于发现生活中的美，享受父母亲的爱，不要总觉得自己父母没有别人的好、自己的生活不如别人，珍惜自己所拥有的一切。

5. 要增强心理防范意识，提高心理免疫力，上网前要先定目标，限定上网时间，做遵纪守法的好网民。

关于家长应该如何对待孩子上网的问题，专家们提出以下建议：

1. 疏胜于堵。要正确看待青少年成长过程中的心理变化，理解孩子的需求，意识到上网同样也是一个动手探索的学习过程。要讲清利弊，对健康与不健康的内容进行分辨指导，不要空洞地说教，注重亲子间的交流和沟通。

2. 家长要及时了解孩子上网的情况，并在时间上进行控制。

3. 家长应该懂一点网络基础知识。在孩子上网的同时，如果家长掌握了一些基本的网络知识，就可以为孩子安全上网发挥一些指导作用或采取一些保护措施，比如安装过滤程序或"防火墙"，可以屏蔽黄色网站；可以搜索查找孩子经常去的网站和聊天室；给孩子提供一些适合他们上的网站和聊天室等。如果家长掌握了一定的网络操作办法，还可以多和孩子一起利用网络查阅信息，一起交流分析，这样既可防止孩子躲开父母的视线上不良网站和聊天室，还可以在一起上网浏览、聊天、玩网络游戏的过程中增加情感，增加共同语言，增强自己的发言权。

专家们说，对于已经网络上瘾的孩子来说，最好的"药方"是父母、家庭的关怀。父母不要动辄就打骂孩子，不要流露出对孩子彻底失望的想法，要耐心地与孩子进行沟通，要让他们充分地感受到自己并没有被抛弃。孩子们为了爱他的家人，为了宝贵的亲情，也会选择与网络游戏划清界限的。此外，还要不断对这些孩子进行安抚，要努力发现他们各自的优点并沿着这一方向加以引导，培养他们的自信心，增强他们与人交往的能力，使他们逐步适应现实社会。同时，专家还呼吁社会多开展一些健康、有益的文体活动，让青少年旺盛的精力得到发泄。

心理诊所

处方一、不要把上网作为逃避现实生活问题或者排解消极情绪的工具

请注意：借网消愁愁更愁。理由之一是，当你N小时后下网的时候，问题仍然在那儿，"逃得过初一，逃不过十五"。理由之二，你的上网行为在你不知不觉中已经得到了强化，你看：上网——注意力从现实中转移——忘记生活烦恼，不需要几次，你就会如同巴普洛夫的狗记住铃声会带来食物一样，记住上网能带来忘忧。以后，你一听到调制解调器的声音就会兴奋不已。

处方二、上网之前先订目标

每次花两分钟时间想一想你要上网干什么，把具体要完成的任务列在纸上。不要认为这个两分钟是多余的，它可以为你省10个两分钟，甚至100个两分钟。

处方三、上网之前先限定时间

看一看你列在纸上的任务，用1分钟估计一下大概需要多长时间。假设你估计要用40分钟，那么把小闹钟定到20分钟，到时候看看你进展到哪里了。如果嫌用闹钟麻烦的话，可以在电脑中安装一个定时提醒的小软件，在上网的同时打开，这样就能有效控制你的上网时间了。

最后再次提醒你：当你在信息高速公路上自由驰骋的时候，你生命的一部分也许正渐渐消失在虚拟空间的某个黑洞之中。

洁癖：无处不在的肮脏细菌

小敏今年24岁，是一个很清爽的女孩，眉宇间略带忧郁。她的母亲年近60，神情憔悴。据母亲介绍，小敏从小就很爱干净，后来逐渐发展为洁癖。

一次，女友约她去玩，临时介绍了一位朋友认识，握手之后，小敏便忍不住使劲地搓刚刚被别人握过的手，一直搓得双手绯红才停止，这让对方尴尬不已。渐渐地，她与朋友疏远了，朋友们也无法理解她的行为，离她而去。

后来，小敏以学习为由独自搬到舅舅家的一套空房里居住。搬去以后，小敏把空房彻底地收拾一新。母亲担心女儿，时常去看望她。但是每次母亲一走，小敏一定要大做清洁，碗筷煮了又煮，厕所冲了又冲，沙发套也是拆下来重新洗过，就连门柄也是擦了又擦，一边收拾还一边考虑有没有地方没顾及到，做完屋内清洁，她自己也要彻底清洗，洗个澡，换洗一套衣服才能停止。

爱清洁，本是一种良好的品格，因此名人们有"清洁仅次于圣洁"之说。但是，爱清洁爱得太过分，就是一种心理疾患了。心理医生们将爱清洁爱得太过分称之为"洁癖"。小敏其实是患上了洁癖这种心理障碍，所以她的行为才变得这样古怪，以致不能得到别人的理解，最终导致失去了朋友，又不愿和母亲交流。

所谓"洁癖"，是指在卫生方面极其讲究，尤其最注意双手的卫生，每天要洗十几遍甚至几十遍，每次要打三四遍肥皂，每接触过一件东西，就得把手洗一次，不然就痛苦万分，什么事情都做不了。洗手时，先是使劲搓手，然后是手臂、胳膊肘，甚至肩膀，直至皮肤都变得绯红才肯放心。从外面一回家动不动就要大洗一番，自己的房间不让家人随便乱坐，也不欢迎朋友来访。患者不仅注意自己的手，还关注周围的其他人，例如别人去厕所后忘了洗手，或从外面回来没有洗手，又碰了什么文件和用具，那他就对这些文件和用具特别紧张，不敢接触。和别人握手也很紧张，回到家里也不放松。时间一长，就严重影响工作和生活。自己也是明知道没有必要，可就是控制不住自己的行为。

像这样有"洁癖"的人在我们日常生活中是很多见的，他们整天都活得特别紧张，其生活目标就是讲究卫生，整天关注的就是病菌，而无暇顾及别的，没有什么业余爱好。小敏就是一个比较典型的有"洁癖"的例子。

洁癖的发病原因与家庭、个体性格及生活经历有关。首先，洁癖可能是由生活经历，即出身和家庭环境而产生的怪癖，有些洁癖者的父母特别是母亲，往往就是一个洁癖者，他们对子女的洁净有一种超乎寻常的要求。如同上文中的小敏，在她小的时候，母亲对她十分严厉，一切与小敏相关的东西，不论是她的身体和衣服，还是她的床与桌子，只要有一点脏和乱，马上就会遭到爱净如命的母亲的一番没完没了的训斥，并非要勒令小敏马上收拾干净。天长日久，小敏对脏与乱产生了一种病态的恐惧。一旦看到哪个地方有点凌乱，她马上会联想到母亲那严厉的面孔和刻薄的语言，进而产生了心理上的紧张感。于是渐渐地，她不能容忍自己及其周围有那么一点点不干净的地方，哪怕那些不干净在别人眼里算不了什么。

其次，洁癖可能反映了一种自卑心理。有些洁癖者由于某种原因感到很自卑，因而他们很担心自己因不整洁而被人看不起。有一位从农村考上了大学的女孩小芬，她常常因物质生活水平没有城市同学高，见识没有城市同学那么广，以及说话口音没有城市同学那么纯正而感到低人一头。有一次同屋的一个城市的女同学讽刺乡下人身上有一种难闻的味道，她听后就老担心自己身上会产生别人难以接受的味道，所以从此以后，她老是反复地洗澡、洗衣服，最后竟发展成了洁癖。

最后，洁癖可能是一种代偿行为。所谓代偿行为，就是人在某种心理欲望得不到满足时，通过它来获得替代满足的一种方式。文芳找了个大老板结了婚，但婚后两人感情并不融洽。丈夫由于业务繁忙经常长期在外，常常让她一个人空守闺房。后来她又发现丈夫与别的女性还有不正当的关系，更让渴望真情挚爱的她心灰意冷。于是她整日地把时间花在反复地梳洗打扮上，一会儿照照镜子，一会儿又闻闻手，总觉得还不够洁净，于是又擦又洗。显然，文芳的洁癖背后隐藏着一种不能得到满足的心理欲求，她企图借外在洁净来增强自己的魅力，满足自己被爱的强烈心理需求。

由此可见，洁癖是当事者在其生活过程中，逐渐固定下来的行为模式。所以洁癖者要从上述分析中找出与自己有关的心理动因，对症下药而加以克服。此外，无论是何种原因导致的洁癖，当事人都应让自己明白，整洁干净自然是好，但凡事不能绝对。人的天性中应有一点对自由的宽容，这样才能保证自己心态与生活的稳定与正常。

　　中国历史上最著名的洁癖之士首推明初大画家倪云林。他爱洁成癖，连自己的文房四宝——笔、墨、纸、砚都有两个佣人专门负责整理，随时擦洗。院里的梧桐树，也要命人每日早晚挑水揩洗干净。一日，他的一个好朋友来访，夜宿家中。因怕朋友不干净，一夜之间，竟亲起视察三四次。忽听朋友咳嗽一声，于是担心得一宿未眠。及至天亮，便命佣人寻找朋友吐的痰在哪里。佣人找遍每个角落也没见痰的痕迹，又怕挨骂，只好找了一片树叶，稍微有点脏的痕迹，送到他面前，说就在这里。他斜睨了一眼，便厌恶地闭上眼睛，捂住鼻子，叫佣人送到三里外丢掉。

　　因他太爱干净，所以少近女色。但有一次，他忽然看中了一位姓赵的歌姬，于是带回别墅留宿。但又怕她不清洁，先叫她好好洗个澡，洗毕上床，用手从头摸到脚，边摸边闻，始终觉得哪里不干净，要她再洗，洗了再摸再闻，还不放心，又洗。洗来洗去，天已亮了，只好做罢。

　　此君堪称洁癖之登峰造极者。洁癖的做法好像是很卫生，但却让人感受不到幸福，只感到紧张和痛苦，觉得活得特别累，没有时间去享受生活。其实过分的洁癖会导致人免疫功能的减退，影响健康。人适度地接触病菌，反而会产生抵抗力。假如有两个人去一个有病菌的场所，一个是洁癖者，特别爱干净，一个不是洁癖，谁更容易感染病菌？是洁癖者。因为后者身上的一些病菌使他体内产生抗体，会和外来病菌进行战斗，而洁癖者没有任何防备，病菌可以长驱直入。进入成年以后，接触的社会面很广，如果还把自己弄得过分干净，反而容易生病。在心理咨询门诊，就有许多有洁癖的人同时还易患口腔溃疡、腹泻、感冒、咽炎等疾病，就是因为太爱干净的缘故。

心理诊所

处方一、系统脱敏法

　　请患者把自己害怕的东西和场景、经常做的事情，从轻度到重度写出来，然后每天从最容易的事情入手控制自己的行为，如逐渐地减少洗手的次数和时间。让患者学会控制自己的行为，教导患者改变思维方式，做事情先顾全重要的事情，一切慢慢来，一步一步地走。

处方二、认知疗法

认知疗法的主要说法：

1. 事实根据：生活在卫生条件不如城里的乡下孩子们身体更健康；适当地"脏"一下有助于提高免疫力；不经历风雨，哪里见彩虹，温室的花朵更经不起考验；人只要在这个世界上，就不可能与外界环境隔绝，致病的病原体是始终存在的，人的免疫机能阻止疾病发作；频繁洗手、更衣对预防疾病没有太大的用处，大多数病原体用肥皂是杀不死的；过于紧张和焦虑反而降低人的免疫力，容易惹病；其他病没得，但强迫症也是一种严重的心理疾病。

2. 洁癖所带来的危害超过益处。细菌是人类生活环境的必要组成部分，日常接触到的众多细菌对我们的生活与健康是有益的。如果不加选择地灭菌，就可能给那些抵抗力、适应性、侵袭力强的有害病菌开绿灯，破坏人体内及自然环境的微生物平衡，以致有害的超级细菌大量生存和繁殖。

处方三、满灌疗法

让患者坐于房间内，请其好友或亲属当助手。患者全身放松，轻闭双眼，然后让助手在患者手上涂各种液体，如清水、墨水、米汤、油、染料等。在涂抹时，患者应尽量放松，而助手则尽力用言语形容患者的手已很脏了。患者要尽量忍耐，直到不能忍耐时睁开眼睛看到底有多脏为止。助手在涂液体时应随机使用透明液体和不透明液体，随机使用清水和其他液体。这样，当患者一睁开眼时，会出现手并不脏，起码没有想象的那么脏，这对患者的思想是一个冲击，说明"脏"往往更多来自于自己的意念，与实际情况并不相符。当患者发现手确实很脏时，洗手的冲动会大大增强，这时候，治疗助手一定要禁止他洗手，这是治疗的关键。此时，患者会感到很痛苦，但要努力坚持住，助手在一旁应积极给予鼓励。

在这一关键时刻，助手的示范作用很大。助手可在自己手上也涂上液体，甚至更多更脏，并大声说出内心感受。由于二人有了相同的经历，在情感上就能得到沟通，对脏东西的认识也能逐渐靠拢。这时，患者要仔细体会焦虑的逐步消退感。

满灌疗法在刚开始时把人推向焦虑的顶峰，但随着练习次数的增加，焦虑会逐渐下降，强迫行为也会慢慢消退。

要对患者好的行为给予及时的表扬和奖励，以形成一种良好的心理暗示。如此进行，过不了多久，患者的洁癖自然就会慢慢消失，恢复正常生活。

相信像小敏这样接受高等教育，具有高学历的年轻人，在知晓自己的状况，对自己的心理障碍有了较为明白彻底的了解，对自己的状况有了正确的认知态度后，很快就会靠自己的努力从这种不良心理行为中恢复过来。

性洁癖：小心伤害到最爱的人

佟文是一个特别爱干净的女人，每次和丈夫同房之前都要求丈夫洗了又洗。另外，她还要在床上铺上一次性床单，这样才觉得干净。同房之后，她会立刻把床单扔掉，并且反反复复地冲洗自己的身体。她的做法引起了丈夫的强烈抗议，甚至影响了正常的夫妻感情。

性洁癖是指当事人对生殖器和性行为的卫生作过分的要求，在心理上无法控制地感到对方很脏，从而引起对异性的厌恶并影响了性生活的和谐或夫妻感情。当事人尽管在理智上也承认对方是干净的，但总是不由自主地在心理上觉得对方"脏"。性洁癖者有3种类型：肉体型、精神型和混合型。肉体型的患者认为对方生殖器乃至分泌物很脏，从而使自己处在迫不得已的厌恶心理状态下进行房事；精神型的患者，是内心厌恶异性但能表现出正常的性行为、性神态和性语言；混合型的患者是前两种类型的表现兼而有之。

性洁癖是一种异常性心理导致的异常行为，其具体表现是多种多样的。认为自己及伴侣的生殖器官、生理现象肮脏，甚至厌恶与性有关的一切行为和言语，只有频繁清洗才能去除厌恶感。具体来说有以下几种：

1. 自我肉体洁癖。即对自己的肉体，尤其对生殖器官、生理现象抱着不科学的态度去看待，觉得它们丑陋，或者觉得它们肮脏。

2. 对异性的肉体洁癖。常嫌配偶生殖器脏，不断要求对方洗净下身，戴上避孕套，甚至对对方的性行为乃至一言一笑都感到厌恶和不愿忍受。

3. 对异性的精神洁癖，非但厌恶性对象的唾液、分泌物，而且还反感表达爱情的动作、神态和语言。即厌恶异性实际上正常的性行为、性神态或性言语。

4. 行为洁癖。主观地把自己的性行为划分为好的和坏的、端庄的和放荡的，然后据此限定自己，即使和最亲爱的人在一起，也只做那些"好"的行为，厌恶并且也不可能做出那些"坏"的行为。

5. 以浪费水资源为特征的强迫行为。在性行为发生前强迫自己清洗、强迫对方清洗等等。

性洁癖是一种性心理障碍。男女都可能发生，但以女性多见。尤其是知识型女性。其产生有各种原因和社会背景，许多人认为性器官和性行为从本质上来说都是肮脏、可耻的。有些文化层次较高的女性，把性洁癖当成高尚情操来追求。男性性洁癖者，则受男尊女卑的影响，认为自己的性器官干净，女性的却很脏，这些都是我国长期以来受封建思想的影响，视性为禁区，性知识正面宣传不够的结果。

性洁癖者在性生活中的种种洁癖表现，会破坏性和谐。性洁癖不是卫生的问题，而是存在这种心理障碍的人，在观念上就认为自己或对方的生殖器或性行为其本质是脏的，往往在性生活时又抹不掉意识中"脏"的感觉。在不断的矛盾与痛苦中，不仅自己会出现性功能障碍，同时也会造成配偶的性无能。这样下去会严重影响性生活的质量，也可能因此而导致夫妻感情失谐或破裂。有的人即使对其性伴侣的性洁癖能容忍与迁就，久而久之也往往会出现压抑等心理。

性洁癖缘自于心理，它主要发生在那些从小受过心灵创伤或者是从小被过度保护的女性身上。其中原因是她们对性根本不够理解，或者只是一知半解，固执地认为性是一种很"脏"的东西，从而不敢让自己的身体去亲近它，到了不得不去接触它的时候，只能用"拼命"洗刷来解脱一切。

有的人对清不清洁特别关心，在生活中自定诸多清规戒律，于是洁癖生成。这种人在婚后，很自然地把日常生活中的洁癖带到性生活中来，也就形成了各式各样的性洁癖。有的人则原本无洁癖心理和行为，甚至可能在日常生活中显得有些邋遢，但因其对性生活缺乏正确认识，认为男女之间的性生活只是传宗接代之必须，把正常的性生活看成是最肮脏的、犯罪的行为，从而心生厌恶，故在性生活时会有洁癖表现。

心理诊所

处方一、正面宣传性生理和性心理知识

打破性禁锢的陈腐观，正确宣传性生理和性心理知识，纠正对性的错误看法。实际上，就性的本身而言它是十分纯洁的。男女之间要对自己的性器官有一个正确的认识。

处方二、认识到性洁癖的存在

一旦察觉自己在夫妻性生活时出现勉强、厌恶或事后懊悔时，不应光从夫妻感情方面找原因，而应考虑一下自己是否得了性洁癖。一般来说，厌恶感越强，性洁癖越重。当然要排除有疾病、外界干扰或当时情绪欠佳等其他因素。

处方三、自我探寻性洁癖的来源

注意分析幼年和青春期的经历，尤其是当时自己心理上有何反应，事后如何追忆、评价或总结。一些人已经想不起有关的经历与感受，那么不妨反过来考察一下对方或其他人的经历，总结一下别人为什么没有产生性洁癖。

处方四、自己主动积极地寻求心理上的脱敏

自我消除"一切都不干净"和"性事肮脏"的固有概念，极为重要。首先是观察并熟悉自己和对方的性器官。其次是着意体会它们的美妙功能，并经常在追忆中加深这种体会。然后是把这种体会与夫妻生活中最美好的东西联系起来。

处方五、用积极的性热情来取代性洁癖

调适自己的心理，并逐渐改变到能和常人一样过性生活，敢于去体验的话，其洁癖心理会逐渐获得矫治的。

处方六、采用一些具体的办法

例如深究性解剖学、对镜观察、自我描绘或叙述、夫妻共浴互洗、日常裸体相处等等。当然还必须使性生活真正成为一种情趣。

第六章

宅人为何不见人

——揭密社交心理障碍

人际关系敏感症：江湖都是险恶的

小刚是一名高中男生，心理非常脆弱，别人说两句难听的话或做一些有点过分的事时，他就受不了了。他敏感多疑，喜欢猜忌，总认为别人会说他的坏话。做事时，总爱看别人的脸色，唯恐会得罪人。他觉得别人都会欺侮他，肆意地践踏他的自尊。总之他觉得自己生活在不快乐之中，很苦恼也很困惑。

很明显，小刚是由于人际关系敏感而导致的人际关系敏感症。人际关系敏感症主要表现为不能正确处理个人和社会的相互关系，在人群中感到不自在，与人相处时有较强的戒备心、怀疑和嫉妒心理，在人际关系上存在着种种困惑，与身边人关系紧张。

患有人际关系敏感症的人一般都有点自卑、悲观，在人际关系中感到明显有所欠缺。人际关系敏感症的主要表现是：

1. 不能正确处理个人与社会的相互关系。

2. 在人群中感到不自在。

3. 与人相处时有着较强的戒备、怀疑和嫉妒心理。

4. 在人际关系上存在着种种困惑等。

一般来说，过于敏感的人容易对别人的话语和行为产生过多的猜疑，过多地在乎别人的眼光，然而，引来的却是过多的痛苦、内疚、难为情，也给自己添了不少恐惧。唯恐多说一句话，多行一步路惹怒了周围的人。

于是，有些敏感的人学会了隐藏自己的个性，以为只有这样才是最稳妥的。孰不知，一直活在别人的眼里，其实是最痛苦的，甚至让人呼吸困难。

心理诊所

处方一、认知疗法

认识到自己的心理问题，消除不合理的想法，从而消除症状。充实自己的内心，让内心得到成长，收回防御模式，消除人际敏感。

处方二、仔细思考

静静地想一想自己的选择以及应该排除的杂碎琐事，集中一下注意力，你会发现，无论如何自己总是可以选择的。在很多情况下，自己所做的事就是自己选择的结果。所以，仔细思考一下自己的生活方式，也许会发现自己的选择是正确的，这样想会提高你的快乐指数。

处方三、不为生活小事浪费时间和精力

在学习中追求完美主义是造成心情不爽的一个主要原因。可以不要让自己成为一个过分小心翼翼的人，也可以允许自己偶尔的失误，更应该允许旁人有偶尔的侵犯。

处方四、不发牢骚

为某个问题发牢骚并不能解决问题，只能导致更大的压力和别人的不快，换一种思路，也许会有新的出路。让自己从解决问题的角度而不是问题本身来进行思考，多想想解决问题的方法和途径，再想想如果换了一个你敬佩的人，他会怎样解决这个问题？

处方五、珍惜现在

专注于当前的时刻，把当前看成是一个神圣的时刻。无论现在做什么，都力求把它做好，这才是快乐的源泉。同时要注意防止一心只看重时间、目标和试图同时做很多事、学习很多科目，因为只关注时间、目标会使人陷入高速度、焦虑和紧张的状态。而试图同时做很多事、学很多科，则会导致你学习的肤浅、平庸和错误，这反而会使你丧失自尊而心情沮丧。

处方六、变消极为积极

生活中有两种力量：一种是积极的力量，另一种是消极的力量。我们的光阴有限而珍贵，所以，我们没有理由"缠绵"于消极情绪中而浪费时间，我们可以把态度消极的烦恼情绪锁定在一天中的某一个小小时间段里，然后，立即关闭消极和烦恼，让自己一天中的绝大多数时间都生活在快乐情绪中。

处方七、学会适应

如果你不喜欢某些人的行为而又无法回避，那就先试着学会与之共

处——一次即可。然后再站在对方的角度想想他为什么如此，你可能就学会了宽容与接纳对方。

处方八、憧憬快乐

假如你现在不快乐，那就想象一下快乐的感觉并相信它是真的，想一想，自己快乐时喜欢做什么，试着去做一做。做一个乐观主义者，期待最好的结果，这样会给别人带来很好的影响，并不知不觉地影响到自己。快乐并不一定是获得自己想要的东西，而是珍惜自己现在拥有的东西。

处方九、发挥长处

也许你比别人更擅长做一些事情或某些活动，那就在有机会的时候多表现自己的长处吧！可能的话，在众人面前，多说自己内行的话题，多做自己熟悉的工作，这样会感到心里有把握，而不会感到紧张和压力。

人际孤独症：我要我行我素

杜先生今年27岁，过着单身生活。他自称，从17岁开始大约到21岁这个阶段，他感到非常孤独。尤其是在雨天或晚上的时候，他一个人躺在房间里，强烈渴望有一个伴侣。几乎每个晚上他都会不由自主地哭泣。虽然他感觉很痛苦，却不愿让家里人觉察到，连哭泣都尽量做得无声无息。

他非常苦闷，总觉得与周围的人格格不入，他觉得许多人素质太差、低俗、自私……而周围的人也同样认为他清高、自负、好表现，而不愿搭理他，经常挖苦他。

杜先生很孤独，他不知道自己该随波逐流呢，还是继续保持独特的个性？他现在远离家乡，在外地城市里做着一份仅够养活自己的工作，没有爱人，也没有朋友，经常发愁，不知道自己的未来在哪里。

有些人常常觉得自己是茫茫大海上的一叶孤舟，性格孤僻、害怕交往、莫名其妙地封闭内心，或顾影自怜，或无病呻吟。他们不愿投入火热的生活，却又抱怨别人不理解自己，不接纳自己。心理学中把这种心理状态称为闭锁心理，而把因此而产生的一种感到与世隔绝、孤单寂寞的情绪体验称为孤独感。

我们内心的孤独从何而来？为什么有的人身处闹市却觉得已经被世界抛弃，而有的人固然孑然一身却生活得充实而富足？

孤独是由于自己与他人的空间距离或心理距离（后者的作用更重要，随着科学技术的发展，各种通讯手段的应用已经使空间无法成为阻碍人们交流的鸿沟了。）而感到交流困难，由此产生的心理障碍，严重者将最终导致抑郁症的发作。

每一个人都是一个独立的个体，都有属于自己的经历、体验和意识，当一个人过于沉浸在自己的意识中，渴望自己的内心被他人理解又发现很难与他人交流的时候，便产生了精神上的孤独。

孤独的人有不同的表现，有的人很自卑，对自己的主观评价过低，觉得别人都不愿意与自己交流，为了满足自己维护与保全自尊的主观愿望，他们自觉或者不自觉地将自己封闭起来，最终自陷孤独境地。

有的人恰恰相反，很自傲，对于自己的主观评价过于高了，认为身边的人都过于平庸而不配与自己交往，其结果只能是落得孤芳自赏、孤家寡人，陷入了孤独的境地。

还有一种人，他们对自己的评价就是"弱者"，他们认为自己是弱势的一方，于是在生活的各个方面都"自觉"地认为自己将是受呵护受照顾的，如果缺乏了主动的关心和照顾，他们脆弱和多愁善感的一面便展现了出来，觉得别人都没有理会自己，从而陷入了孤独。

孤僻会使人产生挫折感、狂躁感，令人心灰意冷，严重的还会引人厌世轻生。

孤僻心理的产生原因有以下几点：

1. 青年期的心理特点，使孤僻心理在青年人中比较多见。青年人正处在生命发展过程中的准成熟状态，世界观和人生观刚开始建立，他们自认为已经长大成人，常常委屈地感到自己不被理解，有一种莫名其妙的孤独感。

2. 缺乏事业心。一个有强烈事业心的人，一般不会产生孤僻心理。

3. 性格特点。内向型性格的人容易孤僻，因为他们的自我中心观念比较强，内心深处有比较强烈的抗拒感，往往对外界事物和周围人群表现得很淡漠，喜欢把自己封闭在一个狭小的天地里。

4. 幼年的创伤经历。父母离婚、父母的粗暴对待、伙伴欺负等不良刺激，使儿童过早地接受了烦恼、忧虑、焦虑不安的不良情绪体验，会使他们产生消极心境，进而变得畏畏缩缩、自卑冷漠、过分敏感、不相信任何人，最终形成孤僻的性格。

5. 交往挫折。有些人缺乏必要的社会交际能力，在人际交往中遭到拒绝或打击，自尊心受到伤害，便把自己封闭起来。越不与人接触，社会交往能力就自然越得不到锻炼，结果就越孤僻。

以下是一些孤独心理的预警级心理活动：

1. 即使在欢快的场合，也很难被现场的气氛感染，仍然认为自己很孤单。

2. 觉得大多数人很难沟通，认为别人都不理解自己。

3. 过于内向，有什么心事没有一个能倾诉的人。

4. 认为人们都各怀鬼胎，不值得信任。

5. 心里很希望别人来接近你，但是自己却不采取主动。

6. 觉得自己是个多余的人。

一般来说，人的天性是不能忍受长期的孤独的，但是，有的人自己将自己推至了孤独的境地。

还有一种孤独是有思想的人才能体会的，这种孤独是我们的文明带给我们的，一个人，当他的人性开始萌发、灵魂开始苏醒时便有了希望有人理解倾听的愿望。当人性发展得更丰满，心灵飞舞得更高远的时候，便转为希望一种心灵的默契了，但是，这样的默契实在是可遇而不可求，于是，孤独来到了。这类的孤独是人生的独特景致，可能导致人们深刻的思索、灵感的闪现、认识的飞跃，有思想的人们并不害怕孤独，而是在孤独的风中飞翔得更加高远，去认识人生丰硕壮美的另一片风景。

每个人在一生中都或多或少地体验到孤独感。有孤独感并不可怕，但是这种心理得不到恰当的疏导或解脱而发展成习惯，就会变得性情孤僻古怪，严重的甚至有可能会发展成孤独症。

心理诊所

处方一、战胜自卑

因为自认为跟别人不一样，所以就不敢跟别人接触，这是自卑心理造成的一种孤独状态。这就跟作茧自缚一样，要冲出这层包围着你的黑暗，你必须首先咬破自卑心理织成的茧。其实，大可不必为了自己跟别人不一样而忧思重重，人人都是既一样又不一样的。只要你自信一点，突破自织的"茧"，你就会发现跟别人交往并不是一件难事。

处方二、与外界交流

独自生活并不意味着与世隔绝。一个长年在山上工作的气象员说，他常常感到有必要把自己的思想告诉人家，可是他身边没有可以倾诉的人，所以他就用写信的方式满足自己的这一要求。当你感到孤独的时候，翻一翻你的通讯录，也许你可以给某位久未谋面的朋友写封信；或者给哪一位朋友挂一个电话，约他去看一场电影；或者请几位朋友来吃一顿饭，你亲自下厨，炒几个香喷喷的菜。这都别有一番情趣。

处方三、为别人做点什么

跟人们相处时感到的孤独，有时候会远远超过一个人独处时的孤独感。这是因为你跟周围的人格格不入。就跟你突然来到一个语言不通的国度一样，你无法跟周围的人进行必要的交流，你也无法融入那种热烈的气氛，你不由自主地觉得自己很孤单，而他们之中那种热烈的气氛更能衬托出你的被冷落。要打破这种尴尬的局面，唯有"忘我"，想一想你能够为人家做点什么，这很有好处。记住：温暖别人的火，也会温暖你自己。

处方四、享受自然，走入社会

一些习惯了孤独的人，懂得充分地享受孤独提供给他的闲暇时光。生活中有许许多多活动，都是充满了乐趣的，而孤独使你能够充分领略它们的美妙之处。这种福分，不是那些忙忙碌碌的人可以享受到的。许多有过痛苦经验的人都说，当他们遭到厄运的袭击而又不能够对人倾诉时，他们会不由自主地走到江边去，被清美的江风吹拂着，心情就会渐渐地变得开朗。有一个感情丰富的女孩子说，她常常跑到最热闹的街道上去，她觉得只要置身于川流不息的人流中，就会忘却自己的寂寞。

处方五、确立人生目标

也许因为人类早在原始社会就过惯了群居生活，所以现代社会才有了"孤独"这样一种病。人害怕自己跟他人不一样；害怕被别人排斥；害怕在不幸的时候孤立无援；害怕自己的思想得不到旁人的理解……总之是一种内心的恐慌，似乎人类的心灵越来越脆弱了。要想从根本上克服内心的脆弱，最好莫过于给自己确立一些目标并培养某种爱好。一个懂得自己活着是为了什么的人，是不会感到寂寞的。同样，一个有所爱、有所追求的人，也是不怕寂寞的。

自我封闭症：不想和人说话

王教授是一个大学老师，收入稳定、学历高、受人尊敬。他在执教的十几年生涯中都是兢兢业业，及时了解与学习他所教授的专业知识。讲课的讲义也是一年一换，很是得到学生的认可。但是王教授在学校却没有几个要好的同事，即使家里面儿子结婚，也没有几个同事来参加婚礼。主要是王教授平时忙于工作，很少与同事沟通。新去学校的老师，他基本上都不认识，大家背地里都说他就是只适合做学问。另一方面原因，王教授觉得与人过多的接触会带来很多麻烦，流言蜚语往往是在人的交往中产生的，所以他尽量避免与同事交流，尤其涉及到工作的时候。

自我封闭是指个人将自己与外界隔绝开来，很少或根本没有社交活动，除了必要的工作、学习、购物以外，大部分时间将自己关在家里，不与他人来往。自我封闭者都很孤独，没有朋友，甚至害怕社交活动。自我封闭的心理现象在各个年龄层次都可能产生。儿童有电视幽闭症；青少年有因羞涩引起的恐人症、社交恐惧心理；中年人有社交厌倦心理；老年人有因"空巢"（指子女成家）和配偶去世而引起的自我封闭心态。同时，在不同的历史年代都可能存在这一现象。

有封闭心态的人不愿与人沟通，很少与人讲话，不是无话可说，而是害怕或讨厌与人交谈。他们只愿意与自己交谈，如写日记、撰文咏诗，以表志向。自我封闭行为与生活挫折有关，有些人在生活、事业上遭到挫折与打击后，精神上受到压抑，对周围环境逐渐变得敏感，变得不可接受，于是出现回避社交的行为。

自我封闭心理实质上是一种心理防御机制。由于个人在生活及成长过程中常常可能遇到一些挫折，挫折引起个人的焦虑。有些人抗挫折的能力较差，使得焦虑越积越多，只能以自我封闭的方式来回避环境，降低挫折感。

自我封闭心理与人格发展的某些偏差有因果关系。就儿童来讲，如果父母管教太严，儿童便不能建立自信心，宁愿在家看电视，也不愿外出活动。就青少年来讲，同一性危机是产生自我封闭心理的重要原因。该危机是青年企图重新认识自己在社会中的地位和作用而产生的自我意识的混乱，即指青年人向各种社会角色学习技能与为人处世策略。如果他没有掌握这些技能与策略，就意味着他没有获得生活自信心以进入某种社会角色，他不认识自己是谁，该做些什么，如何与他人相处。于是，他就没有发展出与别人共同劳动和与他人亲近的能力，而退回到自己的小天地里，不与别人有密切的往来，这样就出现了孤单与孤立。就中年人来讲，如果一个人不能关心和爱护下一代，为下一代提供物质与精神财富（还应包括整个家庭成员），那他就是一个"自我关注"的人。这种人只关心自己，不与他人来往，或者自我评价低而懒于与人交往。就老年人来讲，丧偶丧子的打击，很易使人心灰意懒，精神恍惚，对生活失去信心，常常表现为十分恋家。

自闭的人往往有些孤独。生活中犯过一些"小错误"，由于道德观念太强烈，导致自责自贬，自己做错了事，就看不起自己，贬低自己，甚至辱骂、讨厌、摒弃自己，总觉得别人在责怪自己，于是深居简出，与世隔绝。有些人十分注重个人形象的好坏，总是觉得自己长得丑。这种自我暗示，使得他们非常在意别人的评价，甚至别人的目光，最后干脆拒绝与人来往。有些人由于幼年时期受到过多的保护或管制，他们内心比较脆弱，自信心也很不足，只要有人说点什么，就乱对号入座，心理紧张起来。他们最怕到公开场合去，在生人面前常显得束手无策，于是干脆躲在家中不出来。也有些人宁愿独身也不愿成家，大男不成家，大多是不愿意承担起建立家庭、养育子女的责任；大女不出嫁，是在期待出现理想中的"白马王子"。他们或者回避现实，或者期望过高，都将自己封闭起来。

心理诊所

处方一、学会关心别人

如果你期望被人关心和喜爱，你首先得关心别人和喜爱别人。关心别人，帮助别人克服了困难，不仅可以赢得别人的尊重和喜爱，而且，由于你的关心引起了别人的积极反应，也会给你带来满足感，并增强了你与人交往的自信心。

除了关心别人以外，有了困难你要学会向别人求助，因为别人帮助你克服了困难，你的心理当然就会从紧张转为轻松，这不仅使你懂得了与人交往的重要性，而且由于你的诚挚的致谢，别人也会感到愉快，这就实现了人际之间的情感交流。

处方二、学会正确评价自己

古语说："人贵有自知之明。"在人际交往中，你对自己的认识越正确，你的行为就越自然，表现也越得体，结果也就越能获得别人肯定的评价，这种评价对于帮助你克服自卑和自傲两种不利于合群的心理障碍是十分有利的。

此外，"知人之明"对于合群也是非常重要的。社会心理学的研究指出，人在评价别人时难免带有主观印象，结果常常因此而"失真"。比如，人们常常根据对方的一些个人资料（如籍贯、职业等）来推断此人的性格，如认为会计总是斤斤计较、小气万分的。这种错误的人际知觉，当然使你难于与人和睦相处。因此，只要你能认识到这些人际知觉中的偏见并不为之所囿，你就能合群了。

处方三、学会一些交际技能

如果你在与人交往时总是失败，则由此而引起的消极情绪当然会影响你的合群性格。如果你能多学习一点交往的艺术，自当有助于交往的成功。例如，多掌握几种文体活动技能，如跳舞、打球之类，你会发现自己在许多场合都会成为受别人欢迎的人。

处方四、保持人格的完整性

庄子说："水至清则无鱼，人至察则无徒。"与人相处时，当然不应苛求别人，而应当采取随和的态度，但那是有限度的。因为随和不是放弃原则，迁就亦非予取予求。如果那样，根本就不会得到别人的信任和尊重，自然无从使自己合群了。

保持人格完整的最好办法，是在平素的接人待物中，把自己的处事原则和态度明白地表现出来，让别人知道你是怎样一个人。这样，别人就会知道你的作风，而不会勉为其难地要你做你不愿做的事，而你也不会因经常需要拒绝别人的要求而影响彼此间的人际关系了。

处方五、学会和别人交换意见

合群性格的形成有赖于良好的人际关系，而良好的人际关系肇始于相互的了解，人与人之间的相互了解又要靠彼此在思想上和态度上的沟通。因此，经常找机会与别人谈谈话、聊聊天，讨论某些问题，交换一些意见是十分必要的。

友情是在相互的施与爱之中生长的。孟子说得好："爱人者人恒爱之。"你如果能主动伸出善意的手，它马上就会被无数友情的手握住的。

社交恐惧症：走进人群就慌张

小王今年35岁，身材高大，平时西装革履，是一个十分潇洒的年轻人。小王是一位工程师，大学毕业后就一直活跃在建筑工地上。5年前他开始承包一些大型建筑工程，事业蒸蒸日上。可是3年前，在一次同学聚会后，小王开始变得容易紧张，怕见陌生人，而且在公众场合会害羞，不敢与他人交往，尤其是参加工程洽谈时更是如此。因为说话时面部表情不自然，常感到脸红、心跳加快、表达困难，所以不敢与客户对视，这直接导致很多工程项目的丢失。在表面上小王还能支撑着，努力不让别人察觉，但是他内心的紧张、焦虑令自己万分痛苦。后来每遇到这样的场合他就想回避，但大多数情况下又回避不了。因此小王担心是自己的身体出了什么问题。

小王的情况属于典型的社交焦虑症。所谓的社交焦虑症是近几年来在世界范围内研究较多的一种心理疾病。这个名称是由美国心理学家最早提出的，目前在世界各国精神疾病的诊断标准中，它已经作为一个独立的疾病单元而存在。小王在日常生活中都戴着墨镜，为的是掩饰自己的紧张。他也做了大量的身体检查，并做了相应的化验，包括心电图、脑电图等等，却没有发现任何疾病。直到小王专门做了心理学的焦虑、抑郁等量表测试，根据测试的结果，专家告诉他，他患了"社交焦虑症"，而且症状比较典型。

社交焦虑症本身是一种常见的、能力受损的精神卫生问题，过分害怕别人的凝视是该症一个明显的特征。只要身在社交或公共场合中，患者就出现紧张、焦虑等症状，严重时可出现惊恐发作，并可能会有伴随的躯体症状发生，比如颤抖、脸红、出汗、心悸、呼吸困难、腹痛等。一般来说，患者会不自觉地回避绝大部分的社交活动，并因此而导致自己社交功能减退或者职业功能受损，并继发情绪低落。

一般情况下，大多数人或多或少地对跟陌生人接触有些害怕。但是，社交恐惧症患者，不是简单地害怕接触陌生人，他们总是处于一种焦虑状态。他们害怕自己在别人面前出洋相，害怕被别人观察。所以，与陌生人交往，甚至在公共场所出现，对他们来说都是一件极其恐惧的任务。

社交恐惧症主要可以分成两类：

第一种是一般社交恐惧症。如果有人患了一般社交恐惧症，在任何地方、任何情境中，他都会害怕自己成为别人注意的焦点。可能会感觉到周围每个人都在注视自己，都在观察自己的每个动作。患者害怕被介绍给陌生人，甚至害怕在公共场所进餐、喝饮料，所以患者会尽可能回避去商场，也尽可能回避进餐馆。

第二种是特殊社交恐惧症。如果有人患了特殊社交恐惧症，他就会对某些特殊的情境或场合特别恐惧。比如，害怕当众发言，当众表演等。但是在一些不同的社交场合，却并不感到紧张或焦虑。像推销员、演员、教师、音乐演奏家等等这样的群体，经常会患有特殊社交恐惧症。他们在与别人的一般交往中，并没有什么异常，可是当他们需要上台表演或者当众演讲时，他们会感到极度的恐惧，常常变得结结巴巴，甚至愣在当场。

社交恐惧症患者总是担心自己会在别人面前出丑，在参加任何社会聚会之前，他们都会感到极度的焦虑。他们会想象自己如何在别人面前出丑。当他们真的和别人在一起的时候，他们会感到更加不自然，甚至说不出一句话。当聚会结束以后，他们会一遍一遍地在脑子里重温刚才的情景，回顾自己是如何处理每一个细节的，自己应该怎么做才正确。

这两类社交恐惧症都有类似的生理症状，比如口干、出汗、心跳剧烈、有腹痛的感觉等。周围的人也可能会看到一些表现，像脸红、口吃、轻微发抖等。有时候，患者还会发现自己呼吸急促，手脚冰凉。最糟糕的情况是，患者会进入惊恐状态。所以，社交恐惧症是令人非常痛苦、严重影响患者生活工作的一种心理障碍。许多一般人能够轻而易举办到的事，社交恐惧症患者却望而生畏。患者会认为自己是个乏味的人，并认为别人也会那样想。于是患者就变得过于敏感，更不愿意打搅别人。而这样做，会使得患者感到更加焦虑和抑郁，从而使得社交恐惧的症状进一步恶化。

许多患者被动地改变他们的生活，来适应自己的症状。他们（和他们的家人）因此不得不错过许多有意义的活动。他们不能去逛商场买东西，不能建立正常的夫妻关系，不敢带孩子去公园玩，甚至为了避免和人打交道，他们不得不放弃一些很好的工作机会。就像小王这样，因此丢失了很多的工程承包工作。

心理诊所

处方一、暴露疗法

怕什么去做什么，躲什么去迎什么。一位怕到闹市去的青年，医生给他做了硬性安排，让他每天卖100份当天的《晚报》，开始他不敢在街头抬头叫喊，就写了一张大字报"谁买《晚报》，伍角一份"，结果第1天仅卖了10份，第2天有所好转，第5天就全部卖光，第10天他竟在一晚上走街串巷地卖了200份报纸，他感到特别兴奋。但这种暴露疗法不是对每个社交恐惧症患者都能成功的。因为有些人根本面对不了，坚持不了多久就半途而废，不久又习惯地进入恐惧之中，最后还是采取回避策略。

处方二、做一些克服羞怯的运动

将两脚平稳地站立，然后轻轻地把脚跟提起，坚持几秒钟后放下，每次反复做30下，每天这样做两三次，可以消除心神不定的感觉。

处方三、准备应急措施

与别人在一起时，不论是正式与非正式的聚会，开始时不妨手里握住一样东西，比如一本书、一块手帕或其他小东西。握着这些东西，对于害羞的人来说，会感到舒服而且会感到有一种安全感。

处方四、学会毫无畏惧地看着别人，并且是专心的

当然，对于一位害羞的人，开始这样做比较困难，但你非学不可。试想，你若老是回避别人的视线，老盯着一件家具或远处的墙角，不是显得很幼稚吗？难道你和对方不是处在一个同等的地位吗？为什么不拿出点儿勇气来，大胆而自信地看着别人呢？

处方五、充实自我

有时你的羞怯不完全是由于过分紧张，而是由于你的知识领域过于狭窄，或对当前发生的事情知道得太少的缘故。假若你能经常读些书籍、报刊杂志，开拓自己的视野，丰富自己的阅历，你就会发现，在社交场合你可以毫无困难地表达你的意见。这将会有力地帮助你树立自信，克服羞怯。

第七章

左手职场达人，右手工作狂人

——揭密职场心理失衡现象

就业焦虑症：毕业了，还一无所有

小张今年24岁，刚刚大学毕业。在舍友们都纷纷出去找工作的时候，小张却一反常态，在宿舍里闭门不出。以前，小张也经常到各地的人才市场走走看看，希望找到一个理想的工作。但是临近毕业了，小张反而不敢出去了。对此，小张的同学们都觉得不可思议，他们都普遍认为小张平时非常活跃，对校内的各种活动都很热衷，在毕业前一年左右，小张就到全国各地的大型人才市场参观过，现今却表现如此，令人感到非常不可思议。小张自己也因为临近毕业而不敢出去，怕自己毕业后会像人们常说的毕业就是失业一样。为此，小张出现了彻夜失眠的现象，而且白天也表现得无精打采。原来十分活跃的小张变得忧郁起来。

小张身上出现的这种现象在社会上很常见。心理学家称之为"就业焦虑症"。据有关部门的统计，全国大约有53.2％的就业者存在轻度或者中度就业焦虑症。

所谓的"就业焦虑症"是指，由于在就业时的一系列不适造成的一种焦虑或担忧的情绪，这种状况可能会伴随出现若干身体症状。这些情绪和症状的存在令人感到长时间的压抑或严重干扰了他们正常的工作或生活。这种焦虑感不同于一般的害怕情绪，而是一种情绪障碍，它使人陷于一种预感将有什么不祥事件发生的模糊而不安的状态当中。一个人正常的害怕情绪是有特定的存在对象和具体原因的，但一个人的焦虑感却往往说不出焦虑的对象和原因。

焦虑作为一种强烈的情绪反应，会引起一系列作为应激反应的生理变化。这种极度的焦虑状态会逐渐使人的理智活动产生障碍，表现出种种非理性行为，从而形成一种心理疾病。简而言之，如果你由于担心、害怕、紧张而引起的反应对你的伤害超过了对你的帮助，你就要考虑一下自己是不是患上了焦虑综合征。区分正常的焦虑和焦虑症，除了以上的几点以外，还要注意的是，引起焦虑的原因是否明确，焦虑程度与现实生存环境的严峻程度是否相符合。当然，我们还要防止将一些生理疾病的症状作为焦虑的症状。这些主要涉及像心跳加速、晕眩、胸口不适等症状。所以，在确定是否患上了焦虑症之前，一般需要通过医疗检查排除罹患疾病的可能。至于焦虑综合症发生的准确原因，目前心理学界还没有定论。但临床统计表明，家庭遗传因素、童年生活不幸和当前环境压力是焦虑综合征的三大主要诱因。像小张这样的状况，因为已经严重影响了他的日常生活，而且还对其性格造成了一些比较大的影响，所以可以认为他患上了就业焦虑症。

心理诊所

处方一、调整自己的就业期望值

作为刚刚大学毕业的学生，在择业时期望谋求到理想职业，这是可以理解的。但要使期望变为现实，必须认清形势，正确确定自己的就业期望值。当前，无论是国家还是学校，把毕业生推向市场已成为不争的事实。下岗分流人员不断增加，大学急剧扩招，使就业形势异常严峻。大学生在择业时，要认真考虑所学的专业和方向，了解社会对该专业的需求情况，要根据自己的职业兴趣、专业特长、实际能力、性格气质等一系列条件状况来确定自己的职业期望值。在择业时首先考虑自己的专长，选择社会所需，以实现职业理想。

处方二、树立正确的择业观

择业观是大学生人生价值观的重要成分，它与大学生的世界观、道德意识及心理认知水平相互影响、相互制约，大学生择业过程中出现的急功近利、求闲怕苦、虚荣攀比等心理误区，在一定程度上影响了他们的职业发展，错误的择业观约束了大学生认知水平的提高。学校也要在大学生中加强择业观和思想教育，引导学生正确处理国家、集体和个人发展之间的关系，把个人职业发展与社会需求有机结合起来，树立自尊、自强、自立、自爱意识，发扬艰苦创业精神。通过正确的择业观指导，促进大学生全面素质的提高。

处方三、通过一些必要的心理矫正方法来疏导自己的压抑和紧张心理

焦虑的情绪困扰并不一定由诱发事件直接引起，常常是由经历者对事件的非理性解释和评价引起。如果能改变非理性观念，调整对诱发事件的认识和评价，领悟到理性的观念，情绪困扰就可以消除了。例如有的学生在择业过程中受到挫折便消沉苦闷、怨天尤人，其原因在于他原本认为"择业应当是顺利和理想的"，正是因为这样的心理定势，才导致他们在遇到挫折时的情绪偏差，如果能够将这些想法加以纠正，不良情绪就会在相应程度上得到了克服。大学生在择业中处于消极情绪状态时，要善于从中分析、抽取非理性的观念，综合、概括出理性的看法，并对比两种观念下个人的内心感受，使自己走出非理性的误区。

处方四、适当宣泄自己的不良情绪

大学生择业过程中处于焦虑、抑郁等消极情绪状态时，不能一味地把不良情绪藏在心底，而应进行适当的宣泄。比较好的办法是向知心朋友、老师倾诉，把心中的不快说出来，甚至可以大哭一场，使紧张的情绪得以缓解或消除。另外，也可以通过参加一些大运动量的户外活动，如打球、爬山等，宣泄不良情绪。当然在宣泄情绪时也要注意场合，宣泄要适度，注意不要侵害了别人的正当权益。在宣泄自己情绪的同时，还可以适当采取自我慰藉的方法。毕业生择业中遇到困难和挫折，在经过最大努力仍无法改变状况时，要说服自己，适当让步，将不成功归因于客观条件和客观现实，同时要勇于承认并接受现实。这样，就能缓解因心理矛盾而引起的悲观失望等不良情绪，重新找回自信，树立继续努力的信心。适当的自我慰藉并不是消极的逃避，而是在自己的能力实在不能够胜任一些特别困难的工作或者状况时采取的一种积极的自我保护方法。在适当自我慰藉的时候，大可不必担心会有人对自己不理解，一切以恢复自己的正常情绪为目标。在自己情绪好转以后，继续进行自己的求职活动，最终一定找到自己的理想工作。

处方五、做到经常自我激励

毕业生在择业面试中常常出现胆怯、信心不足等现象，可以通过积极的自我暗示、自我激励等方式进行调节，增强自信心。例如，运用内部语言或书面语言来调节情绪，在心里默念"我会发挥得很好""我一定能成功"等语句，或者写在纸上，或者找个空旷的地方大声喊出来。这些方式对走出自卑、消除怯懦有一定的作用。

总之，在面对就业压力时，一定要有一个良好的心态。在良好的心态下进行自己的求职工作，以平常心正确面对社会的现实状况。

正确认识到社会的就业压力，适当调整自己的就业期望值，同时适当调解自己的心理状态，培养一个良好的情绪，才能够在众多的求职者中脱颖而出，成就自己的理想。针对有小张这样的状况的学生，一方面要由专门组织心理辅导小组对他们进行心理辅导。大学生们自己也要对此有一个清醒的认识，在学校的帮助下，找到自己的理想工作，实现自己的人生目标。

假期综合征：放飞的心难以收回来

七天长假，对于一些平时在高度紧张状态下工作的人群而言，未必是件舒心的事。尤其是外企、私企的白领工作者，突然闲下来无事可做，反而容易出现抑郁、失落、焦躁不安等不良情绪反应。而七天长假闲惯了，上班反而也不适应。有些人在假期中暂时告别繁忙的工作，身心充分放松，然而假期过完，上班后却显得烦躁不安，无心工作，甚至失眠、胃口不佳；有些人外出旅游时，会出现失眠、胸闷、精神紧张等症状；有些人会因长时间乘坐飞机、火车、轮船而突然产生严重的精神障碍。江小姐无疑就是对此深有感触者之一。她在十一长假刚开始的两天里，显得憔悴、焦虑、无精打采。在朋友的拉拢下出去旅游了4天，旅游回来后，开始工作了，她却又对工作显得没有精神。

长假一结束，上班族纷纷回到单位，重新投入工作中。可不少人此时却感到精神萎靡不振、面黄肌瘦、心情烦躁、精力不集中、睡不好、吃不香，没有上班的激情，并伴有头疼、疲劳、瞌睡等种种不适，但身体并没有器质性病变。专家称，这就是常困扰上班族的"假期综合征"。还有的人在长假尚未结束时，想到又要回到繁杂的工作中，就感到头疼、心烦乃至恐惧，这也是一种"假期综合征"。

职业人士的假期综合征，由于上班族在长假期间，打乱了正常的作息时间，破坏了饮食规律，人体各器官都超负荷运转，引起心理、生理功能紊乱。患上这种病会感觉浑身乏力、嗜睡、精力不集中、厌食、恐惧、孤独和出现头晕、口干舌燥、烦躁、腹痛腹泻等症状。

假期综合征最容易出现的症状有：疲惫、神经性厌食、工作恐慌症、孤独综合征和旅游遐想症。具体来说主要包括以下几种：

1. 身心疲劳症。患者会出现抑郁、记忆力减退、失眠、倦怠、精神萎缩、头痛、腰痛、胃部不适、食欲减退等一系列症状。

2. 假日消化不良症。身体摄入过多的高脂肪或热量高的食物，加重了肠胃的负担，引起消化不良。表现：肠胃不适，并伴有厌食倾向。

3. 上班恐慌症。与平时的快节奏生活相比，节日期间一旦彻底放松，生活规律就被打破，于是造成心理和生理的种种不适。表现：身心俱疲、精神涣散。

4. 孤独综合征。无法同最亲近的人共度假日，孤独感随着假日的临近而加剧，看到周围的人都欢聚一堂时，情形会变得更糟。另一种情况是不希望与亲朋好友在一起，只想一个人待在家里，对于亲朋好友的来访感到烦闷。

5. 旅游后遗症。旅途劳顿和饮食不规律，打破了身体的酸碱平衡，外加环境改变、水土不服，人体的免疫力降低是导致以上症状的病因所在。表现为感冒发烧、角膜发炎、牙痛、口腔溃疡。

尽管在我们的想象中，假日，尤其是"五一""十一"这一类的长假应该是一年中最为快乐和休闲的时光，人们可以借此同家人和朋友团聚，调整一下长时间的紧张神经和心情，但事实上，仍然有相当一部分人在假日，尤其是在长假里会感到忧郁、沮丧和孤独，他们甚至在假期结束之后的一段时间内仍为这类情感所控制。

造成假日忧郁的因素有很多，日常工作和生活中的压力和疲劳，不切实际的期望，社交活动过多，无法和最亲的人团聚等都是其中的原因。专家建议，如果你经常遭遇或现在正处于假日带给你的消极情绪当中，不妨从下面几个方面进行调整，相信它们不仅能帮你走出目前的情绪低谷，而且还能让你在下一次假日到来之前就能早早地预防假日忧郁。

心理诊所

处方一、心理上的原因

没有或无法同最亲近的人共度假日所带来的孤独感最容易让人在假日里感到伤感，当你看到周围的人都欢聚一堂时，情形就会变得更糟。另一种情况则正好相反，即家庭成员之间愿望上的冲突使你对假日失望，比如说，你希望和朋友外出旅游，而你的父母却坚持要你守在他们身边，你只好在百般无奈的情况下看着一年中难得的假日白白溜走。

对此类情况，专家建议：首先要承认并发泄自己的消极感受。如果你最近刚刚失恋或家庭成员中刚刚失去了一位亲人，假日里怀旧和悲观的情绪就会比往常更强烈。你应该对此有足够的心理准备，不要压抑自己的这类感受。如果你想哭，你就痛痛快快地哭出来，如果你想独自去酒吧，那就独自去好了。不要害怕在大家都欢笑的日子里你痛哭会显得很不合时宜，或在别人都成双成对的地方你孤身一人会显得有些异类，压抑自己的某种情感只会让这类情感持续的时间更长，正确的办法是释放自己的压抑情绪。其次，不要对假日期望过高。再隆重的假日也是生活中的一天或几天，这也就是说，你在平常日子里能碰上的不顺心，能遇到的不如意，在假日里同样也会遇到。将假日看得"非同一般"是很多人在假日里感到失望和不如意的主要原因。学会降低自己对假日的期望，比如，不要指望家里的所有成员都有着和你一样的假日计划，不要盲目地认为在你想聚会的时候朋友们都恰好有时间，更不要幻想假日里将只有美酒佳肴、欢声笑语，电视电影里那些完美无缺的度假方式对绝大多数人来说都是不现实的。

处方二、经济上的原因

假日会给所有的人带来额外的经济负担。外出旅游、互赠礼品、聚会聚餐、购物热潮……没有哪一样不会让人们花比平常多得多的钱。假日当中的入不敷出和假日之后的捉襟见肘也是令许多人感到烦恼和沮丧的原因之一。

针对此类情况，专家建议：首先，最好在假日之前就做好预算，请记住，量入为出永远是快乐的根本所在。为了防止你在假日里一改平日的节制，几天尽情享乐之后便陷入钱的烦恼中，你应该在假日之前对各项支出做出大致的预算。为了让假日过得与平日不同，你可以留出一定的"休闲资金"，但预算一旦制定，假日里就应该尽可能地照章执行。其次，假日之后学会释然。如果你已经在假日里花出了大量的钱，假日之后就不要再为之后悔不已了。假日之后你要应付的烦恼还会有很多，不要让自己在好不容易轻松几天之后又轻易地陷入金钱烦恼当中。

处方三、生理上的原因

长时间逛街购物、频繁参加社交聚会和作息不规律造成的疲劳，会让你在假日后的数天内感到情绪低落、精力不济。假日里烟酒无度、暴饮暴食造成的肠胃和体重负担也会让你对紧张的工作一时间难以重新胜任。这两方面的原因都会加重你的假日忧郁。

对于此类情况，专家建议：首先，假日里坚持健康的生活习惯。如果你正在实施节食或减肥计划，如果你平常坚持每天活动一刻钟，在假日里就一定不要放弃这些良好的习惯。在假日里打破这些习惯之后不仅恢复起来不容易，而且某种秩序被破坏之后的"混乱感"也会让你在毫无意识的情况下加重烦闷情绪。其次，要保证自己有充足的睡眠。最好是假日里每天都能保证足够但不是过剩的睡眠。即使做不到这点，你也应该在假日结束前的一两天内恢复充足的睡眠，这对你的心情会大有好处。

总之，每个人都应该及时调整自己在节假日的心态，度过一个舒心的假日，暂时忘掉工作上的烦心事。

上班恐惧症：一想到上班就焦虑

姚某，女，26岁，某地娱乐圈知名人士，风情万种，妖娆多姿。无奈，刚到新单位不久周遭就狼烟四起，不但在同性中频频树敌，在异性中也因为不断卷入办公室多角恋情而屡遭排挤。随着姚某心中的怨愤与日俱增，她的处境也日趋艰难。她到处抱怨"枪打出头鸟""别人干吗都行，可是我只要有一个风吹草动就马上闹得周遭乌烟瘴气、满城风雨"，并把这种消极的情绪带到工作中来，表现得更加孤傲、不屑、不信任和尖酸刻薄，最后彻底掉进了恶性循环的漩涡不可自拔。她曾经两次度假，企图调整心态，无奈只要一回到单位，她立马又回到了那个"可怕的状态"。最近她感到自己已经接近"崩溃"的边缘。

随着现代社会竞争压力的增大，总有人在休假后上班的第一天觉得哪里不对劲，工作仍然是那份工作，却觉得哪里都不对劲，看着一个个假期积攒下来的工作，心情似乎特别烦躁。身体上也跟着闹起了别扭，瞌睡连连，永远也睡不醒。如果偶尔的对上班产生恐惧的心理，是正常的。但长期的一提到"上班"就充满了恐惧，甚至严重影响了工作和生活，那么你必须考虑是否患了"上班恐惧症"。

上班恐惧症也称为"星期一恐惧症"，是对上班或工作情境感到畏惧，而且越临近上班时间，这种畏惧情绪越强烈，心理紧张程度越高，忧虑越多。上班时会出现焦虑、恐惧的情绪，并伴有头痛腹痛、食欲不佳、全身无力等症状，不能马上进入正常的工作状态，许多人在心理上会本能地对工作产生恐惧和焦虑情绪。

"上班恐惧症"的表现概括有两点：一是上班前不想上班，焦虑；二是一上班就萎靡不振、烦躁。具体来说分以下几种情况：

1. 工作反差适应症。上班前一天不想上班，焦虑不安、拖拉、不想上班、心情沮丧。到岗第一天表现得萎靡不振，不爱说话。还会有疲劳、头痛、注意力不集中等现象出现。

2. 人际关系恐慌症。心情烦躁、焦虑，产生恐慌、逃避等心理。不愿与人接触或交往。

3. 过度放松疲劳症。无精打采、静不下心工作、打瞌睡等。

4. **身体疲劳症。头痛腹痛、食欲不佳、全身无力、焦虑不安。**

上班恐惧症是一种情绪障碍，虽然表现各异，但对上班产生恐惧这一特点是相同的，都有头痛、腹痛或食欲不佳、全身无力等症状。之所以有些人在心理和生理上有不舒服的感觉，除了工作压力外，在于个人自我心态的调节。当然诱因也有很多，比如分离性焦虑，或改换工作单位重新适应新环境，以及人际交往困难等，或在工作或在其他活动上失利、遇到挫折或有遭到委屈、羞辱的经历。

对于普通人来说，经历了短暂的周末休息后，无论生理还是心理都有所放松，从休息状态再次恢复到上班状态，本能上来说是有所排斥的，需要一定时间适应和恢复工作状态。因此，星期一的焦虑状态有其必然性。再者几乎每周周一会是最忙碌的时间，一周之内的日程大多会在周一排出计划，而工作安排铺天盖地的周一则必然是最繁忙和身不由己的，这一天的压力也是最大的。周一的恐惧和焦虑其本质还是处于对工作造成的各种压力的恐惧。周末短暂的休息仍不足以化解职场人群的压力。工作压力的增加强化了现代人逃离岗位进行休息的渴望，深层次里透视着他们的焦虑感。

从个性来讲，该病症的患者多是性格比较内向、平时与社会接触较少、心理素质存在缺陷、在人际交往上存在一定问题的人。同时，他们考虑问题又比较多，放假后思想松弛使他们可以胡思乱想，从而影响了心理健康，如不及时疏导、治疗，必将对日后的工作表现产生不良影响，有的甚至可能会导致他们丧失很多好的工作机会。

压力大的上班族属该症高发人群，"上班恐惧症"主要存在于工作压力比较大并且对现有工作不是很满意的人群当中。一方面，平时工作压力太大，使得不少上班族感到身心疲惫，几天的假期好不容易放松下来，调整到比较舒适的生活状态，初来上班，自然会对工作产生逃避、厌倦心理。另一方面，他们对现有工作有诸多不满，经过长假的一番考虑，有了换个地方的想法。

心理诊所

处方一、要抓紧时间"收心"，从生活到作息都要调整，将心态调整回工作上去

调节生物钟。假期间玩乐过度，甚至通宵打牌娱乐，打乱了人体正常的生物钟。因此，要努力调节生物钟，早睡早起，保证有足够的睡眠时间。同时，加强锻炼，多做运动，使身体能够适应快节奏的工作。

处方二、自然处理法

如果暂时找不到工作的感觉，上班族们也不必焦虑。上班后多做开心的事，打电话找朋友聊聊天，尽量不去想烦心的事。多留意一下自己的精神状况，多让自己开心，中午去空气清新的地方走走换换环境。可以散散步、听听音乐，或者喝杯咖啡，不要强迫自己马上投入较复杂的工作。症状较重者可在医生的指导下采用药物治疗，服用百忧解等，以改善情绪，消除恐惧。

处方三、调整自己的认知，学会进行积极的自我调适

尽量松弛自己平时那种高度紧张的思维运作模式，真正给自己的精神和心情放个假。对于节日放不下工作的情况，主要是由于平时生活节奏快，工作紧张，再加上自身性格过于追求工作完美等因素积蓄而成。

处方四、转移注意力也是一种行之有效的方法

有"上班恐惧症"的人，往往把自己的注意力过分集中在对上班问题的担忧上，所以才会产生恐惧情绪。转移注意力是使自己不去想这些事情的有效方式，常用的方法是让自己忙于一些自己感兴趣的事，如可以参加一些休闲活动，包括旅游、参加武术训练等。

下岗综合征：失业让人压力山大

虹是某外贸公司的翻译，年轻靓丽，会一口流利的俄语，深得上司及客户的好评。虹也喜欢这份工作，舒适高雅，又有丰厚的薪水。外贸公司的工作使她如鱼得水，工作得轻松而惬意。

天有不测风云，一向令人羡慕的外贸公司经营变得举步维艰，虹也由此下岗。下岗后的虹悲伤、愤闷，最初几天整日发脾气，看什么也不顺眼，甚至乱摔家里的东西，以后则郁郁寡欢。她把一切都看成是灰暗的，对什么也不感兴趣，她感到生活非常寂寞、孤独和无趣。虽然丈夫的收入足以使她衣食无忧，但工作的失去，社会地位的丧失，脱离集体的孤独感及在家无所事事、精神无所寄托的空虚感，使她精神压抑。

丈夫劝她去找份工作散散心，虹就大声喊叫："我能干什么，我会干什么？"虹觉得自己很无能，很没有用。无论丈夫怎么劝她，她都听不进去，终日沉浸在下岗的痛苦中不能自拔。她觉得丈夫劝她去工作是嫌弃她不能挣钱，让丈夫养活了她，又和丈夫闹起了矛盾。

虹常常感到胸闷、头晕、没食欲、全身乏力，而且入睡困难，即使睡着了也会噩梦不断，半夜惊醒。虹去了医院，中医、西医治疗了近两个月，仍无好转。在朋友的建议下，虹接受了心理治疗。

拥有一份满意的工作，是人们所向往的。即使拥有一份不满意的工作，对某些人来说也是一种幸事，因为工作是必须的。人为什么要工作？有些人认为工作是为了挣钱，养家糊口。另一些人则认为工作不仅是为了挣钱，更是个人价值感的体现，工作使他们达到自我实现。如果失去了工作，面临的不仅是经济危机，更重要的是心理上的失衡，个人价值感的丧失，自尊心的损伤。这些都会使人产生比遇到经济危机还重的精神压力。因此，工作与我们的心理健康密切相关。

在我国的经济改革中，有许多人下岗了。多少年来吃大锅饭，拥有铁饭碗，稳定安全的固有模式被打破了。一些人无法接受这一现实，下岗后处于沮丧、焦虑、紧张、抑郁的心理状态，此时，如果没有得到社会和家庭的积极引导，很容易产生一种新的疾病——下岗综合征。

下岗失业综合征主要表现在对过去的依恋和失落感、胸闷、失眠、自闭、学习不能专心、生活无规律、食欲不振、学习无计划、逆反心理异常、想发脾气、不想运动……

经过专家调查，下岗人员因年龄、性格、工种、工龄、人际关系、经济状况、文化程度的不同可能会出现以下心理问题：

1. 自卑心理。不少下岗人员，尤其是性格内向的人，会因下岗而产生强烈的自卑感，感觉自己无能，是个失败者。还有人感到自己被社会淘汰了。有些人甚至不愿被人知道自己下岗的现实，害怕被人耻笑，在亲朋好友面前抬不起头。有自卑心理的下岗人员往往把自己关在家里，不愿与人交往。这样，长期处于失败的体验之中，势必会影响身心健康。

2. 内疚心理。下岗待业意味着经济收入锐减，使家庭经济紧张，甚至陷入经济困境。当面对日益高涨的社会消费水平而无力购买时，许多下岗人员会因此深感内疚不安，觉得愧对家人和子女，从而陷入深深的自责之中，更加重了自卑心理。

3. 失落心理。离开了原来的工作岗位、原来的社会群体，离开了奋斗多年的事业，失去了奋斗的目标后，整天闷在家里无所事事，就会产生失落感与被遗弃之感，内心深感苦闷。即使再就业以后，如果不能重新树立奋斗目标，或者不能适应新的环境，也会存在一种寄人篱下的失落感。由失落感还会产生怀旧感，怀念过去的好时光，从而更增加对现状的不满，引起更严重的心理失衡。

4. 焦虑心理。焦虑是对危险或威胁的预料所引起的无方向的唤醒状态。下岗人员，在感到怨恨、苦闷之余，更多的是感到焦虑不安，为家庭的生活担心，为自己和家人的前途担心，久而久之，变得脾气暴躁，容易发火。

莎士比亚说："聪明人永远不会坐在那里为他们的损失而哀叹，却用情感去寻找办法来弥补他们的损失。"想发挥自己的潜能，取得事业的成功，必须勇于忘却过去的不幸，重新开始新的生活。

心理诊所
处方一、不要为打翻的牛奶哭泣

心理学家说：性格决定人的命运，一个人能力再强，但性格有问题，就会影响他能力的发挥。同样，只要一个人具备坚韧的性格和不被困难所压倒的精神，那么任何打击、任何磨难都不会使他放弃自己的信念和追求。就像外国一句古老的名言所说，"不要为打翻的牛奶哭泣"，这句话包含了丰富深刻的哲理。过去的已经过去，历史就如"黄河之水天上来，奔流到海不复回。"不管从前多么辉煌，都已经成为历史。重要的是要接受现在的事实，让一切从头再来。分析成功的下岗职工再创业的经历，不难看出，他们的成功与其坚强的性格、豁达乐观的处世哲学有着密切的联系。

在一般情况下，下岗会令人产生诸如没面子、抱怨"命运不佳"、消极、刚愎自用、自暴自弃、异想天开等心理，表现为沮丧、抑郁、不能面对现实，怨天尤人，但却没有从行动上来改变自己，从而陷于巨大的心理落差之中不能自拔。而成功者则善于调整自己的心理状态，不回避或歪曲下岗现实，抛弃怨天尤人或自暴自弃的心理，乐观生活，积极调整自己的不良情绪。他们充满自信，相信自己的智力、自己的才能、自己的判断。因为如果事情没开始就先打退堂鼓，如果自己都信不过自己，又怎能奢望别人高看自己？只有战胜自卑，才能实现超越。拥有了自信，便拥有了成功的一半。

处方二、客观公正地评价自己

对于做事的期望值，既不要高不可攀，也不要因为太低而一事无成。必须正视自己的优缺点，同时正视眼前的现实。但最重要的是能想到，下岗的不是自己一人，有人能坦然面对，自己又何必戴上精神枷锁而不能解脱呢？虽失去了原来的岗位，但又为选择新岗位提供了机遇，所谓"塞翁失马，焉知非福"。有了这种积极的心态，就能摆脱不良心理的束缚，把注意力引导到通过自己的努力实现再就业这方面来，从而发掘出很多以前自己也没有认识到的潜力，找到一条成功的再就业之路。

处方三、能够吃苦耐劳

只要老老实实做人，踏踏实实干事，就没有过不去的火焰山。下岗只不过是让生活轻轻撞了一下腰，它永远不会压垮人，只会使人变得更坚强。因此无论是从零开始的创业者，还是重新找到工作的再上岗者，他们都十分珍惜来之不易的工作机会，对工作尽职尽责，做出了自己最大的努力，从而也找回了自尊，实现了自我价值。

下岗不灰心，人人当自强。与其等待，不如从现在做起，依据自身条件到市场的海洋中去拼搏，寻求新发展。不要被面子和条件所困扰，没有文凭同样可以再就业，没大本钱也能做合法生意。只要你肯付出诚实的劳动，就一定会得到社会的回报。记住，不管路有多远，只要我们的心没有下岗，我们就能到达成功的终点。

工作狂的巅峰状态

小王今年30岁，在一家外企工作。小王工作很努力，上班来的最早，走的最晚，还经常把工作带回家里去做，但是，小王经常唉声叹气地说有做不完的工作。这种状况让他吃饭没有固定时间，睡觉也很少，而且平常和同事们的谈话内容就是以工作为中心。另外，小王在工作的时候，也很难把注意力放在成果上，而是把大量精力放在了自己工作的时间上。他已经把工作当作了自己生活中最重要的活动，平均每周工作时间可能超过50～60小时，对他来说从来没有周末和节假日的概念。即使偶尔陪女友逛街散心，也是心不在焉，脑子中想的依然是工作。大家都戏称小王的家为"有床的工作间"，戏称他的办公室为"随时可以躺倒睡觉的家"。而小王自己的身体也出现了诸多毛病，如高血压、失眠、长期头痛、腰酸背痛等。

小王的状态在心理学上称为工作狂。提到工作狂，我们总会联想到：早上班，迟下班，整日整夜地工作，连星期天、节假日也不放过。他们对办公桌或客户神气十足，有冲劲、有活力，可一旦停止了工作，就会精神颓萎，毫无生气。因为这样，很多人年纪轻轻就已经严重损毁自身健康，甚至还会发生猝死，这种情况在许多国家尤其是日本常被称为"过劳死"。

现代社会中，工作狂在人群中比例日渐增高。他们不但热衷于工作，也似乎唯有在工作中才能找到人生的乐趣。但是，如此狂热地投身于工作并不是他们的真正意愿。在他们心底，多半都有很多苦恼，或是对某些事持有强烈的不满，或是自身有很强烈的自卑意识，尤其值得注意的，是这些人的家庭生活往往存在着各种各样的重大矛盾，为了逃避或者忘却这些令人伤神的事，他们只好疯狂地投入工作，以减轻内心的痛苦。这种逃避现实的心态不断持续着，久而久之就会演化成一种习惯性逃避，在不需要逃避的时候也逃避，这就是所谓工作狂的真面目和真正原因。

心理学家指出，工作狂实际上属于一种心理变态，在各种企业的中低级管理人员中较为常见。工作狂与对工作有热情者常常被人们混为一谈。但是这二者实际上有着本质上的差别：所谓工作狂，往往并不是真心热爱自己的工作，而且他们也很难从工作中得到快乐，只是拼命地工作以寻求某种心理上的解脱。此外，他们在工作中常常强迫自己做到尽善尽美，一旦出现问题或差错便羞愧难当、焦虑万分，同时却又拒绝他人的善意援助。而对工作热情者，则是出自内心热爱自己的工作，并且能够从工作中获得巨大乐趣，在工作出现失误时既不会怨天尤人，也不会懊恼不已，相反，却会有计划地修正目标或改正错误，同时也注意与同事和上司协调、配合，因而人际关系相对融洽。总括而言，尽管前者的工作量看起来要比后者大得多，但工作效率和工作质量都明显不如后者。

工作狂会给患者自身健康带来严重损害，可能导致患者对工作单位产生消极情绪或者身体与心理的疲劳和情绪紧张，以致工作能力下降、创造力下降、注意力不集中，从而严重地影响他们的工作效率和工作业绩，对其单位产生极其不利的影响。因此，它值得我们认真对待，并加以消除。

人类在激流勇进的文明化进程中所付出的重大代价，就是对自身的压榨。所谓"过犹不及"，我们需要找到一份自己喜欢的工作，在工作的过程中体会快乐和价值，但也并不应该鼓励工作狂。毕竟，生活的概念要比工作大得多，生命的意义，也不能仅仅依靠工作上的成功来证明。过分依赖职场竞争带来的成就感与充实感，忽视对个人生活和家庭生活必要的经营与维护，不但不能逃避寂寞空虚，结果往往是吞咽更深的失望和孤独。

心理诊所

处方一、调整心态

金钱、权力、荣誉等等，这一类的成功永远没有止境，而你的时间、精力、健康、生命，却都是有限的。事业的成功无法替代家庭生活对人的价值。多与家人、朋友、同事交流，必要时还可以寻求心理咨询师的帮助。工作中，多加强自身时间管理能力、项目管理能力的培养，组建高效的团队，通过合理的分工和授权，提高整个团队的工作效率，让自己能从工作中逐步"解套"。

处方二、有意识地减轻自己的工作压力并强迫自己减少工作量

患者不妨为自己制定一份工作日程表，将自己现时的所有工作项目和工作时间一一写明，然后考虑哪些可以完全放弃，或至少暂时放弃，哪些可交由他人或与他人合作完成，并由此进行自己的工作分配，同时注重提高工作效率。

处方三、请家人监督

在制定的工作日程表达到一定作用之后，可以制定一份新的日程表，并请家人或同事予以监督，尽力予以执行。

处方四、培养业余爱好

不妨培养一些与工作不搭界的业余嗜好，丰富自己的业余生活，使自己的注意力在非工作时间转移到其他事情上。在心情不快、痛苦不解时，可以到环境优美的公园或视野开阔的地带漫步散心，如果条件许可，还可以作短途旅游，寄情于山水，这样也能够忘却烦忧，放松心情。

总之，在治疗过程中，患者应该一步一步地进行，并尽量放松自己的心情。如果感到力不从心，周围家人或同事也不能给予相当的帮助，可以接受心理医生的科学治疗，效果会更好。

职场倦怠症：做什么都提不起精神

老林跳槽到了一家新的单位，他很庆幸自己能够找到一份合适的工作，专业对口、收入颇丰还很稳定。这可是很多人梦寐以求的啊。工作伊始，老林尚能满怀信心地投入工作，可是一年过去了，老林发现工作永远是那样井然有序，所有的行为都和计划的没有什么差别，没有任何新鲜感，自己再也不像刚来的时候那样为了某个项目的完成而沾沾自喜了。这个工作不能再带给他快乐和满足，尤其是当他看到办公室内的种种争斗时，更感到厌倦万分。他的情绪开始低落，行为变得古怪，经常发牢骚、

发火……究竟自己是怎么了？老林不能解释这些。老林周围也有很多朋友有类似的情况。

其实，老林是产生了工作倦怠感。所谓工作倦怠感，是指人们在紧张与忙碌的日常生活及工作过程中，生活上的以及工作中的情绪感受会随着大环境的变动，而呈现出一种身心紧张或调试不当的负面行为。

染上工作倦怠的人犹如失去水的鱼，备受窒息的痛苦。据调查，现代人产生工作倦怠的时间越来越短，有的甚至工作几个月就开始对工作厌倦，而工作1年以上的白领人士有超过40％的人想跳槽。针对上海白领的一项调查显示：在同一岗位工作满2年的人群中有33.3％的人出现了工作倦怠现象，有2.6％的人患上了工作倦怠症。产生工作倦怠的白领会出现失眠、焦虑、烦躁等生理上的疾病、心理上的不适以及行为上的障碍，若不及时处理将会给职场中的他们带来不可预期的伤害。

心理学家多德拉认为，如果一个环境给你带来了不良症状和障碍，那么你在这个环境中就会遇到许多心理上的冲突。要解决这些症状和障碍就得去认识你身上存在的心理冲突。

一般白领心理上的冲突主要表现在以下几个方面：

1. 渴望成就与惧怕改变的冲突

心理学家马斯洛认为，在一切基本需求都得到满足的时候，实现自我价值就成了一个人的最终目标。职业顾问说，没有变化的例行工作，最容易导致上班族工作倦怠。在变化中求生存，任何单调的东西只能给人带来厌恶，这是很多人都明白的道理。但是许多白领阶层尽管已经对现状感到厌恶，还是惧怕改变自己。多年养成的工作生活习惯已经定性，程式化的思维和工作方法已经固定，工作的辛苦和劳累、缺乏创新的刺激，已经使他们的大脑越来越懒惰，他们不愿去想、不敢去想已经在危害着他们身心健康的种种因素。因此，一方面缺乏成就感需要改变，一方面又惧怕改变，二者的冲突自然就给本来就繁重的工作增加了不少危险。

2. 做优秀职员与做合格家人的冲突

步入成熟的白领通常担当着不同的社会角色：公司职员、慈爱父母和孝顺儿女等。特别是男性，家庭中的琐事经常会占据生活中的一大部分，更容易陷入焦虑状态中。众多角色集于一身，难免会给人造成很大的压力，既想工作上有所成就，又想顾及家庭的幸福，使许多职场中的人因为身不由己而陷入深深的苦恼中。

3. 需要关怀与维护自尊的冲突

从某种意义上说，社会的进步和飞速发展使人产生了异化。为了使人力资源能够得到最大限度的利用，企业使用了先进的管理措施和高级的技术设备，使人处于不停的忙碌状态，进而减少了相互交流的时间和空间。人是有感情的动物，人本身对交往的需求永远都是存在的，尤其是在工作压力大的时候更需要情感上的抚慰。但是现代社会又给人提供了感情冷漠的土壤，特别是有了一定地位的白领阶层，更是不愿意放下自己的自尊心，不愿意主动和人交流。尽管他们很渴望得到别人的关心，希望和别人交流自己的想法，但是他们还是龟缩在维护自己自尊心的安全地带。

心理诊所

处方一、打破心理的界限，做自己的主人

在公司里，很多人抱怨工作任务太繁重，没有时间想自己该想的，做自己该做的。其实，这是惰性形成了内心的界限，把你限制在一定的活动范围内。很多你认为无法改变的事物其实只是自己心理的界限把它封闭了，勇敢地去想象、去突破、去改变，这样你才会在职场潇洒地遨游。

处方二、转移情绪，消除怨气

良好的心态是生活快乐的秘诀，心理学家告诫我们：先处理心情再处理事情，不要带着怨气去工作和生活。再聪明的人也会因为情绪不良而失败。做一个情商高的人不是什么难事，只要你每天注意那么一点点就行。回到家前先告诉自己笑一笑；周末放下所有负担，和家人一起逛逛公园；生气的时候伸个懒腰，站起来走走；经常换不同的衣服穿……有心做到的人永远会快乐。要知道，生气是拿别人的错误惩罚自己。

处方三、和和睦睦万事兴

在公司里活得最不开心、工作做得最差的往往是那些人缘不好的员工。新员工学历傲人，唯我独尊；老员工资历不浅，心中不服……事业一筹莫展的人总想和别人比个上下高低，但是这样只会伤害了同事之间的关系。古人云：退一步海阔天空。何不聪明一点搞好同事关系呢？给自己创造良好的人际环境就是为自己积累财富。著名心理咨询专家唐汶告诫大家做人要把握以下"五不"原则：倚老不卖老、弹性不固执、幽默不伤人、关心不冷漠、真诚不矫情。所以放下架子吧，这样你就奠定了成功的基础。

第八章

男女也疯狂
——揭密都市麻辣男女的心理异同

季度男人综合征："七年之痒"的迷惑

不久前，小莫经朋友介绍，认识了现在的男朋友小翔，两人都是年轻时尚的"海归"一族，门当户对，脾气也很合得来。起初，是小翔主动追求小莫，小莫在他三天两头的攻势下，不由自主地"沦陷"了，渐渐萌生了结婚的想法。然而，就在这时，小莫发现，原来很黏她的小翔，最近就像变了一个人似的，竟不再主动联系她了。偶尔小莫主动约他，他还时常找借口推脱见面，口气也变得很生分、很冷淡。这让小莫感觉很受伤，她不知道是不是自己哪儿做错了。

你是个单身汉，她是个令你心动的女孩，你们的感情惊天动地。仅仅90天以后，你却以每小时90英里的速度逃之夭夭。如果你正是这样的人，你很可能是患上了"季度男人综合征"，简称ＴＭＭ（Three-Month Man）综合征。至少在美国，这种综合征时下正在各地流行。越来越多的男人毫无缘由地自行了断了他们与梦想中的女性十分融洽的感情关系。待到一切已成定局，他们又对自己的愚蠢行为后悔不已。

这些男人之所以要从一段相当好的感情关系中抽身而出，很可能就是因为他们患上了"季度男人综合征"，也就是说，他们能够当个好男人的"品质保证期"只有3个月（正好一个季度）。引起这种综合征的原因很多，但肯定不是由于对方的原因造成的。问题是，男人往往看不到自己的错误，而总是把它归结到女方身上，认为每次都是与他约会的女人把事情搞糟了。这样，他就会一次又一次地犯同样的错误。

造成男人无法维持长久感情关系的主要原因一般都与他们以前同其他女性在一起时的经历有关。这些男人中有些沉溺于捕获猎物的兴奋中（他们与尽可能多的漂亮女性约会）；有些则在对象上有所选择；另外一些就只能说是十足的笨蛋了。

其中疯狂变换约会对象的男人总是飞速地往来穿梭于一段段爱情纠葛之中。他们的典型特点就是自以为是、随心所欲并且很容易受到诱惑。

对于每一段关系，他们都倾尽全力，对女方感情强烈丰富有如狂风暴雨。但是很快他们就会感到厌倦、烦躁，想方设法找一些微不足道的理由与对方结束关系。总体而言，这类男人缺乏安全感，他需要通过一次又一次的"征服"来证明自己的价值。

有时，一个"季度男人"给人的印象却好像一个踏实认真的好男人。其实，这种人心中往往早有一张列好的清单，条条款款都是他对女人定下的要求。一旦发现与他交往的女性有哪一点与这张"产品质量要求表"不符，他就会毫不犹豫地在3个月之内"退货"。这类男人通常都十分清楚自己想要什么，并且对于改变既定条件的尝试毫无兴趣。他很可能在认识女方仅仅几周时就带她去见自己的父母，但这只不过是为了在万一可能结婚的情况下不必再费心去征得他们的同意。只有在女方完全符合要求，并且一切长期发展的条件均已具备之后，他才会舍得做感情上的"投资"。

还有一些不妨被称作受伤的徘徊者——他的表情告诉对方他曾经遭受了多么残酷的折磨，他的每一个姿势都依稀可见多年以前那个神秘女人带给他的伤害。现在，他对女人"不得不"挑剔一些，因为他害怕再受痛苦。他从不完全投入到一份感情中，那是为了保护自己。他好像总在说："尽管施展你的手腕吧，我根本不会上你的当。"这类男人总是在谈他希望与女友如何如何，比如与她一起度假，一起利用周末去滑雪，一起享用浪漫的晚餐，等等。但是，他从不将这些希望付诸实践。在他心中，同自己很在意的人走得太近实在太冒险了。

了解了以上这3种"季度男人综合征"患者的特点，你可能已经很清楚自己是否患有此症了。如果还是有些拿不准，下面的小测试也许可以帮你做出诊断。

1. 与一位陌生女性的第一次会面是否令你感到无比兴奋？

2. 当一段感情关系渐入正轨之时，是否也正是你开始感到厌倦之日？

3. 你的爱情故事是否大都在3个月之内就结束了？

4. 你是否认为你的大多数女友都是"非比寻常"的人物？

5. 当你告诉朋友们这次你终于找到了梦中的女孩，他们是否显得无动于衷？

6. 过去两年中与你约会的女性是否足够组成一个班了？

7. 最后与你分手的几位女友是否都曾指责你害怕承担责任？

8. 与女友约会的时间越长，你是否就越感觉她们不够完美？

9. 如果你怀疑女方对你产生了其他看法，你是否会马上因此与她断绝关系？

10. 你是否认为总能找到比你现在的女友更好的女人？

如果你对上述问题的回答有一半都是肯定的，那么你很可能已经患上"季度男人综合征"。如果你真心希望建立起长期的感情关系，必须首先找出无法使关系持久的真正原因。有必要时，你甚至可以去请教心理医生。那些不会从过去的错误中吸取教训的人，注定要在以后的生活中一错再错。

性压抑心理：变态的心灵扭曲

刚刚被提升为总经理助理的小陈本是一个性格开朗的男人，最近有些焦虑不安。原来，他并不像别人所想象的那样春风得意，他的妻子最近对他们的性生活很不满意，总是有诸多抱怨。小陈自己也发现，结婚刚刚一年的他对于性生活竟然从最初的"越多越好"变成了"可有可无"，甚至觉得"毫无兴趣"。有时为了满足妻子，他也勉强"上阵"，但结果却是"败兴而归"，妻子由此觉得他和以前不一样了，夫妻关系一时变得大为紧张。

事实上，男人在一生的不同时期里，欲望有所下降是一种正常的自然现象，但是，如果你的性生活快车最近似乎一直停在了"停车场"里，那么你可能是出现了性压抑。性压抑是指尽管一个男人还具有过性生活的能力，但他却不一定渴望这样做，或当他这样做的时候并不感到兴奋。这和阳痿不同，多数情况下，性器官的功能良好，但欲望却不合作，不为它加油。其实，这种情况并不鲜见，据不完全统计，大约有半数的男性都出现过这种情况。

出现性压抑有很多种原因，这些原因可以归结为两类——精神障碍和身体障碍。有很多事情能够抑制男人们对性生活的欲望，比如工作上的压力、家庭生活中的压力，或者伴侣不再像从前那样对他产生刺激。性的问题与心理上的问题是分不开的。即便你的思想没问题，但你仍然会有很多烦恼：要尽力应付每周的繁忙工作，周末还要去看父母、岳父母、在家修修补补、陪妻子逛商场、看电影。这些都要消耗你的精力和时间，当你把这一切都搞定以后，你留给自己和妻子的时间和精力就大打折扣了。小陈就是这种性压抑的典型的受害者。前一段时间竞争总经理助理的压力刚刚卸去，"新官上任三把火"的压力又接踵而至，同事、上司都在盯着他，小陈发觉，自己已经很久没有放松一下了。

另外，不要忽视你所服用的药物，比如，用来治疗高血压或抗抑郁的药物也能导致性欲降低。

心理诊所

处方一、及时与妻子交流

上文中小陈的妻子，她之所以与小陈心生嫌隙，主要原因是小陈从不在家里讨论工作上的事情，妻子并不知道他所承受的压力，还以为他在外边"花心"。所以，在夫妻生活中，沟通是最重要的一课。你必须和妻子一起找出是什么破坏了你们之间的和谐。

处方二、多晒太阳

这是增强性欲的一种简单有效的方法。调查表明，暴露在阳光之下可以使人感到性兴奋。因为阳光可以微妙地改变人的内分泌。尽量做到每天晒不少于30分钟的太阳，特别是在冬季的几个月中，这会带给你意想不到的效果。

处方三、注意饮食

如果你每天都吃很多热量高而缺少营养的食物，比如汉堡包、薯条等快餐，那么，不但你自己会逐渐变得像一个汉堡包一样，你的性欲也会一蹶不振。长期食用油腻的食物会抑制睾丸素的产生，因此，如果你是一个爱吃"垃圾食品"的男人，那么，少吃高脂肪的食物能够帮助你找回从前的美妙感觉。

处方四、定期锻炼

从性方面讲，定期做锻炼对于恢复性欲很有帮助。一项调查表明，每周健身三到四次的男人比只用散步来锻炼身体的男人性生活的次数和质量都高。专家们认为，充满活力的体育锻炼可以提高睾丸素浓度并可能促使血液流向身体的各个部位，包括生殖器官。当然，体育锻炼可以让你精神焕发，心情愉快，锻炼身体本身就是一付有力的催欲剂。

处方五、劳逸结合

劳逸结合是一个很有效的方法。这是很自然的，如果你每周工作6天或更多，每天工作10小时以上，那么你就不会有更多的精力来和妻子过二人世界。当然，你不可能为了有一个美满的夫妻生活而整天休息。但是你可以每工作几个小时以后拿出几分钟放松一下自己，看看报纸、听听音乐，和朋友聊聊天。如果你能经常为自己安排10分钟左右的放松时间，劳逸结合，你会惊讶于自己储存的精力，而在和妻子亲热的时候派上大用场。

处方六、事先计划

对性生活事先做好计划似乎不太浪漫，但在现代的快节奏生活中，如果某事不在计划之内，很可能会被你遗忘。与其等到最后一分钟才发现由于没有做好计划，你们已经没有精力再享受鱼水之欢，不如制定一个"性生活日"，把它作为一个重要约会记在日历上，这样你就可以安排好时间，精力充沛地享受性生活。

处女情结：纯洁的才是最好的

小丽的未婚夫是一位社会学家，女权主义的支持者。也许是基于此吧，小丽在一个偶然的机会下，跟他坦白了自己的秘密：因为高中时的年幼无知，她失去了自己的贞操，并且多年来，一直对这件事深感自责。

小丽的未婚夫听完这件事后，当时没有表示出什么。但是，在后面的交往中，敏感的小丽还是发现，这件事或多或少都在未婚夫心里留下了阴影，然而他又不肯说出来，这让小丽深感不安。

不管时代改变了多少，即便男人本身已非童贞，但是他仍然希望自己的伴侣是处女。如今，在这个号称男女机会均等的社会，却唯独这一件事不曾改变，到底是为什么呢？

曾有人以1277名单身男性为对象展开调查，结果发现，已经抛弃童贞者占了42％，只有17％的男性想保持童贞到结婚为止，其余的童贞保持者表示"顺其自然"——这部分男性的性观念很随便，表示有机会的话，将毫不犹豫地抛弃童贞。

男人对自己很宽大，却严格地要求对方，这到底是为什么呢？

第一，男人对处女永远抱着"憧憬"的态度。或许他们会在口头上"逞强"，但在内心里，他何尝不希望对方是处女？

曾经有一家权威调查机构以全国的单身上班族为对象，举行了一次"希望结婚对象纯洁的程度"的调查，结果在2295名男性中，回答以"非纯洁不可"的人占26％，"最好是纯洁"的人占38％，合计起来超过六成。

第二，正因为男人绝大多数已非童贞，才苛求结婚对象必须纯洁无瑕。这种心理实在很矛盾。

男人们喜欢这样叙述他们的观点——"男人具有性经验比较理想。如此在婚后才能引导妻子，使性生活趋向于圆满"。其实，这只是严人宽己的借口而已。

不过，从这个借口中可以发现一个心理事实，那就是——男人拘泥于非处女不可的背后，隐藏着一个问题：男人对自己的各方面能力（尤其是在性能力方面）没有自信。男人拘泥于处女的第三个原因，就在此。

由以上分析可以看出，男人偏向于处女膜的崇拜，而并非拘泥于所谓的纯洁性，这种观点实际上是错误和迂腐的。

少女情结：只要开心

40岁的王女士相貌姣好，对人非常热情，和人说话的时候手舞足蹈，从表情到体态让人觉得活力四射，像少女一般。但是她最近心情很不好，因为总是觉得单位的人不愿意接受自己。

年轻的同事说，本来自己应该叫王女士一声"大姐"，可是这位大姐却没事喜欢从背后吓人一跳，或者开点可爱的小玩笑，让人哭笑不得。同年龄的同事们觉得别扭，是因为王女士的脾气像小女孩一样阴晴不定，总得让人哄着，否则她的性子一上来，眼泪就吧嗒吧嗒地往下掉，让人不知所措。

追求"可爱"并没有错，但不同年龄的人应有展示"可爱"的不同方式。像王女士那样，虽然已是不惑之年，却在一些行为方式上停留在少女阶段，不仅不能惹人爱，而且让人敬而远之。其实，王女士自己也很苦恼，她不知道为什么自己努力制造快乐的气氛，大家却总是不领情、不接受。我们可以把王女士的这种心理现象叫做"少女情结"。

这种"少女情结"是人在成长过程中出现的典型的"固着"现象。人在人生的各个阶段，都有不同的需要，例如，在儿童期要学习基本生活技能，在青少年期要建立起人生观和价值观，在成年期则需要建立亲密感、结婚生子等。如果进入人生下一阶段后，却没有产生相应的需要，就难以产生与之相应的行为，于是发生"固着"现象，即行为表现停留在上一发展阶段。

王女士从小生活在一个幸福的家庭，父亲和哥哥非常疼爱她。等到结了婚，老公又是"好男人"型，她一直无需操心生活。年轻时，她还需要辛苦带孩子，现在他们的孩子已经长大成人，在家庭生活中，王女士再没有多少需要特别操心的事情了。在事业上，她也没有什么高的追求，这些都使她的心理容易固着在无忧无虑的少女时期。

还有人认为，这里有怀旧成分。女人比男人衰老得快，加之社会对男女年龄的价值认同有差异，因此，中年女人比中年男人更留恋青春时代，言行举止无意中会向青春时代靠拢。

王女士的性格保留了少女的过多敏感性以及情绪化，在遇到事情的时候，往往立即做出反应，而且受不得一点儿委屈。要改变这种习惯，需要打破固定的行为模式。

心理诊所

处方一、学会反思

当出现了让人情绪冲动的情形时，要把当时的想法记住，回到家后和家人一起分析自己的思维逻辑错误。当再次遇到类似的情况时，一旦发现自己出现了错误的思维逻辑，马上告诫自己要冷静。

处方二、避免给别人添麻烦

至于处理在单位的人际关系，尽职尽责地工作就是最好的交往。必须自己独立完成分内的工作，才谈得上与同事的其他交往。每天工作结束后，看看自己分内工作完成得如何，有没有给别人添麻烦。如果有，不光在口头上表示歉意，还要在行为上帮助别人。

有时像小孩一样"可爱"一下，在人际交往中也是非常有益的，但要注意场合和对象。现实生活中，许多人虽然平时很随和，但在工作时却非常严肃，不希望受到干扰。新来的同事则希望在与老同事的接触中，学到工作技巧，小闹剧并不是他们所希望的。中年女性要想受到大家欢迎，就要考虑到这些情况，而不能统统以"天真、可爱、热情"来应付。有些人只需要一个眼神、一杯茶水就足够了，太多的关心反而让他们难受，甚至厌烦。有些人则需要一些直接的建议和热情的开导……

对人热情不必强求回报，只要觉得这样做很开心就行了。长此以往，慢慢地，就会发现大家会真诚地喜欢上你的。

恋父情结：谁也不能抢走爸爸

纪先生有一个上大二的女儿。父女俩感情特别好，女儿有什么心里话都会悄悄地告诉他。3年前，纪先生的妻子意外去世。之后，陆续有人给他介绍对象，但考虑到女儿尚在读高中，纪先生怕影响女儿的情绪，均婉言谢绝。一直到女儿考上大学后，纪先生才开始考虑个人问题。后来，朋友给他介绍了一位方女士，两人交往一段时间后，对彼此都很满意。然而，当女儿听说老爸要再婚时，立即表示反对。

为了阻止老爸与方女士约会，女儿每天晚上都守在家里。甚至在周末，女儿怕老爸私自外出，竟然将自己和老爸锁在家里，并说绝不会让别人来分享老爸的爱，如果老爸执意要再婚，她就休学，弄得纪先生无可奈何。

女人为什么有恋父情结？心理学家弗洛伊德发现，儿童的心理发展过程中普遍存有一种现象，即在3岁左右开始从与母亲的一体关系中分裂开来，把较大一部分情感投向与父亲的关系上。只不过男孩更爱母亲，而排斥和嫉妒父亲；女孩除爱母亲外，还把爱转向父亲，甚至试图要与母亲竞争而独占父亲，对母亲的爱又加进了嫉妒的成分。这就是所谓的"俄底浦斯情结"和"埃勒克特拉情结"。

这两个名字源于古希腊剧作家索福克勒斯的两部著名悲剧，前者主人公杀父娶母，后者主人公诱使其弟杀死了母亲，为父报仇，自己则终身未嫁。小女孩到了3岁左右，认识能力和独立性都有较大提高，达到一个转折点，意识里开始清晰地发现了父亲，就这样女儿打破了与母亲浑然一体的关系。这种情感和认识上的变化尽管处于朦胧之中的潜意识状态，但却明显地作用于孩子的情感和行为。这时女孩变得柔媚，会撒娇，愿意与父亲接近，让父亲拥抱。

父亲是人们幼年生活中的第二个重要人物，对女孩产生了巨大的吸引力，主要表现为：

1. 父亲给孩子更多新奇、刺激和超出常规的东西，带给孩子更多的激情。母亲的活动则常重复、单调而刻板。

2. 父亲更富于身体上的魅力，令人兴奋。母亲则长于言辞，给人以安慰。

3. 父亲花在孩子身上的大部分时间是在玩乐上，母亲则主要是偏重于在生活上照顾婴儿。孩子更愿意与父亲一起玩乐，追求新奇的探索，而受到委屈时则愿意找母亲，以求得安慰。

4.孩子可以在父亲面前表现毫无拘束，能表达丰富情感，又有安全感。

父亲作为在儿童早期心理发展上起独特作用的角色，他是拆散母婴结合体的建设性分裂者，鼓励并支持了儿童的独立和自由，有利于儿童个性的发展。他是儿子学习男子汉气质的楷模，也是女儿形成女性气质的导引者、支持者和认可者，对儿童性别角色的分化具有很大作用。

"恋父情结"是性心理障碍，亦称性心理倒错，即生理上已进入"潜伏期"或"成熟期"，而性心理却严重滞后，仍停留在"性器期"，犹若蝌蚪变青蛙，变成了青蛙却仍留下蝌蚪时代的尾巴，不成熟。

"恋父情结"的害处，是可能阻碍女孩长大后走近异性，走向婚恋。困于某种原因，即使走进婚恋，亦身在曹营心在汉，无法全身心地投入婚姻生活，因为她仍在深深地依恋着父亲，无法把感情从父亲身上转移到丈夫身上。

看来这错误并不在少女们，而是爱本身出了问题。她们太想得到爱，但没有什么法子将爱挽留，于是集体选择了病态的手段。而那些没有得手的少女则变得歇斯底里，最终以各种悲剧收场。弗洛伊德认为，有恋父情结的人如果发展不利，一生都可能受其影响。

心理诊所

处方一、 性别教育

实际上，就是性的补课教育，让孩子明白"男女有别"，教育孩子从依恋父亲中解脱出来。

处方二、帮助孩子

帮助孩子走向同龄同性伙伴，结交同性朋友，为将来青春期结交异性朋友做好铺垫。

处方三、行为配合

孩子的"恋父情结"，源于其婴幼儿期父爱的过溢与母爱的不足，因此，矫枉时必须过正：一方面，作为父亲，应坚定而巧妙地暂时疏远女儿；另一方面，作为母亲，则应急起直追，行为上亲近，满足女儿的爱欲依附。

　　许多父母都请注意了，不要给男孩穿花衣服，不要让女孩爬墙上树。但更为重要的是，应该让孩子主动地多跟同性孩子一起玩，把交流和示范融汇在共同玩乐之中。这是孩子"游戏期"性别角色培养的根本"秘诀"。父子共同"骑马打仗"、捉蚂蚁；母女一块儿打扮布娃娃、"跳房子"，这才是有益的天伦之乐。父母过于自我封闭，或者只会买好东西，开发智力，是无法促进孩子的性别认同的。异性成员组成的单亲家庭或者夫妻不和的家庭，对子女成长极为不利，其中重要原因就是这样的家庭无法较好地培养孩子的性别角色。

单恋心理：相思是种难言的痛

　　小李是一名大二的女生，最近她特别烦恼，因她发现自己悄悄地爱上了他们班上的班长。班长人长得很帅气，学习成绩也很好，很受大家的欢迎。有一次班上组织外出旅游爬山，班长非常勤快，总是不停地帮助柔弱的女生。在一个山坡上，他抓着一棵小树，把女生一个一个拉上去。当他的手和小李接触时，小李顿时有一种异样的感觉从心中涌出，并从此对他产生了好感。虽然那次他并不是只帮助了小李一个人。

　　从此，小李就期待着能看到班长，听到他的声音，看到他的笑容，有时为此魂不守舍，上课老是走神，经常会想起被他握住手的感觉。而班长却没有丝毫察觉，依旧是那么爽朗。有时看到班长和班上的女同学相处得那么融洽，小李就很自卑，但是单恋一个人实在太痛苦了，而且又不敢和别人说。

　　在爱情生活中，我们经常可以看到：有的青年对身旁的一位异性伙伴颇有好感，他（她）的一言一行都能引起她（他）的愉悦，内心充满了对她（他）真挚的爱。可是碍于面子或其他原因，他（她）从来没有表白过。随着时间的推移，这种感情与日俱增，但就是压抑在自己心里，造成很大的苦闷。所以说"单恋"的恋爱心理误区，是因为违背了恋爱心理的健康值，使心理走向偏执。

　　单恋是指一方对另一方的以一厢情愿的倾慕与热爱为特点的畸型爱情。单恋多是一场情感误会，尤其是青少年"爱情错觉"的产物。"爱情错觉"是指因受对方言谈举止的迷惑，或自身的各种主观体验的影响而错误地主动涉入爱河，或因自以为某个异性对自己有意而产生的爱意绵绵的主观感受，也就是人们常说的单相思。

　　单恋者经常会体验到情感的痛苦，因为他们无法正常地向自己所钟爱的异性倾诉柔情，更不能感受到对方爱意的温馨。一般来讲，在具有单恋心理的人中，以女性居多，因为生理和心理的特点，以及传统的道德观念的影响，导致了大多女孩子不喜欢外露自己的感情，而且，她们的自尊心一般都比较强，害怕遭到拒绝的心理也是一个主要的原因。

　　暗恋是一份难言的苦涩，它让人失去的很可能是一生的幸福。一般来讲，暗恋中的人都会有以下表现：

　　1. 心随他动：痴情、迷醉于所钟情的对象。倾注了自己绝大部分的情感和注意力，心甘情愿为自己喜欢的人做一切事情，他的一举一动都直接左右着你的全部欢乐和痛苦。

　　2. 藏而不露：不愿意告诉任何人，把自己的这份心事当作一件重大秘密收藏于心中，但自己体味到的却是前所未有的痛苦。

　　3. 茫然失措：明明怀有强烈的好感，却又不敢大胆接触，更不敢表白，不知该怎么办。

　　4. 若有所盼：渴望相见，思念强烈，也热切盼望对方能对自己有所"表示"，哪怕是一个眼神或一个微笑，尽管这眼神和微笑与对其他人的并没有什么分别，都足以令人心花怒放。

　　我们都知道，恋爱是一个双向的过程，所以当它以单恋的单向形式出现时，实际上已宣告恋爱失败。然而，人是有感情的，有时候明知无望却难以自拔。在现实生活中，我们往往看到不少年轻的女性因感情处理不当而犯下"单恋"的毛病，轻则情绪不佳，精神不振，重则精神失常，走向绝路。

　　造成"单恋"的原因是多方面的。首先，对爱情的期望是一个重要因素。其次，企望对方爱上自己的侥幸心理也助长了单相思的繁衍。再次，狭隘的心胸和固定不变的思维定势也成了培养单相思的天然土壤。

爱情的产生和发展，有一个重要而不可缺少的前提：它是相互的。人们常说，爱情是两颗心相互碰撞迸发出来的火花，而不是一颗心去敲打另一颗心，如果你只是一厢情愿单相思，那么这并不是爱情，而只是你对异性的一片痴情而已。

心理诊所
处方一、爱他就要说出来

在爱情的道路上，是没有尊严和面子的，爱他就要勇敢地说出来，否则，错过的可能将是一生的幸福。

有这么一个女孩，她很普通，就如同是掉在湖里的一颗极小的石子，在人群中引不起丝毫的涟漪。但是她也有她的自信，有她的风采。

大一的时候，她就开始喜欢院里的学生会主席，只是觉得自己太逊色于他了，比不上处处优秀的他，但是她不甘心就这样放弃一个自己喜欢的男孩子。于是，她就想办法和他接近。

机会来了，一次她在学校的报栏里看到一张海报，是男孩子所在的中文系要组织一次对人生看法的讨论会，并希望各系学生积极参加，各抒己见。女孩就通过一个同学打听到了男孩的观点，然后搜集各种资料，准备了一篇和他观点截然相反的文章，打算来一个不打不相识。

事实真的如她所料，讨论会上，女孩的观点逻辑严密，旁征博引，挥洒自如，赢得了满堂喝彩，也赢得了男孩的青睐。于是两个人相识了。以后的日子里，美丽的校园留下了两个人无休止的思想上的交锋，他们谈理想，谈抱负，指点江山，激扬文字。后来在一个看似不经意的时刻，女孩给男孩讲了自己对他的感觉，而男孩听后，还她的是一个热烈的拥抱。他们就这样开始了他们的爱情征途，最后走进婚姻的殿堂。而今的他们，生活得幸福美满。

回忆起来，女孩非常庆幸自己把那份暗恋的感觉说出了口，否则将会是她一生的遗憾。

有很多女性，总是把美好的东西留在心灵的最底层，怕世间的浮躁打破了心底的沉寂，怕漂浮的情感让心坠到底，怕喜怒哀乐在接近之后变成"心无所依"，于是爱上了暗恋的感觉，爱上了心中那朵开给自己看的花。但是，留下来的只能是遗憾。短暂的一生，遗憾太多，暗恋会让你感觉很沉重，所以适当的时候，把爱说出口吧！

不要羞于把爱说出口，因为坐着是等不来幸福的。或许以下几个妙招可以帮你：

1. 如果你们不认识，多接触他的朋友圈子，制造一些偶然相遇的机会。

2. 如果你们是相互认识的朋友，说话可以暧昧一些，比如"我以后老了嫁不出去怎么办？"之类的话，还可以一起出去旅游……给他暗示，让他明白你的心意，而你又不用直接说出。

3. 利用你们之间的朋友帮助你。最好是男生，因为男生办事一般来讲是比较可靠的，而且不会出卖你。

4. 你喜欢他，就不要老损他，故意给他难堪，别以为这样可以引起他注意。这一套已经不流行了。感动他才能更加靠近他。

5. 没有希望就另觅目标，要相信"天涯何处无芳草"。

爱他，就大胆说出口吧，哪怕得来的是拒绝，至少也是一个结果，否则你只会生活在自己构筑的一个虚拟的感情世界里，永远也见不到真正爱情的阳光。

处方二、天涯何处无芳草

爱情是双方感情的交融、性格的相容、心灵的默契的产物，是建立在双方相恋的基础之上的。单恋尽管炽热，但只是一厢情愿，不仅对爱情的发展徒劳无益，而且会形成极大的心理压力，造成不必要的精神负担，时时会受到煎熬和折磨。这种"欲进却退"的扭曲心理，常常给自己出难题，危害甚大。

每个人对单恋的情绪控制和调节能力大不相同，有的人能迅速地从单恋的痛苦中挣脱出来，把消极的情感升华为积极向上的力量，有的人却久久地沉溺于失恋的苦海中不能自拔，甚至神魂颠倒，精神失常。心理专家告诉我们，天涯何处无芳草，不要因为单恋，而错过那个喜欢你、爱恋你的人。

1. 及时斩断情丝，收回自己的爱

既然爱情是相互的，对方对你并无爱恋之心，那么你的那种强加于对方的爱就变得没有任何意义，应该知趣地停止对对方的追求。

英国诗人雪莱曾对其表妹产生过爱恋之心，但却遭到表妹的拒绝，雪莱无比痛苦，但他不乞求、不强制，冷静而果断地割断了情丝。他说：爱情既然属于心，不是属于身的，那么，她不再存在了。这种当断则断的做法是理智的表现。

2. 把握"爱情规则"

掌握爱的技巧。如果对一个人有意，完全可以通过各种途径去表达，不必把这种光明正大的情感深埋在"心底"。表达出来后，对方有意的可继续发展，对方无意的可避免陷入过深。

3. 敞开心扉

单恋了，失恋了，要学会从自我封闭的圈子中跳出来，多和异性接触交往。事实证明，交往的人越多，对异性和自己越能有清醒的认识，"见多不怪"，逐渐就能坦然面对，也会淡化对某一个人的感情。

4. 转移注意力

当意识到自己沉溺于某一种不可能有结果的情感之中时，要尽量使自己的生活充实一些，忙碌一些，这可以将不成熟的感情逐渐排挤掉，单恋的烦恼自然就会逐渐消除了。

一个理智和清醒的求爱者应该懂得：爱是无法强求的。当你的心灵正被爱的火焰灼烧的时候，你可曾想过，对方是否也这样爱着你？你献给对方的爱的花朵，对方是否已经接受了？

爱情厌倦症：左手摸右手，一点感觉都没有

老李越来越不愿意回家，他正处于人到中年，在事业上冲刺的阶段。在外面享受着金钱、地位带来的荣耀，虽然付出了艰辛的代价，但总的来

说，他觉得很值得。

唯一令他不满的地方，是他的家庭生活很冷淡。他妻子是一位职业女性，工作起来不比他逊色。由于作息时间不一致，夫妻俩已经分床数年。他们很少有时间交流，难得在一起吃饭，家里的豪华厨房还是崭新的。

老李常常感叹自己很孤独，觉得自己的婚姻出现了问题，却不知道该如何面对。

许多人都有过这样的体验，若长期接触同一事物或从事同一工作，就会产生疲劳感。即使是一幅很美的画、一首很动听的乐曲，如果反复看、反复听，原先的美感也会逐渐消失，而代之以单调乏味的感觉。同样，毫无变化、索然无味的婚姻生活也会令人产生这样的心理反应，这就是"爱情厌倦"心理。

婚姻问题专家指出：孤独感、生活单调、缺乏情感交流和吸引力的消失是产生"爱情厌倦"心理的主要因素。

孤独感常是产生这种心理的主要原因。一个人如果没有人与他分享生活中的乐趣与感受，就会产生孤独感。由孤独感而转成对婚姻的失望及至愤怒，原先的情感也就随之消失殆尽了。

长期单调贫乏的生活是促成"爱情厌倦"心理的第二个重要原因。家庭生活如果总是在同样的时间以同样的方式进行就会失去乐趣。而外遇却能提供新鲜感和刺激感，并带有许多吸引人的冒险因素，这对于不甘单调的一方自然构成了巨大的诱惑，继而对原有的婚姻更为不满和厌倦。

夫妻间长期地缺乏感情交流是滋长"爱情厌倦"心理的第三个因素。事实上，夫妻间的和谐关系是靠思想信息的交流而形成并维护的。它包括互相的尊重与欣赏，夫妇若缺乏情感交流，其隔阂便会渗透到生活的各个方面，使双方渐渐疏远，由相互看不惯直到相互厌倦，"爱情厌倦"心理就由此产生。

至于吸引力，这是夫妇双方保持相互爱慕所不可缺少的重要因素。而不少做妻子的却认为，自己同丈夫一起生活多年，互相熟悉也无什么秘密可言，就无需保持端庄的仪态，因而失去了女性特有的魅力，使丈夫逐渐产生厌倦的心理。还有一些妇女则认为，只要自己有功于丈夫和家庭，丈夫就不会（至少从道义上讲是不敢）嫌弃自己，因而不注意自身的修养和提高，使夫妻间拉大差距，造成情感的不和谐。此时，产生"爱情厌倦"心理也就在所难免。

心理诊所

若要防止产生"爱情厌倦"心理，就要保持婚姻生活的新鲜与活力。

处方一、 树立配偶第一的原则。

处方二、 尽量使家庭生活丰富多彩。

记得生日、结婚纪念日等有纪念意义的节日。这样，双方就会燃起对爱情、对生活的新的追求。

处方三、经常地赞美对方。

事实上，这是给对方的精神支柱，是对方获取幸福的源泉。交流情感为什么要吝啬赞美之词？

处方四、努力提高自己各方面的修养，是保持吸引力的重要手段。

别林斯基说："爱情是两个相似的天性在无限感觉中和谐地交融。"夫妻既是一个共同生活的整体，又是两个独立的人。它不会因一方的提高而"带高"另一方，只有双方共同提高，才是婚姻稳固和谐的基础。

恋爱恐惧症：失去了爱的能力

今年28岁的云霞至今还是孤身一人，她说自己患了爱情恐惧症："只要一听到有人对我说喜欢我，我就开始莫名其妙地紧张、担心，那种恐惧无法言状。于是，我开始逃避，开始不再出现在这个人的面前，想从人间蒸发"。云霞的母亲已经为她感到担心，但是在她看来，世界上的男人没有一个可靠的，包括背叛了母亲的父亲。还有自己至亲至爱的表姐，当初曾经不顾所有人的反对，毅然嫁给了那个一无所有的男朋友，但不久就离婚了，原因是这个男孩子原以为表姐家很有钱，可是后来发现他自己并没有得到。

云霞还说到，她一个大学男同学，结婚没几天，就天天在外打牌，很晚才回家，并且亲口对她说，男人没一个好东西！

婚姻、爱情，付出越多，伤害就越大吗？这个问题云霞久久不能够找到答案。于是面对爱情，她也就望而却步。她不想自己受到伤害，于是就像一只刺猬一样，把锋利的刺裹在柔弱的身体外面。

当梁山伯与祝英台、罗密欧与朱丽叶双双为爱殉情，当他们的爱情成为千古绝唱，成为经典回眸，不知有多少人将爱情奉为生命中最重要的东西。于是，爱情几乎成了他们的一切，为了爱，他们可以奋不顾身，为了爱，他们甚至什么都可以放弃……但是近期的一次调查结果却让很多人感到奇怪。近期，一家妇女杂志社对女性生活和感情趋势进行了问卷调查，调查范围涉及30多个国家和地区。据调查结果显示，在女性的生命中，工作占第一位，几乎占了被调查女性的45%。其次是自己，占据被调查女性的31%。再次是孩子，占14%。然后才是爱情，仅占10%左右。不过有些国家和地区被调查的女性有的把爱情提前至第三位。另外，还有一个问题远远超出人们的意料，当问到是否愿意为爱情做出牺牲时，竟然有高达52%的女性回答不愿意。这远远不是那个永远把爱情放在第一位的年代了。

据调查，现在的都市女性早已不具有浪漫、多情的心理特征了。心理专家说这是现代都市女性的通病，因为在她们的心中，物质越来越占据第一的位置。她们没有能力和人相爱，没有愿望和人相爱，爱情恐惧症也渐渐成为现代社会的流行病。

据心理专家分析，以下几类女性容易患爱情恐惧症：

1. 家庭生活不幸福的女孩，尤其是离异和单亲家庭的孩子。因为，在她们的意识里，爱情和男性并没有带给她们任何安全感。

2. 爱情上受过挫折的女性。所谓"一朝被蛇咬，十年怕井绳"，爱情的挫折带给了她们太多的创伤和疼痛。

3. 一些只重物质不重感情的女性。在现在的很多女性看来，爱情不能当饭吃，物质才是最真实的东西。爱情可能会背叛自己，但是金钱和物质永远也不会。

心理诊所

可以想象一下，如果这个世界上没有爱情，那将会是怎样的一个世界？如果人人都在为物质、为金钱而活，岂不是会错过生命中很多美好的感觉？尝试通过以下办法治疗自己的爱情恐惧症吧。

处方一、回忆初恋

想想你的初恋，看看还有没有那种激动的感觉，如果有，就常常回忆那种心情，体味那些让你激动的理由，然后以那样的标准去试着找一个合适的人。

处方二、尝试约会

如果你仍不能对谁动心，就环顾四周，选一个对你有意、你也认为最好的人，尝试和他（她）约会一周，想出他（她）不少于10条的优点，然后写在纸上，每天默念3遍。

处方三、交流感觉

随时交流和对方相处的感受，集中精神留意对方的反应，并适时调整。让对方觉察到你对他（她）哪怕稍嫌敏感的注意力。抽时间不妨看看过去的经典爱情小说，从书里找点纯洁的男女情愫。别以为那是不合时宜，要知"经典"永远比时髦更接近真理。要相信，尝试之后，你会发现自己依然还会心动，还会渴望那份朦朦胧胧的感觉，因为，渴望爱情的滋润可以说是每一个人的本能，所以不要刻意地压抑和掩饰，否则你会失去人生中最美妙的风景。

婚姻恐惧症：婚姻是爱情的坟墓吗

小怡原本定于下个月与心爱的男友举行婚礼，出人意料的是，她不仅不觉得幸福，反而随着日期的临近，越来越焦虑，甚至产生了婚礼要延期的想法。

她坦言，自己对婚姻仍有莫名的恐惧感，她说："我是一个很渴望婚姻家庭的人，但现在又特别怕，万一婚后不好又怎样？一旦结婚了就希望可以像父母一样能过一辈子，虽然离婚也不是大不了的事，但就是突然间的恐惧，不知是因为年纪还是什么，令我对这件事很犹豫。"

因为小怡犹豫不决的态度，一向包容她的男友也觉得很受伤。

《2008年中国社会形势分析与预测》报告指出，全国登记结婚人数在持续减少，初婚年龄显著推迟……上海男性初婚年龄平均31.1岁，上海女性初婚年龄平均28.4岁；北京初婚年龄男性平均28.2岁，北京女性初婚年龄平均26.1岁。51.7%的人认为恐婚很正常，45.7%的人身边就有恐婚族。

在如今的社会，恐婚的心理如此普遍，其原因到底是来自于哪里呢？

第一来自心中的伤痕久久不能释怀，内心存在强烈的不安全感。第二是追求完美、宁缺毋滥的心理作祟。第三是源于"彼得·潘情结"，自己还是不愿长大的孩子，逃避婚姻。

其实，结婚是人这一辈子几件最大的事之一，在做出如此重大的决定前，紧张必然少不了。可是有的人却把这种紧张无限扩大，担心不曾担心的事情，发愁没有必要发愁的未来，当自身无力承受自己制造的恐惧时，可笑的悲剧就上演了！不明智的做法是：

1. 被伤害后却仍然沉浸在痛苦的幻觉中不能自拔，导致自己永远和新的爱情无缘，虽然年华在不断流逝，时间却凝固在过去，沉醉在过去之中，爱被冻结了，直到把自己化为泡沫。

2. 过于追求完美。不明智的人会将自己的爱人升华为不现实的完美的神。结果发现寻觅了多年，心中的爱人只会在童话与爱情小说中才能见到。

3. 现实中的彼得·潘忘记了自己受时间的制约，已经年近30，仍然希望自己做孩子，永远以自我为中心，不知道主动关心别人，而把别人对自己的关心视为理所当然，依赖他人，不敢承担责任，又苦于自己不愿意做独身主义者，就这样光阴如梭，他们在长大与不长大之间挣扎，逃避在孩子的世界里。

4. 不明智的人每段情感最长超不过半年，他们会一次一次在同一个地点跌倒，每每在进入亲密关系的时刻以受伤收场，却不知道自己是怎么摔倒的。在家庭能量理论中，来自家庭的创伤会为人谱写一份你觉察不到的心灵剧本，它就潜藏在恐婚者的潜意识中，无形地左右他的爱情人生。

5. 因为对情感都不信任，在一段关系中，却尝试新的目标，脚踩两只或几只船，结果哪边都得不到。

明智的做法是在进入情感前或在情感中进行自我觉察，真实了解自我以及与对方的情感关系，找到自己恐婚的真正或潜在动力。

心理诊所

处方一、在决定结婚前确定自己与恋人的感情

确定感情后就应该充分地相信对方。不能为了自己假设出的种种可能而否定婚姻的必要性。

处方二、尽早为婚后的生活做心理上的准备

传统观念中，开始婚姻生活就是一个人下半生的开始，可见这个转变非同一般！想在几天之内接受改变生活状态的现实的确不是那么容易，这也是导致很多人婚前焦虑恐惧的一大原因。所以要在有结婚想法时就开始心理上的调试，以便真的结婚时能有很好的心理过度。

处方三、尽早为婚后的生活做实际准备

80后独生女子越来越多。年轻人在家过惯了公主、王子般的生活，家务事很少过问，一旦步入婚姻，不免很多事要自行处理，如做饭、打扫、洗衣等等。如果临近结婚才想到这方面的欠缺，补课为时已晚，只能愁上愁。

处方四、如果心理上存在解不开的结，提前求助于心理咨询

有些人在过去的感情经历上受到过伤害，对婚姻的恐惧是自己不能克服的，如果遇到这样的情况，要尽早觉察，然后到专业的心理咨询机构寻求帮助。

网恋：危险的虚幻痴情

护士文燕，人长得非常漂亮，性格也很开朗，平时喜欢上网。她有许多网友，同大家都聊得挺好。渐渐地，她发现自己和其中一个男孩聊得特别投机。经不住好奇心驱使，她和那男孩见了面。他的风流倜傥让文燕更加动心，使她深深地爱上了那个男孩。接下来的日子，只要有时间文燕便和他在网下见面交流，从此网恋就变成了现实中的恋爱。

经过一段时间的相处，文燕发现男孩有许多像她这样从网上骗来的女朋友。并且，他在老家已经有了一位青梅竹马的未婚妻子，原来网恋只是填补一下他的精神空虚而已。这一切对文燕来说就如同晴天霹雳。文燕心里接受不了自己一直被男孩欺骗的事实。她没有心思做任何事情，像要发疯了似的，甚至准备割腕自杀。

美国心理学家金伯利·扬认为，网络给人们提供了一个游戏人生的空间。在这个隐秘而安全的空间里，人们可以无拘无束地寻找各种需求，并且似乎无须为自己的行为负责。于是就有了网恋，甚至网婚。

网恋一般是通过聊天和论坛及电子邮件等方式进行的。正是由于网络受条件限制，所以对一个人的认识往往是片面的。人性的复杂在网络的掩护下得到了部分遮蔽。而恋爱需要全方位、多侧面地去了解一个人。所以，很多网恋都是光开花不结果，聚也匆匆散也匆匆，很大的一方面原因就是缺少对对方的全面了解，往往是特定的心境下，心理冲动的结果。

网恋是特定时代下的产物。随着社会的变迁，寻求爱情的成本与所承担的风险越来越高，人们一方面渴望爱情，另一方面又害怕爱情所带来的伤害，于是便产生了新的矛盾。随着网络的普及，由于网络与爱情之间的某种契合度，人们发现了在虚拟的网络空间可同时满足对爱以及安全感的需求——网恋。

爱情小说之所以吸引人，它的魅力就在于给人们插上了想像的翅膀，可以无限地夸张爱情的美好。网恋所不同的是，它不仅使人浮想联翩，而且在互动中使人不知不觉地把想象演绎成了现实。因此，涉世不深的人频频上当。

嫦娥奔月的故事，很多人都非常熟悉，而网恋发生的一个个故事就像嫦娥奔月的故事一样，主角都在为一个梦想而痴狂，宁可舍弃手中的幸福，却将快乐寄托于虚无，到最后，才知是大梦一场。

有很多正在网上热恋的人表示，他们只在乎曾经拥有，不在乎天长地久。有的甚至相信，一个QQ表情、一封E-mail、一番网络对话就是相守一生的承诺。也许他们未曾想过，一生的默契、一生的相知、一生的认同、一生的相伴，不是一句单纯的许诺就能实现的。也许他们在回首的那一刻，才会恍然大悟，痛苦也罢，快乐也罢，人世间的苦辣酸甜、诸般磨难和喜乐才是自己的，这一切都需要去勇敢面对，而不要通过网恋的方式来宣泄或避世。

通过网络相互认识，以网络为媒介，然后由虚幻走入现实，最终步入婚姻殿堂的例子在我们身边也有，但是，我们看到更多的网恋是没有结果的悲剧。

在漫漫的一世中，人是孤独的，人需要朋友，不管是同性朋友，还是异性朋友；人的一生更需要知己，不论是红颜知己，还是蓝颜知己。朋友是一生一世的约定，而知己则是生死与共的守候。

我们要感谢网络，它为世上孤独的人找到了这么多朋友和知己。但要清楚的是，网络上有你的朋友，有知己，有想象，还有回忆，但很难有爱情。网恋只是生命中一次如泡影般的相约，它会随风而逝。网络中的爱情就如人生路上的飘萍，聚散无常。这种虚拟的感情最终会随着岁月的流逝，而逐渐淡去，不能长久，也不会长久。真正的感情需要相濡以沫，需要相伴终身。

心理诊所

处方一、吸取教训

很多的网恋故事都是以悲剧和无果而结束的，我们可以从周围朋友或其他渠道多打听这方面的消息，吸取教训，知道危害，这样就会对网恋存有警惕和芥蒂。

处方二、回归现实

不要整天面对着电脑，更不要对QQ等聊天工具产生依赖症，要经常和现实中的朋友和亲人聊天、谈话，交流一下关于爱情的看法，这样会有助于自己认清网恋的真实面目。

处方三、培养爱好

大多数网恋的人，都没有什么业余的爱好，他们往往比较寂寞和孤独，以电脑为伴，在虚幻的网络里遨游。所以这类人需要多培养一下业余爱好，经常参加一些室外活动，例如爬山、游泳、旅游等，接触的活动和朋友多了，自然就会摆脱那个虚拟的世界。

网恋的浪漫如一朵飘过的云，一缕升起的烟，现实才是承载生活的土地。当我们义无反顾地走出那个充满诱惑的空间时，会感到豁然开朗。

第九章

就这么傻傻地长大了

——看穿熊孩子们的那点小心思

幼儿胆小心理：不停地说"我害怕"

卫玲家的孩子6岁了，胆子小得出奇，晚上从来不敢一个人去厕所，每次去时都要大人陪，如果没人陪他去他宁可憋着不撒尿，所以每次家人都得迁就他。

有一次，为了锻炼他的胆量，卫玲和丈夫商量好了坚决不陪他去，孩子终于熬不住，自己向厕所走去，可刚走到厕所门口就大哭着跑出来了，还浑身颤抖。看着孩子没出息的样子，卫玲不禁生气地骂道："胆小鬼！有什么可怕？"

孩子听了妈妈的训斥更加大哭起来，抽抽噎噎地说："里面有鬼……"看到孩子一直地哭个不停，卫玲只好又哄又劝，以后再也不敢不陪他上厕所了。

现在，这孩子的胆子更小了，甚至书上丑陋的图画都让他感到害怕，比如小丑、张牙舞爪的巫婆、颜色暗淡的衣服、表情怪异的脸等。因为下个学期的英语书上有他害怕的图片，他竟然为此害怕上英语课。

孩子这么胆小，让卫玲十分苦恼，她不知道怎样才能让他勇敢起来。

在众多独生子女中，大多数孩子活泼好动，能言敢为。但也有一部分孩子胆小怕事，生性腼腆，说话声音低微，不敢一个人外出，怕出门见到某个东西，比如怕狗、怕黑等。这种情况与年龄是有关系的，研究发现，在10岁之前，几乎有一半的儿童都会有不同程度的害怕心理，40％的2～4岁儿童至少有一种害怕心理，43％的6～12岁儿童有7种以上的害怕心理。惧怕与儿童身体发育的状况和应对能力有关，10岁之前孩子的认知还未成熟到能明确区分什么是实际，什么是幻想，所以通常会有某种惧怕心理。一般这种惧怕都会随着儿童体力、智力和经验的发展而不断消失。大致说来，正常发育过程中出现的害怕和恐惧，为时短暂，一种惧怕很少持续1年以上，大多数在3个月内就会消失，很少会对儿童的行为产生严重的影响。但对鬼怪的恐惧，大约有20％的人会持续到青年时期，有的甚至更久。

造成孩子胆小的原因是多方面的，主要与环境和教育有关，归纳起来，大致有以下几个原因：

1. 用恐吓代替教育

孩子在成长过程中，总会在一定的阶段惧怕某种事物，尤其2~5岁，一些不适当的教育行为会加重孩子胆小的性格。比如有的家长经常拿鬼、妖怪来吓唬孩子，给孩子讲"鬼怪"故事，本意是让孩子老实、听话，结果却造成了孩子性格上的缺陷，得不偿失。

用恐吓代替教育是行不通的。所以胆小孩子的父母应该检讨一下自己，是不是把诸如"你再不听话，就会被妖怪抓走！""你再不睡觉，半夜吸血鬼就会来找你！"的话作为教育孩子的习惯用语。

2. 生气、嘲笑孩子的恐惧

一些家长对孩子的恐惧，不但不给予关心，反而对他的恐惧进行嘲笑，或生气地指责，这种态度使孩子更加不敢面对恐惧的事物，使孩子的身心情感受到更大的伤害，进而影响孩子正常的生活和交往。

3. 过度保护

有的家长明白吓唬孩子是不对的，可他们却走向了另一个极端——过度保护。当孩子表现出胆小或正在害怕时，他们把孩子紧紧搂在怀里千哄万哄，不离左右，甚至把孩子爱吃的爱玩的都拿出来，想借此消除孩子的恐惧心理。殊不知，这样做只会适得其反。因为这样做，只是让孩子暂时回避了恐惧，并没有从根本上解决孩子为什么怕、怕什么的问题，下次遇到类似事物，孩子还会再次害怕。心理专家认为，当孩子恐惧时，采取回避态度，回避后又给他过分关照，给他吃平时吃不到的东西，其实是助长了他的恐惧心理。过度保护不但不会使孩子胆子变大，时间长了，甚至影响孩子的性格发展。男孩会变得胆小、自卑、孤僻，女孩会变得过分羞怯、过分依赖、过分娇气等性格缺陷，难以应付生活中的各种困难。

4. 电视媒体影响

以魔幻、灵异鬼怪为题材的电视剧盛行，由于孩子想象力丰富，这些都会加深他的恐惧。

孩子胆小是正常现象，不是病，但对孩子全面发展是不利的，家长不应轻视这个问题，而应采用正确的教育方法，帮孩子摆脱恐惧。

心理诊所

处方一、渐隐法

渐隐法是美国心理学家琼斯发明的。渐隐法是指一种逐步改变控制某一反应的刺激，最后使部分改变的刺激或完全新的刺激仍可引起原来相同的反应的行为塑造方法。

举个例子说明，比如孩子害怕兔子，可以在孩子心情愉快时，给孩子看一只兔子，并天天坚持这样做，开始可以远距离地看，以后逐步让孩子接近兔子。开始时，孩子可能对兔子非常害怕，但天长日久，孩子的恐惧就会慢慢减弱。你会发现，渐渐地，孩子会容忍与兔子近距离接触了，最后他甚至能把兔子抱在怀里抚摸，孩子不但不再害怕兔子，而且和它做了朋友。

处方二、端正教育态度

首先，做到不吓唬孩子，也不过度溺爱保护孩子。

其次，对孩子的恐惧不应训斥或嘲笑，也不应采取强迫手段，让孩子去做他害怕的事，勉强为之也不会有效果的。家长要做的是耐心地解释和鼓励，比如孩子怕图画，你可以指着图画告诉他："你看，这不过是一张图画，没有什么可害怕的。"或者握着他的手温和地说："人是最强大的，你是勇敢的小孩，他们会很怕你。"

总之，家长不要操之过急，要慢慢进行引导。

处方三、进行勇敢教育

家长要对孩子讲一些勇敢故事，鼓励他做事的独立性，让孩子多与他人交往。孩子害怕一个东西，你可以让他亲自摸一摸，他觉得没什么危险，恐惧感就会自行消失。

也可以有意地对孩子进行锻炼，比如孩子不敢上厨房，你可以说"去把那个草绿色的杯子拿来，我等着倒水呢！"这样孩子的注意力就会转移到他干的事情上，注意力会放在他拿杯子的颜色上，而忽略了去哪里拿。当孩子做了勇敢的举动，你要及时鼓励，对他讲"你真棒！"这样孩子的胆小就会逐渐纠正过来。

儿童偷拿心理：管不住的小手

康康读小学二年级了，他一直很乖，可最近发生的事情却让妈妈既生气又担忧，康康竟然不止一次地背着妈妈，偷拿家里的钱。

一天下午，康康妈拿钱包想出去买东西，可发现少了50元钱。她记得没有别人来过，难道是儿子拿的？

康康放学后，妈妈试着问了一下："你拿妈妈的钱去买了什么？"

康康愣了一下，害怕地说："和同学去网吧打了会儿游戏。剩下买了点吃的，还剩10元钱。"

康康妈又生气又震惊，真想狠狠揍他一顿，这么小的孩子怎么能学会偷呢？虽说拿的是家里的钱，可在家偷习惯了，谁保得准在外面不偷呢？长大了那还得了？康康妈越想越害怕，但想到孩子的教育不能光靠打，就努力使自己平静下来给他讲道理。

从那以后，妈妈每周给康康10元零花钱。在以前康康家有个规定，康康每做一次家务都能得到1元钱，他原来是可以靠这种方式来自己挣钱的，可后来由于上了小学，作业多了，就没再做家务。妈妈猜想，可能由于这个原因，他才会偷钱吧。

这样平静地过了一段时间，可前几天康康妈又发现他偷拿了钱，她很气愤，于是狠狠地打了康康一顿，康康也承认了错误，可康康妈还是很怕，怕他再犯毛病。她怎样做才能让康康不再犯呢？

每个父母发现自己的孩子有了这个问题，都会震惊愤怒，犹如梦幻破碎。其实"偷窃"的行为在10岁以下的孩子中普遍存在，有的偷家里的，也有的偷拿商店的东西，但我们并不能就因此说他们是可耻的，因为每个人都要经过家庭、社会和学校的教育才能具有诚实的品格。孩子在10岁以下，价值观念还模糊不清，容易以自我为中心，所以，我们不必把这种行为等同于大人的同类行为，这和大人的偷是两种概念，不同性质的。一般说来这种现象会随着孩子年龄的增长而慢慢消失，但如果直至10岁仍未有改善的迹象，就必须寻找专业的指导与帮助了。

在物质条件相对较好的今天，人们普遍过得比较舒适，按理说，孩子偷东西的行为是不会发生的。但是，据了解，即使生活条件很好的家庭也时常会出现孩子偷拿别人东西的事情，这到底是为什么呢？

1. 引起他人关注

如果家庭不完整，父母酗酒、赌博或对子女照管不周，孩子为了弥补心中的爱，往往采取偷窃的形式引起父母与他人注意。

2. 占有欲强烈

对没有吃过、玩过的东西，有想获得、占有的强烈愿望，而又不能很容易地获得，在私欲的驱使下，便会悄悄地将别人的东西占为己有，发生偷窃行为。

3. 叛逆的反抗

有些孩子对父母过于严厉的教育方式不满，产生报复心理，故意做一些让父母难过的事情，这是一种叛逆的反抗。

4. 强烈的冒险心理

孩子认为偷拿东西是一种冒险刺激的事情，别人不知道的情况下，只有自己知道，多神秘呀！

5. 不清楚偷盗的卑劣

偷东西的行为多发生在孩子幼年时，他们还没有形成明确的尊重他人权益的概念，更不清楚偷盗这种行为的卑劣之处，所以有一种"我喜欢，就要得到"的强烈愿望，就不由自主地去"拿"了。

当孩子有了这个毛病，不论偷窃物品是多还是少，都要让孩子明白这种行为是不正确的。一定要让孩子克服掉，而且越早越好。

心理诊所

处方一、采取平静、沉稳的方式教育

很多父母发现孩子有这个问题时，都会盛怒异常，动辄大吼大叫、棍棒相加，其实这实在不是明智的做法。孩子在责骂下，可能会说谎话来掩饰自己的行为，或在你强烈的言语谴责下，产生深深的罪恶感，认为自己是天底下最坏、最可耻的孩子。这样做，其实对事情一点帮助都没有，倒不如采取冷静、理智的态度来处理这件事，没完没了的责备，不但会伤害他们的自尊心，还有可能激发他们的对抗和报复心理，或对自身产生厌恶，从而失去自信心，所以父母一定不要那样做。

　　小明的姑姑开了一家超市，小明经常到那里去玩。有一次，姑姑发现小明趁人不注意偷拿了一包糖果，让她很吃惊，但她觉得孩子小，拿就拿吧。后来她又发现小明又拿笔记本、转笔刀、羽毛球，而且总是趁着周围没人时悄悄揣进怀里，等拿完了，他还假装很正经的样子，这分明就是个小偷嘛！姑姑觉得不能不教育这个孩子，否则他可能会走上歧路。那天店里只剩下了姑姑和小明两个人，姑姑趁这个机会走过去把小明抱在膝盖上，用温和的目光看着他，告诉他说昨天有个人从店里偷了东西，然后她又讲她在六年级时，曾经偷过同学的铅笔，她知道这是很严重的错误，内疚得很，以后好长时间她都觉得惭愧、悔恨，心里一直像背着一个包袱，那支铅笔一直也没有用。她被一种深深的罪恶感折磨着，她认为这很不值，所以她以后再也没有那样干过。小明听了姑姑的故事变得面红耳赤，说："姑姑我错了，我以后再也不随便拿东西了。"

　　小明的姑姑没有对他进行简单的斥责与批评，也没有让小明觉得自己是一个十恶不赦的坏人或小偷，他们一起讨论了为什么不该偷拿东西，以及偷东西对社会及他人造成的损害。她用这种温和、冷静的方式去处理，达到了"润物细无声"的良好效果。

　　处方二、对症下药

　　对症下药才管用，要想纠正孩子的偷窃行为，必须先确定孩子偷东西的症结所在，这样才能提出科学、合理的解决方案。分析他的偷窃行为属于下列哪一项：

　　1.想买一些东西，但是钱不够；

　　2.认知发展不成熟，不明白偷窃的意义；

　　3.寻求家长的注意和关爱；

4. 寻求神秘感、刺激感；

5. 模仿他人行为的结果。

当你确定了是哪种症结之后，你就能做到有的放矢，提出科学的解决之道。下面几招供你参考：

1. 首先让孩子认识到拿别人东西是可耻的行为，它会让一个人被人瞧不起，所以一定要改掉这个坏毛病，包括偷拿家里的钱，家里的东西。

2. 给孩子合理数目的零花钱让他自己支配，告诉他需要什么东西可以说出来，并和孩子讨论哪些愿望是可以马上实现的，哪些不行，并告诉他原因。

3. 平时多关爱孩子。当父母的要做的不仅是让孩子吃好、穿好，更重要的是关注他心灵的成长。

4. 引导孩子交好朋友，给孩子建立一个良好的环境。父母给孩子做好榜样，做到有节制地生活，避免大手大脚地花钱。

处方三、教导孩子为自己的行为负责

当孩子有不良行为时，家长要做的不是包庇孩子，而是教导他如何面对后果。让孩子归还偷拿的物品，必要时让他当面道歉，以培养他的羞耻心。警告他下次再犯会有什么后果。另一个可行的办法是惩罚他，取消他的某些权益，比如刷一个星期碗或取消一个星期的动画片等，都可有效地对孩子起到惩戒的作用。

总之，对孩子偷东西的行为既不能反应过激也不能掉以轻心，把孩子偷东西看做是借东西与把孩子贬斥为贼的做法同样有害。对孩子偷东西的行为视而不见和夸大其词都是不可取的。

儿童多动症：屁股上像长了刺儿

松松今年上幼儿园了，妈妈想终于可以松一口气了，可却等来了幼儿园阿姨一连串的抱怨："松松今天上课时，不停地在教室里跑来跑去，他根本就坐不住。""松松今天上课时，从窗户跳出去到外面捉蝴

蝶。""松松下课就和同学追跑打闹，上课铃响了都喊不回来。"

　　松松妈觉得，这个孩子可能有"多动症"，怎么管也管不住，真让她操碎了心，他从出生那天起就不让妈妈省心，日夜颠倒，白天睡觉，晚上就事多了，得全家老小不停地伺候他才行，轮流抱着溜达、唱歌。会爬、会走时就更厉害了，所有能摔碎的东西都不能让他碰，否则就会"性命不保"。

　　那天，妈妈和爸爸去幼儿园看他，他在滑梯上爬上爬下，跑起来横冲直撞，让人十分担心。松松如此好动，爸爸妈妈该怎么办呢？

　　一般来说，孩子在2~3岁时，都会有好动现象发生，但随着年龄增长，好动现象就会减少。但据调查，有5%~10%的孩子有"多动症"倾向，他们好动问题比一般孩子严重得多，如果不及时正确地引导，可能会带来严重的后果。

　　据调查资料，半数以上的患儿早在新生儿时期就有兴奋、多动和睡眠障碍（如不易入睡、易惊醒等）。到幼儿时期，往往表现出异乎寻常的活跃，成天不停地活动，但多半无目的性，且其情绪不稳定，常带有冲动性，因而需要大人密切观察与监督。

　　上小学以后，绝大多数患儿的注意力集中短暂，学习困难，成绩下降。他们在课堂上常常坐不安宁，不能专心听讲，小动作不断，常作怪声，挑逗邻位的同学，破坏课堂纪律；不能按时完成课堂和家庭作业，情绪常易冲动，易与同学争吵，甚至发生斗殴，很少有知心朋友。

　　到中学阶段（少年时期），一般表征大体同前，但其"多动"症状从12岁开始有逐渐减少趋势。

　　孩子好动因素有很多，归纳起来大致有以下几种：

　　1.生理上的原因

　　这是由孩子生理特点决定的，有一类孩子大肌肉特别发达、精力充沛，在学校表现为坐不住，在需要身体运动的课程中往往成绩出色。在多动的孩子中，男孩数量是女孩的4倍，而且你无论使用什么招数，他多动的毛病就是改不了，是公认的"惹祸包"，这些都是由于生理上的原因。

2.学习快的原因

有些孩子特别聪明，老师讲的内容，他很快就掌握了，当其他同学还在冥思苦想时，他已经把所有的题目都完成了，所以没事干时，他就会调皮捣蛋，这类孩子，思维活跃、想象力丰富，总想钻空子想坏点子，让老师们可气又可笑。

3.早期关怀不够

还有一些孩子，是由于在早期生活中没有得到良好的照顾与关怀。这种类型的孩子上学后，会很不容易融入集体生活，会故意与老师作对来吸引别人对他的关注。这类孩子如果不进行及时科学的教育，有可能发展成为问题少年，我们要重视起来，并防患于未然，在孩子成长初期给予足够多的关怀与爱。

4.其他因素

许多独生子女家长"望子成龙"心切，但由于教育方法不当及早期智力开发过量，使外界环境的压力远远超过了孩子的承受能力，是当前造成儿童多动症（注意力涣散、多动）的原因之一。另外，吃了食物中的人工染料，摄入含铅量过度的饮食（不一定达到铅中毒）也会导致多动。此外，国内资料表明，在多动症患儿的不良家庭教育方式中，家长中所谓的"严格管教者"占61.7%，放任不管者占3.5%，过分溺爱者占7.05%。国外亦有学者认为，暴力式的管教，会使患儿症状加重，并产生新的症状，如口吃、挤眉、眨眼。而家长对患儿漠不关心、放任自流或过于溺爱等，常可能促使症状出现，或使已有的症状加重。

多动症是一种常见的儿童心理疾病，这类孩子一般智力正常，但存在与实际年龄不相符的注意力涣散、活动过多、冲动任性、自控能力差的特征，以致影响学习。多动症发病率为3%左右，男孩多于女孩。

多动症如果不及时治疗，30%的患者会持续到成年，所以应及早到医院就诊。当然前提是必须分清孩子是调皮还是真正的多动症，不要武断地给孩子贴上"多动症"的标签。如果孩子多动现象随年龄渐渐减少，注意力时间逐渐延长，上课能静坐听课，而且没有其他异常现象，就属于正常发育中的活泼好动，不是多动症。

患多动症儿童和顽皮儿童的区别：

1. 注意力方面：患多动症儿童在任何场合，都不能较长时间集中注意力，即使是看"小人书"、动画片时，也不能专心致志。但顽皮儿童却不同，在看"小人书"、动画片时，能全神贯注，还讨厌其他孩子的干扰。

2. 行动目的性方面：顽皮儿童的行动常有一定的目的性，并有计划及安排。而多动症患儿却无此特点，他们的行动较冲动，且杂乱，有始无终。

3. 自控能力方面：顽皮儿童在严肃的陌生的环境中，有自控能力，能安分守己，不再胡吵乱闹。多动症患儿却无此能力，常被指责为"不识相"。

心理诊所

处方一、 从小培养孩子一心不二用的习惯

如吃饭时不看图书、不看电视，做作业时不玩玩具等。应根据患儿年龄及病情实施注意力集中训练。对注意力严重不集中者，开始可让其每日1～2次定时听故事，或让其自己读书每次5分钟，并逐渐延长时间。学龄期以后能每次集中注意力听故事或阅读45分钟以上者为达到了正常儿童的标准。

处方二、 发泄的办法

可以让孩子多参加一些体育运动，如游泳、跳舞等，既锻炼了他的身体，又让他表现了旺盛的生命力。

处方三、 奖励的办法

用这种方法之前，家长要向孩子明确提出希望他怎么办，比如不在大街上乱跑等。当孩子乖乖听话时，要马上夸奖他，例如"明明真听话，比隔壁的刚刚强多了"，当孩子听到这些溢美之词时，就会快乐无比，进而约束自己的行为。当孩子要求物质奖励时，你可以让孩子用代币的东西积累点数，当达到一定点数时，满足他的一个愿望，这样孩子有了一个期望值，也会自觉变乖。当然，每次解决一两个问题即可，不能太多。

处方四、 想象的办法

你可以这样说："孩子，让我们一起想象空气中飘浮着黄色的快乐精灵，让我们把它们吸到肚子里，那样我们就会变快乐。来，深呼吸。"在呼吸时慢慢吐气，想象把黄色精灵留在了肚子里，深呼吸4～7次后，想象自己也变成了快乐精灵，在空气中快乐地飞来飞去……这样，孩子慢慢地就会平静下来了。

需要注意的是，家长、教师及同学不要歧视打骂多动症患儿，更不能侮辱其人格，损伤其自尊心。发现其品质中的闪光点，应及时给予表扬和鼓励。但对患儿的打架伤人等攻击性行为、破坏公物等破坏性行为以及说谎、逃学等不端行为，应像对待正常儿童一样坚决制止，不可袒护。

处方五、 饮食疗法

研究表明，大量进食含有酪氨酸、甲基水杨酸盐的食物以及进食加入调味品、人工色素和受铅污染的食物，均可使具有发生多动症遗传素质的儿童发生多动症，或者使多动症症状加重。相反，对多动症患儿限制这类食物，其症状可明显减轻，因此，多动症患儿的饮食，应注意以下几点：

1. 应少食含酪氨酸的食物，如挂面、糕点等。少食含甲基水杨酸的食物，如西红柿、苹果、橘子等。饮食中不要加入辛辣的调味品，如胡椒之类，也不宜食用含酒石黄色素类食物，如贝类、橄榄等。

2. 应多食含锌丰富的食物。因为锌是人体内必需的微量元素，与人体的生长发育密切相关。锌缺乏常使儿童食欲不振、发育迟缓、智力减退。研究发现，学习成绩优良的学生，大多数头发中锌含量较高。所以，常吃含锌丰富的食物，如蛋类、肝脏、豆类、花生等对提高智力有一定帮助。

3. 应多食含铁丰富的食物。因为铁是造血的原料，缺铁会使大脑的功能紊乱，影响儿童的情绪，加重多动症状。因此患多动症孩子，应多食含铁丰富的食物，如肝脏、禽血等。

4. 应少食含铅食物。因为铅可使孩子视觉运动、记忆感觉、形象思维、行为等发生改变，出现多动症状，所以多动症患儿应少食含铅的皮蛋、贝类等食品。

5. 应少食含铝食物。因为铝是一种威胁人体健康的元素，食铝过多可致智力减退、记忆力下降、食欲不振、消化不良。多动症患儿应少吃油条，因为制作油条需要在面粉中加入明矾，而明矾的化学成分为硫酸钾和硫酸铝的复盐。因此，吃油条对孩子的智力发育不利。

童言有忌：孩子为什么会说脏话

宝宝会说话了，家里的人都很高兴，不停地逗他说话，可是令人烦恼的是，宝宝学话快，学骂人也快，上周末的事让爸爸至今想来，仍觉十分难堪。

宝宝爸一个久未联系的大学好友突然来北京出差，登门造访，爸爸自然十分高兴，盛情款待。爸爸的好朋友对宝宝赞不绝口。夸了几句，并抱起来亲了亲，可宝宝却出口成"脏"。好朋友开始好像没听懂，又摸了宝宝一下，宝宝又骂了一句。

爸爸拉过宝宝打了两下，爸爸的好朋友也感到十分扫兴却又不好意思，忙着劝爸爸。他越劝，宝宝爸越生气，这孩子也太不争气，非好好教训教训他。

结果，宝宝被打得哇哇大哭，宝宝爸和好朋友也不欢而散。

对于宝宝说脏话的毛病，宝宝爸打过也骂过，可情况就是没有改善。无论家里家外，宝宝都脏话不离口，小脾气一上来更口不择言。现在上幼儿园了，老师也经常向他反映这个问题，令宝宝爸十分苦恼。

孩子说脏话，虽然不是很严重的问题，但终究是一个不良习惯，如果不能及时改正，对他的学校生活与人际交往也会产生不良影响，进而影响孩子的健康成长。究竟是什么原因让孩子脏话连篇呢？

1. 新鲜好玩

事实上，这时孩子还没有明确的是非观念，他们对于脏话代表的含义也不甚了解，他们说脏话时并不会意识到自己说的是脏话，只是觉得新奇好玩，故意用来取悦大人或表现自己。他们在看电视或与同学嬉戏时，甚至父母不经意的玩笑话，都会记住脏话并加以模仿，自以为学到了新鲜的词汇，用来卖弄。看到家长惊愕、气愤的表情，他们也不会意识到错了，反而觉得很好玩，"你看，我说的话起到了这么大的作用！"

所以大家对孩子说脏话也不必暴跳如雷，只需找出症结，对症下药即可。

2. 追求团体认同感

在孩子上了幼儿园后，孩子就要学着与人交往，希望融入一个团体。假如他要融入的这个团体中，有人脏话不离口，孩子为了更快地被接纳，成为团体中的一员，就会自然而然用这个团体中大家都认同的语言说话，久而久之，就养成了脏话连篇的习惯。虽然父母认为孩子交了坏朋友，沾染了坏习惯，孩子却并不知道，他说脏话只是一种需要，而在主观上并没有要侮辱人的意愿。

3. 发泄气愤的方式

孩子在逐步长大的过程中，当他的口语和识字能力还不很强时，他总是难以找到合适的语言表达自己的不满与气愤，当他情绪激动时，总是采取最便捷的方式——说脏话，来表示他的不满。说脏话对大部分人而言是一种泄愤的方式，对孩子也是一样。

4. 叛逆的年龄

父母总是害怕这两个字——叛逆，它代表着孩子不再是个听话的乖宝宝，意味着孩子不听话，不服管教。而事实上，叛逆正是孩子开始长大成人的标志，说明他正在构建自己的世界与个性特色。有的孩子认为说脏话是"酷"，是为了表明自己更像一个大人，是孩子内心渴望独立的表现。也可能是对他们生活的环境，比如学校或家庭的制度不满的表现，渴望有所变化。

要解决孩子说脏话的问题，首先要查明孩子说脏话的原因，做到有针对性地教育，才能成功地改正孩子说脏话的坏习惯。

心理诊所

处方一、净化孩子的语言环境

孩子模仿力十分强，在今日资讯膨胀、信息力极强的社会，从根源上杜绝孩子说脏话也不太现实，但可以尽力去做。尽管他们会经常从电视、电影或小朋友那里学会许多不雅之语或不健康儿歌，但我们起码可以做到在家里给孩子一个清新干净的环境。所以，父母应做好榜样，让孩子养成说文明语言的习惯，带头说文明语言，并谨慎地选择电视节目，引导孩子玩文明健康的游戏。对孩子说粗话的行为，也要及时加以纠正。

处方二、明确不赞同的态度

当孩子说脏话时，可以先认同他们要表达的事情，但同时也要郑重严肃地告诉他，这些话不文明不好听，爸爸、妈妈和所有人都不喜欢听，希望他以后再也不用类似的语言表达情绪。然后，用成人的文明语言所要表达的情绪、思想重说一遍，教给孩子正确表达情绪的方式，教导他用文明话语表达自己心中的不满，例如说：我想打人，你没道理，我生气了……这样，孩子能运用文明语言表达自己时，就会减少说脏话的次数。若孩子仍使用不文明语言，你需要一再地表明你不认同的立场，让他明白这是错的，爸爸妈妈不喜欢。

处方三、增强孩子的是非观念

如果孩子说脏话只是因为盲从，而没有明确的是非观念，甚至根本不了解脏话的含义时，家长必须抓住每一个能增强孩子判断是非能力的机会，坐下来与孩子沟通，进而给孩子深刻有力的教育，向他解释这些词语坏在哪里。也可以和孩子一起分析孩子喜欢的英雄以及尊敬的成人是怎样说话的，利用榜样的力量，正面教育孩子。这样，从正反两方面教孩子明辨是非，使孩子在头脑中形成正确的是非观念，对孩子形成良好的语言习惯大有裨益。

处方四、惩罚屡教不改的行为

孩子自制力差，即使经过了多次的警告和解释，也明白了骂人是一种不好的行为，有时脏话还会脱口而出，甚至一而再、再而三地使用这些不雅之词。对于这样屡教不改的孩子，家长可采取适当的惩罚措施，明确告诉他，如果再说脏话，就会失去某些权利，如取消例行的奖励或不让他看爱看的动画片等，并切实地贯彻你的决定。

也可以适当地运用隔离法，让他自己待在一个房间里不理他，当然必须确保安全。让他自己单独地思考、反省一番，也许会收到意想不到的效果。

任性心理：满地打滚在耍赖

辉辉今年5岁了，非常任性，说一不二，动不动就一哭二闹，满地打滚，气得妈妈不知道怎么办才好。

一天，妈妈带辉辉去逛超市，他看上了一组智能小机器人，央求妈妈给他买，妈妈看了看标价，竟然上千元！妈妈说："太贵了，等辉辉自己长大了，挣好多钱再买，好吧？""不嘛，你现在就给我买。"他开始哭哭啼啼。

妈妈把他往外拖，他马上拉开嗓门大哭大叫，引来了周围许多人的目光，看到妈妈坚决的神情，辉辉干脆躺在地上打起滚来。围观的人越来越多，妈妈感到颜面尽失，只好"乖乖"地掏出皮夹。

家中有个"小霸王"确实让人头疼，孩子爱发脾气的毛病在2～5岁发展最厉害，这是由孩子的生理发展特点决定的。孩子进入2岁，开始寻求自我独立，但又由于语言表达能力不强，所以借发脾气来表达自己的情绪，从而使父母屈服于自己。5岁是孩子情绪发展的重要阶段，是他以后个性、情商、情爱能力的发展基础，为了孩子将来具有良好的性格，父母必须加以积极的引导，帮助孩子的情绪成长，为其成为一个高情商、心理健康的人打好基础。

在5～12岁，孩子渐渐懂事，如果父母给予良好引导，这个问题是会解决的，但如果教育不当，也很可能贻害无穷。

心理诊所

处方一、适时引导

当他"火山"爆发时不要理他，可以静静地看着他，两三分钟后，他的脾气发完时，告诉他发脾气一点都不好受，而且发脾气久了会很累。

然后再问他为什么生气，并明确地告诉他，哪种情况下发脾气不可以。对孩子的无理要求千万不要答应，而是告诉他，如果不发脾气，和妈妈好好说，他的愿望本可以实现的。要让他明白，发脾气没有好处，好好商量更容易实现愿望，这样时间长了，孩子从不发脾气中受益，就会养成制怒的习惯，从而使控制情绪的能力更快地成长。

尤其需要注意的是，孩子发脾气时，父母不必和他大吵大嚷，只有温和的父母才会教导出温文尔雅的孩子。教育孩子需要的是方法，而不是单纯的训斥。

处方二、转移注意力

转移注意力，也是一种常用的方法，当你感觉孩子开始烦躁不安时，比如小小的抗拒、发牢骚，抓住时机，先下手为强，在他哭叫之前采取行动，用他感兴趣的事吸引他，比如引导他唱喜欢的歌，给他讲喜欢的故事，拿出他最心爱的玩具。

处方三、适度的惩罚

当耐心教导都无济于事时，适度的惩罚也是必要的，比如取消例行的奖励或吃点心等，并告诉他处罚的原因。处罚之后别忘记给他一个大大的拥抱或甜蜜的吻，让他明白，处罚归处罚，爸爸妈妈还是爱他的。但要记住，不要采取极端手段。

处方四、发泄压力

谁都有不高兴的时候，孩子也是一样，要引导孩子把情绪发泄出来，和孩子一起做深呼吸，也可以做一些运动，如跑步等。

处方五、冷处理的办法

可以先不去搭理孩子，让他尽情发泄，等他情绪稳定之后再进行说服教育。

需要注意的是，父母一定要坚持原则，绝对不要因为孩子发脾气而迁就他们，答应他们不合理的要求，因为你的迁就其实是对他发脾气的一种奖励，使问题恶化。所以，爱他，就不要心软。

缺失的爱：单亲子女的心理异常

在萍萍很小的时候，爸爸妈妈就离婚了，没有了妈妈的关心、疼爱，萍萍过得孤单寂寞。她总是在心底里问自己："既然我没人疼，为什么还让我来到这个世界上？"萍萍非常倔强，遇到伤心事时，总是一个人偷偷哭泣，不向任何人倾诉。

萍萍的爸爸脾气不好，家务活基本上都是萍萍做。萍萍很想改变现在的生活，决定努力学习出人头地。可是，无论她怎么用功，学习成绩还是上不去。萍萍觉得自己被烦恼紧紧裹住，小小年纪脸上却没有一点笑容。

萍萍经常恨这个世界，恨离她而去的妈妈，也讨厌暴躁无能的爸爸。她现在都不愿意和别人说话，也不爱去学校，只想待在自己的小屋里。

在现代社会，单亲家庭越来越多，每年大约有150万对夫妻离婚。"幸福的家庭总是相似的，不幸的家庭却各有各的不幸。"夫妻不和，离婚并没有错，错的是不应该对孩子造成伤害。

不难发现，有些单亲家庭中的孩子，由于得不到全面的爱而变得孤独自闭，胆小畏缩，生活在压抑的情绪中不能释放；也有的孩子因生活在父母双方的仇恨和谩骂中而变得性格暴躁，悲观厌世，由此发展成为问题少年而走上犯罪道路；有的孩子因父母离异而对爱情和婚姻产生恐惧，进而对整个人生产生怀疑，生活在一种深深的危机感中，无法得到幸福。

所以父母要爱护自己的婚姻，非离婚不可时也要想办法努力把这种伤害降到最低。不同层面的孩子对父母离婚会有不同的心理反应，我们有必要了解一下，以帮助孩子更好更快地走出父母离婚的阴影。

1. 婴幼儿时期

这个时期的孩子，虽然还不太会说话，但他们的心理还是非常敏感的，能觉察到周围人和环境的改变。因此对这个时期的孩子，大人的生活作息尽量不要有大的变动。如果非改变不可，也要循序渐进让他们慢慢适应，尽量避免大变动给他们带来困扰。

2. 幼儿园时期

这个年龄层的孩子，是想象力高度发展的时期。他们常常分不清哪些是真实的，哪些是想象的，所以往往会认为是由于自己不懂事惹父母生气，父母才离婚的，他们往往把责任归咎于自己而陷入深深的自责之中，对于这个时期的孩子，必须告诉他们，父母离婚是大人之间的事，与他们无关。

3. 小学阶段

这时是孩子最无法接受父母离异的年龄，所以他们受到的伤害也最大。首先，他们此时不能像小时候那样用想象来安慰自己；另外，他们还不够成熟到有能力驾驭自己焦虑、恐惧的情绪。尤其是当继母或继父或新的兄弟姐妹闯入家里时，他们更感到恐惧和担忧，唯恐失去大人的爱，这时大人要反复地告诉他，你永远是他的爸爸或妈妈，你会永远爱他。这时让他们有安全感，体会到温暖和爱是非常重要的。

4. 中学阶段

这时的孩子，已经能够明白事物的变化是正常的，但他们还是无法摆脱不良情绪的困扰。亲情的不完整，加上青春期的焦虑与困惑，会让他们陷入深深的苦恼之中，进而怨恨、仇视父母，恨他们怎么自私地抛弃了自己。所以对这个时期的孩子，父母最好齐心合力，制定一个科学的教育方法。切忌相互埋怨，给孩子心里埋下仇恨的种子。

生活在单亲家庭中的孩子，人格和心理一定会出现问题吗？

据国外的心理学家统计，35%的诺贝尔奖获得者都出自单亲家庭，54%的美国总统和英国首相出自单亲家庭，比如：林肯、克林顿、丘吉尔……可见，单亲家庭的孩子不仅有容易出问题的一面，更有容易成才的一面。中国历史上也有许多出自单亲家庭的伟大人物，孔子、孟子都是出自单亲家庭。那么，单亲家庭的孩子为什么容易成才呢？

首先，单亲家庭中，大人要加倍地为生计奔波，往往没有时间照顾孩子，孩子被迫要独立去面对许多事情，在这种情况下，有利于他们独立性格的养成，而独立性是成才的一个重要条件。

其次，单亲家庭一般都不太富有，孩子过早地承担生活的压力，俗话说"穷人的孩子早当家"，所以他们更成熟，更有责任感。

再次，单亲家庭中的孩子由于很早就从生活中体验到挫折和失败，所以更加坚韧、坚强，也能刻骨铭心地体会到"失败是成功之母"的道理，所以也更有百折不挠的毅力，这种品质是成功的重要保证。

对于单亲家庭，我们要一分为二地看，单亲家庭既有消极的方面，也有积极的方面。在欧美，有很多单亲家庭的孩子很幸福、很成功，没有出现任何问题。我们的传统是容易给一个事物下定义，久而久之，形成一个思维定式，认定了单亲就是不幸的，单亲的孩子肯定会出问题。由于这种思维，本来可以健康成长的孩子都变得不正常了。实际上，无论是单亲家庭的孩子还是正常孩子，关键在于我们怎样对待他们。建立现代的观念，走出思维的误区很重要。

心理诊所

处方一、夫妻共同制定教育孩子的原则

夫妻离婚是大人之间的事情，孩子是无辜的，所以无论你有多仇恨对方，也要压制怨恨，与对方制定一个共同教育孩子的原则。不要让孩子去仇视另一方，更不要断绝孩子与另一方的交往，孩子是否会受伤的关键在于父母婚后是否能以友善、谅解的态度共同爱孩子。所以，父母可以达成协议，允许孩子与另一方相聚，比如要求对方每周陪孩子一天，带孩子去看姥姥、姥爷或爷爷、奶奶等，让孩子感受到充分的爱。同时要尽量展示给孩子一个积极向上的面貌，这对孩子的精神状态会产生巨大的积极影响。

处方二、告诉孩子父母离婚的事实

许多家长害怕离婚会给孩子带来创伤，用谎言的方式欺骗孩子，隐瞒离婚事实。实际上，孩子们都很敏感，他们早晚会知道，再说孩子的心理也并非像我们想象的那么脆弱，坦白告诉他比隐瞒更好。法律上也有规定，他们有权利知道父母离婚的事实，也有权利表达个人看法和做出自己的选择。父母离婚后，孩子有权利选择由哪一方抚养。不可否认，这并不是一件容易的事，父母告诉孩子时尽量平静客观一些，不要带上个人情绪。

　　父母离婚了，哪一个孩子都不可能平静地接受，他们可能会伤心难过、失落焦虑。父亲或母亲必须对孩子加倍地关心体贴，无论是在生活上还是在情感上，尽可能抽出时间陪着孩子，与孩子交流谈心，也可以安排一次旅游，带孩子去散散心。要让孩子了解人世间有许多种爱，有父母孩子之间的爱，有夫妻伴侣之间的爱，有师生朋友之间的爱，而你对他的爱不会因为夫妻分离而改变，爸爸、妈妈是永远爱你的，父母的爱和以前没有区别。同时强调，离婚是大人之间的事，与孩子没有关系，并不是他的错，他不必自责。有空可以给孩子讲讲林肯等单亲却成才的故事，让孩子知道，父母离婚并不是什么大不了的事，他们照样可以健康成长。

　　处方三、给孩子耐心、持续的关怀

　　许多父母因为离婚而心灰意冷，并期待孩子变得比以前懂事一点，独立一点。但实际上，孩子毕竟比我们脆弱，我们必须给他们足够的时间让他们适应，如果太急于求成，给孩子太大压力，反而会产生负面效果。所以，父母必须等待孩子成长。不管工作多忙，尽量抽时间与孩子交流谈心，关注孩子的心灵，让孩子感到关怀和安慰。如果孩子情绪不稳发脾气，就让他们尽情发泄，因为这样有利于缓解压力，当孩子平静时，再与他交流讨论，往往会收到意想不到的效果。

　　处方四、不要怨恨对方

　　有的家长离婚后，在孩子面前毫不留情地批评前夫或前妻，把所有的过错都推到对方身上，说"你爸爸抛下我们，跟一个狐狸精跑了"之类的话。大人之间相互仇恨谩骂，甚至限制孩子与另一方见面，殊不知，这样会在孩子心中留下仇恨的火种，让他对恋爱与婚姻产生怀疑与恐惧，进而影响他一生的幸福。

　　处方五、不要给孩子施压

　　离婚对大人也是个不小的打击，大人也需要一段时间去疗伤，但切忌把子女当成唯一的希望，这会使孩子压力重重。不要对孩子说"以后我就全靠你了，你要努力学习，出人头地"之类的话，这样会让孩子由于承受不了压力而烦躁恐慌。聪明的父母应该平静地看待离婚，给孩子一个轻松正常的环境，让孩子正常地过日子。

处方六、取得老师帮助

单亲的孩子，容易受到其他同学的歧视，所以，父母要及时与老师联系，取得老师的帮助，让老师给孩子特别关照，并注意了解孩子在校情况。建议老师为孩子的家庭情况保密，维护孩子的自尊心，老师在这方面责无旁贷。

处方七、注重孩子的情感教育

在单亲家庭中长大的孩子，往往对情感的需求更强烈，更需要人爱，所以发生早恋的可能性更大一些。因此应及时对孩子的情感进行疏导。尤其是青春期的孩子，父母可以给孩子买一本性教育的书，放在孩子能发现的地方。对孩子与同学的交往，给予科学积极的引导，让孩子与异性同学正常地交往。

单亲家庭中的孩子照样可以成长为健康成功的人，所以，不必自卑，也不必自怜，正确看待困难、挫折，"化悲痛为力量"，用困境激励自己，迎难而上，就会成长为一个坚强的好孩子。

上学恐惧症：就是不愿去学校

读小学二年级的乐乐最近一提到学习，脸上就出现烦躁神情。乐乐学习时瞌睡不断，应付了事，写起作业来拖拖拉拉，一支笔也能拿在手里看上半天。妈妈稍微批评他，他就说不想学习，不想写作业。老师也向妈妈反映，说他这学期上课听讲不专心，作业交得迟，即使交上也会错一多半。妈妈担心乐乐是不是患上了厌学症。

孩子不愿意学习，这是每个家长都会遇到的问题。每个青少年在学习过程中都出现过不愿学习的情绪。什么是厌学症呢？

厌学症指的是对学校的学习生活失去兴趣，产生倦怠情绪、冷漠逃避和对抗的心态及行为表现。具体表现为：不愿学习，学习动力不足；上课注意力分散，听课不专心，作业不用心；学习消极被动，思维缓慢；学习效率低，知识脱节无系统；考试及作业错误率提高，学习成绩较差。严重者，还可能有逃学、说谎、离家出走等不良行为。

据一次调查显示，"喜欢学习"的小学生仅占8.4%，初中生仅占10.7%，而高中生仅为4.3%。可见厌学是在学生中间广泛存在的现象。

长期的厌学，会使学生成绩下降，还会带来逃学、吸烟、沉溺网络等品行障碍，从而产生严重的后果。厌学产生的原因很复杂，既有主观原因，也有客观原因。

1. 客观原因

从客观原因说，与我国国情有关。我国人口众多，教育资源不足，升学压力极大。大多数学校施行的不是真正意义上的素质教育，而是以升学、考试为中心的"应试教育"。教材内容陈旧单调，教学方式死板机械，以应试为目的的填鸭式教学，让学生失去了学习的乐趣。学校为追求升学率，延长学生学习时间，加大作业量使学生超负荷运转，长时间的疲劳过度，使学生厌学，学习效率低下。

2. 主观原因

一些学生由于在早期教育中没有形成良好的学习习惯，学习时经常遇到挫折，考试失利、成绩不高，努力却无济于事，加上父母的批评、老师的训斥、同学的歧视，使他体验不到学习的乐趣，从而认为自己笨，不是块学习的材料。越不想学越学习不好，越学习不好越不想学，如此恶性循环，导致厌学情绪加重。

3. 教育因素

厌学症的产生与教育因素也不无关系。一些学习内容和方法与儿童年龄不相适应使儿童厌学。父母对孩子期望值过高，孩子压力过大，从而厌学，老师对差生的歧视和另眼相看，使孩子不愿学习。

另外，与家长、老师或同学关系不良也会造成孩子情绪不稳，从而学习时不能专心致志，记忆力差，思维缓慢，导致厌学。

4. 迷恋网络游戏或电视等

近年来，随着电脑及网络的普及，沉迷于电子游戏的孩子数量显著增加。游戏画面跳跃，五彩缤纷，刺激性强，长时间玩游戏，使孩子大脑疲乏倦怠，对学习的内容失去兴趣。"呆板"的知识激不起大脑的运转，所以学习差，厌学就成了顺理成章的事了。

心理诊所

处方一、培养学习兴趣

其实孩子不是不明白学习的重要性，而是提不起对学习的兴趣。对学习缺乏兴趣也是厌学的一个主要原因。学习兴趣可以使人的学习进入高能状态。研究显示，当人心情愉快乐观时，脑波是 α 波，α 波是大脑处于最佳状态的标志，这时学习效率非常高。要想学习好，必须调动起学习的兴趣来。学习兴趣怎样培养呢?

1. 找回成就感

大多厌学的孩子，都是在学习中体验不到成就感，如果他有成就感，就会不断地努力。如果孩子在学习上经常受到老师与家长的批评、指责，很少受到表扬的话，就会挫伤他的学习信心。这时家长可以分析一下孩子没有成就感的原因，是由于学生学习困难还是家长要求太高。如果是学习困难，家长可以多指导孩子的学习，请家教辅导以提高成绩，如果是后一种原因，家长要适当地给孩子"松绑"，降低要求，少打击孩子，让他树立起学习的信心来。

2. 多鼓励，少打击

要多鼓励孩子。许多父母过于看重分数和名次，常常拿自己孩子与别的孩子比较，一而再、再而三地数落孩子，成天在孩子耳边说"你学习不好要抓紧"之类的话，说来说去他倒害怕学习了。父母要多鼓励，少批评数落，才能让孩子找回学习的兴趣和信心。

父母要改变一味批评的教育方式，努力发现孩子的微小进步，对孩子的每一点努力与进步都要给予肯定与表扬。要让孩子认识到，他通过努力可以学习好，家长对他有信心，有耐心。对孩子成绩的提高不要急于求成，一位教授总结出了教育12字箴言："低起点，小坡度，勤奋到，大发展"。所以要给孩子一个低起点，让他把基础的知识学好，上好课，把基础打牢。小坡度，就是让他从小进步中尝到甜头。所以，家长不应只是看重孩子学习的结果，关键是看到孩子向上的样子，只要孩子一直在努力，一直在进步，就应积极地鼓励。

处方二、养成良好的学习习惯

如果孩子有了良好的学习习惯和学习能力，对学习成绩的提高大有裨益，对抵制厌学的情绪也大有帮助。

1. 学习要有始有终

做任何事情，如果不能持之以恒，都不会成功，学习更是如此，"三天打鱼，两天晒网"是不会学习好的，培养孩子持之以恒的学习习惯，要从小抓起，对低龄孩子注意力不集中的现象，要通过办法纠正，这在前面我们已经论述过。

2. 严把时间关

父母要教会孩子合理地安排和遵守学习时间。要帮助孩子形成有规律的作息制度。可以为孩子制定一个合理的生活时间表，将每天起床、运动、吃饭、学习、游戏的时间安排好，并严格按时间表去做，就会节省时间，从而克服孩子无规律的拖拉习惯。

3. 学会聚精会神地学习

注意力集中可以提高学习的效率，所以一定要防止孩子有边做作业边吃东西，或者边做作业边玩的习惯。

父母对孩子消极对付的学习习惯，要制定具体的计划来帮助孩子克服。可以通过检查作业等强有力的外在力量督促孩子养成良好的学习习惯。孩子只要养成了良好的学习习惯，厌学的情形就会大大改变。

青春期叛逆心：偏偏喜欢对着干

张阳是一名15岁的高中生。最近一年来他成绩退步了，对学习不感兴趣，上课不听讲，课后不做作业。他性格倔强，自尊心强，有强烈的抵触情绪。在学校常因为头发不符合学校要求，不按时完成作业及考试成绩不理想受到老师的批评。他总是一副不服气的样子，与老师顶嘴，坚决不承认错误。甚至因为有的老师对他说了一些过激的话，于是他就不上那门课，或是干脆上课睡觉，不听讲，不写作业。

张阳的父母工作较忙，对他要求严格，说一不二，对他缺乏关心和理解。张阳小时候不敢跟父母顶嘴，现在一听到父母唠叨就发脾气，甚至一回家就进自己的房间，打个招呼都不愿意。问个什么，也都是"是"或"不是"，多问一下学习上的情况，他就不高兴地大声嚷嚷："说个没完没了的，烦不烦啊。"别人的话都听不进去。总之，你让他向东，他偏要向西。

前苏联心理学家普拉图诺夫在《趣味心理学》一书的前言中，特意提醒读者请勿先阅读第八章第五节的故事。大多数读者却采取了与告诫相反的态度，首先翻看了那些内容，这就是逆反心理在作怪。所谓逆反心理，就是指人们出于维护自尊的目的，对他人的要求偏偏采取相反态度和言行的一种心理状态。在逆反心理作用下，人们常与要求者"顶牛"、"对着干"，常做出以反常的心理状态来显示自己的"高明"、"非凡"的行为。

根据心理学的解释，逆反心理是客观环境与主体需要不相符合时产生的一种心理活动，具有强烈的抵触情绪。因此，逆反心理的客观条件有两个，即主体和客体。可以说，有思维能力的人存在于社会就会有逆反心理、逆反现象的存在，人的一生都存在着逆反心理。

由于青少年学生正处在身心发育成长的不稳定时期，思维的发展和逆向思维的形成、掌握，为逆反心理的产生提供了心理基础和可能。因此，逆反心理在成年前呈上升状态。

青少年学生的逆反心理有消极性，也有积极性。当逆反心理得不到合理调适就会呈现消极作用，使家庭教育、学校教育不能顺利进行，进而转化为矛盾，严重者会造成事故，甚至酿成悲剧。青少年学生的逆反心理往往具有求异思辩的特点，是孩子智慧的火花，创造的源泉。因此，积极的逆反心理是一面明镜，如能加以正确的利用和引导，既能收到良好的教育效果，又能促进学校和家长改进教育工作的方式方法。因而，面对青少年学生的逆反心理问题，应采取积极的态度，科学地分析，做到扬长避短。

青少年逆反心理常有如下多种表现：对宣传做不认同、不信任的反向思考；对先进人物、榜样无端怀疑，甚至根本否定；对不良倾向持认同感，大声喝彩；对思想教育蔑视对抗等等。

逆反心理的产生原因包括以下几点：

1. 强烈的好奇心。由于阅历和经验的不足，青少年们不迷信、不盲从，具有较强的求知欲、探索精神和实践意识。但家长或教师在教育孩子时，为了让孩子不走弯路，常用自己的所得经验阻击孩子的好奇心。孩子受好奇心的驱使，听不进大人们忠告，对于越是得不到的东西，越想得到，越是不能接触的东西，越想接触。这样，孩子不听劝告的逆反行为就形成了。

2. 自我肯定的心理需求。对于青少年尤其如此。他们正处于性格形成和自我认识的时期，通过否定权威和标新立异可以满足自我肯定的心理需求。青年人不会满足于适应社会，他们还希望社会承认他们的价值和地位。因此他们往往有意采取逆反行为，以引起别人的注意。

3. 教育的不足。教师的可信任度、教育手段、方法、地点的不适当，更容易引发青少年的逆反心理和行为。在当今，各行各业竞争激烈，家长为了让孩子打好基础，教师为了让学生出成绩，家长和教师多方加压，恨铁不成钢，教育方法失当。这样青少年学生的成长压力很大，成长历程被压变了形，失去了自由、失去了欢乐、失去了童趣。当压力超过青少年学生的承受能力时，矛盾必然产生，就会产生出逆反行为，甚至敌视父母、教师。

4. 不良精神刺激。有的人遭受过种种挫折，受到了不良精神刺激，逆反心理变得十分严重。比如，有的人多次失恋，便认为人世间没有真正的爱情，如果谁说爱情美，他们就会大加否定。还有，当青少年学生的自尊心受到伤害时，往往反驳对方，以维护自己的尊严。如：老师在教室里或当着全班同学的面批评某个学生；家长在朋友家或在孩子的朋友面前数落孩子的缺点。这些不当的教育方法都是引发孩子逆反心理的主要原因。

青少年学生的逆反心理是正常心理，也是问题心理。在社会中，在青少年学生的成长道路上逆反心理是必然存在的，它是一种正常的心理形态。同时逆反心理也给家庭教育、学校教育带来了一系列问题，是一个急需解决的心理问题。

心理诊所

处方一、作为家长和教育者

青少年最大的变化是从儿童期间依恋父母，转向依恋朋友。因此产生了亲子关系冷淡，甚至有子女脱离家庭的倾向。此时，父母应善于引导，不仅关心他们的衣食住行，更要深入细致地观察他们的内心世界，经常与他们交流，同时也要尊重孩子"独立自主"的权利，允许他们有自己的一方天地，这样，才会使青少年顺利度过这段情感不稳定的时期。

1. 教育者要了解、顺应孩子生理、心理成长的规律。有了爱心的同时更应具有童心，对于孩子的好奇心，教育者应适当给孩子提供探索实践的机会，不要以过来人的身份告诫孩子而阻击其好奇心，孩子在实践中虽然走了弯路，但其成长经验远比家长的说教强上百倍。随着孩子的成长，家长不要老是采用抚育婴幼儿的那种包办、监护的方式，留给孩子一定的独立空间，给他们一定的自主权利。

2. 教育者要与孩子平等相处，不要用命令、训斥的口气，不要用粗暴和强制的方法管教孩子，真诚地做好孩子的知心朋友。特别是当孩子对大人提出一些要求、见解时，家长不要搪塞了事，使自己在孩子心目中丧失信赖度，阻塞心灵交流的通道。

3. 教育者要树立正确的教育观，特别是家长和教师，要看到孩子的长处，要多体谅孩子的难处，善于理解孩子。不要给孩子加压，不要老是以榜样与孩子作比较，如果榜样起不到作用就会伤害孩子的自尊而欲速则不达。让孩子有愉快轻松的心境，这样孩子才能正常健康成长。

处方二、作为青少年自己

逆反心理虽然算不上一种变态心理，但带有变态心理的某些特征，会使人出现多疑、偏执、冷漠、不合群的病态性格，使之信念动摇、理想泯灭、意志衰退、工作消极、学习被动、生活萎靡等，深一步发展还可能使人出现犯罪心理。所以，很有必要对逆反心理适时施以防治。

1. 正确认识自己，努力升华自我。提倡自我教育，要求人们（尤其是青少年）学会把自己作为教育对象，经常思考自己，主动设计自己的未来，并自觉能动地以实际行动努力完善或造就自己。

2. 自我完善，提高文化素质，丰富生活阅历。这是克服逆反心理的根本道理。广闻博见能使我们避免固执和偏激。一个广闻博见的人，会很理智地处理问题，不会一味逆反。此外，要提高心理上的适应能力，如多参加课外活动，在活动中发展兴趣，展现自我价值，这样，逆反心理也就克服了。

3. 培养想象力。逆反者通常缺乏多渠道解决问题的想象力。思想一旦被逆反心理控制住，视野就会变得狭隘、短视和愚蠢。逆反心理使我们无法进行正确的思维和判断。对总是怀有逆反心理的人来说，努力培养起自己的想象力十分必要。它有助于开阔思路、摆脱偏执。宽容的思想方式和想象力可以通过自我思维训练获得。

4. 理解父母和老师。作为学生、子女要学着从积极的意义上去理解大人，父母的啰唆、老师的批评都是善意的。老师、父母也是人，也有正常人的喜怒哀乐，也会犯错误，也会误解人，我们只要抱着宽容的态度去理解他们，也就不会逆反了。要经常提醒自己，要虚心接受老师父母的教育，遇事要尽力克制自己，要知道，退一步海阔天空。另外，还要主动与他们接触，向他们请教，这样多了一份沟通，也就多了一份理解。

考试焦虑症：上考场就像上战场

小叶是家中的独生女儿，从小性格内向，学习刻苦用功，但是每逢考试，都会备感焦虑，从而影响考试成绩。高考时按她平时的表现应该能够考入重点大学，可是就是由于紧张焦虑而刚刚上普通本科线。小叶进入大学后学习仍然十分刻苦，但她考试焦虑的症状进一步加重了。现在每逢考试都要频繁上厕所，严重时几乎没有办法完成考试。更为严重的是，由于焦虑引起的频繁上厕所，招致同学们的讥笑，戏称她为"厕所专家"，这在她的心理上又形成新的障碍，导致她认为自己"有病"，但是又无法克制。现在她又面临繁重的专业课的压力和英语等级考试，她的精神变得更加紧张，强迫症状也愈加明显，从而陷入一个痛苦的恶性循环中。

考生在考试中过度紧张的心理状态，心理学上称之为考试焦虑症，会影响考试成绩。怎样防止和克服考试焦虑，对考生来说便是一项十分重要的任务。

轻度的考试焦虑症状有：肌肉紧张、心跳加快、血压升高、出汗、手足发冷、内心苦恼、无助感、担忧、胆怯、自感否定等。重度的考试焦虑症状有：坐立不安、头痛、头昏、无法集中注意力、思维阻滞等，以致产生逃避考试的行为。

在生活中我们发现，有些同学容易出现考试焦虑，而且无论大考小考，总是容易紧张，而另一些同学对考试则应对自如，很少焦虑。也就是说，不焦虑的人总是如此，焦虑者也总是如此，好像是固定的。那么究竟哪些因素会导致人的考试焦虑呢？

1. 先天神经类型的差异

俗话说，天下没有两片同样的树叶。同理，天下也没有两个同样的人。由于先天的遗传因素的影响，有的人神经类型属于反应强烈但稳定的类型，即不同的神经活动可以灵活地转换，如从兴奋可以较快地转入抑制状态，这种人精力充沛，能有效地控制自己的情绪，虽然遇到重大事情时也有可能慌乱，但能很快地控制。另一种神经类型的人不易兴奋，即遇到重大事情，也不易动感情，表现沉稳和冷静，其反应能力可能不像前者那样快速，但所有的情绪都是适中的，所以每逢考试都不慌乱。只有第三种人是考试紧张型的，他们面对重要事情时反应强烈，但很不稳定，如果兴奋起来则好长时间都处于这种状态中，即便是诱发兴奋的事件不存在了，仍然可能长时间地处于兴奋中不能抑制。反之，如果一旦进入抑制状态，他们也不能立即变得兴奋。这种人面对考试时，非自主神经系统活动过于强烈，使他们的兴奋程度大于环境的要求，所以容易产生吃不香、睡不着的现象。他们常常觉得自己的考试焦虑是不可遏制的，他们也常常恨自己无能。

2. 自我评价能力

每个人的心情都在一定程度上取决于对现实的看法，客观事物本身不会引起我们的情绪反应，而你对事物的看法则会影响你的情绪。比如，丢了钱包的人自然会感到痛苦，但痛苦的程度取决于人对丢钱包一事的看法，如果你认为丢了钱包会消除灾难，即所谓的"破财消灾"，你就不会为丢钱包感到太苦恼，而是能平和地接受现实。关键在于让人们相信这一点很难。如果一个人对自己的评价客观而全面，不依靠别人的评价而生活，相信自己的眼光，他就不容易产生考试焦虑。首先他不会认为自己必须取得好成绩，而是去努力争取好成绩。他不会把成绩看得很重，而是把努力看得很重，把责任看得很重，他就不会过多地去想与复习无关的事情。其次，他不会认为考试是为了超过其他人、证明自己优越的途径，而是对学习效果的检验。他不靠赢得考试来获取别人的尊重，而是用脚踏实地的努力来达成自己的目标。他的主要精力都放在目标上，因而忘记了自己的存在。

3. 过去的考试经验

如果一个人过去的考试总是失败，不尽如人意，他就容易产生考试焦虑，就会对自己越来越没把握，下次遇到重大考试，他就会变得更为紧张。如果过去的考试总是能取得好成绩，他就会以更为自信和从容的态度来对待考试。有人说失败是一件好事情，它可以使人接受教训，取得更大进步。其实这句话在更多的时候是一种精神鼓励，一个经常失败的人容易被失败所惊吓，根本没心思思考失败中的教训了。所以必须给他们成功的机会，让他们感到自己有时也是一个实实在在的成功者。

4. 应试技巧

有些同学平时学习一般，但越是重大考试就考得越好，他们掌握了复习技巧和应试技能，复习有方法，学习有策略，平时会听课，知道每门功课的重点和可能的考试要点，学习效率高，考场上冷静沉着，能以正常的心态参加考试。

就多数青少年来说，面临重要的或关键性的考试，总会引起一些心理压力，产生一定程度的考试焦虑，这是正常的，也是无害的。但严重的考试焦虑则会产生极大的危害，使人出现注意力分散、记忆过程受干扰、思维过程受阻等问题，并威胁着人的身心健康。怎样防止和克服考试焦虑，对考生来说是一项十分重要的任务。

心理诊所

处方一、心理预防

1. 考生要树立良好的学习、应试动机；

2. 减弱或控制能增强考生兴奋的各种刺激因素；

3. 平时注意培养健康的心理素质，克服易激动、忐忑不安等内向性格特点，提高情绪的自我控制能力；

4. 做好知识准备、信息准备及环境特征等适应性准备。

处方二、心理治疗

焦虑过度的考生经常出现"联想过度"，而且心理假设常是不良场景，一些恶性推测扰乱了自己的正常心态，因此可用心理暗示法进行中止，运用自控力把不良联想转移，摆脱过度紧张的困境。

1. 场面替换假设法。把紧张的场面想象成轻松的场面，把失败的情景转换成成功的情景，把监考设想为助考，把陌生的环境设想为熟悉的环境等。

2. 系统降低过敏法。即用气功中"意念放松"的反应克服恐惧的心理方法，达到暂时忘却焦虑完全松弛的作用。

3. 情绪疏导法。用自我暗示考试成功的愉快场景来冲淡烦躁，复述或默诵准备好的学习内容、答案、图表，采用深呼吸法或默记数字来降低焦虑等。

处方三、行为治疗

通过考生的行为，使过度的焦虑得到缓解和消除。

1. 宣泄法。如通过活动、锻炼、听音乐让考生心理压力下降。

2. 精神胜利法。考生不断在心里暗示自己有巨大潜能，有"胜利心态"。

3. 心理释放法。引导考生倾诉自己对考试的准则、看法，甚至苦恼，使其获得新的心理平衡。

4. 信任支持法。对性格内向、心理脆弱的考生给以安慰、理解和信任，以减轻其心理负担。

5. 足眠法。以睡眠充足来降低紧张焦虑。以多种方式改善其睡眠状况。如加强体育锻炼、运用松驰技术放松紧张情绪。找出自己的强项与弱项，然后应扬长而不避短，对自己的弱项不做过高要求，也不逃避，培养自己豁达大度的个性。并加强体育锻炼，通过体育锻炼增强体质，调剂神经系统的活动，以助于睡眠状况的改善。同时要有意识地放松，在考前不要人为地加剧紧张情绪，考前复习也要有劳有逸，适时进行休息、散步。

人人都有自我把握的能力，都可能通过自身的努力创造一种最佳的心理状态去实现自己的目标。考生要相信自己能将考试作为一个增长才干、发展自己的机会，一个学习自我调节的机会，以良好的心态参加考试。

青春期综合征：反应迟钝没精神，三心二意心事多

初二的王涛为自己突然"变坏"十分不安。他上课注意力不集中，不由自主地胡思乱想，记忆力也不如以前。睡眠开始变得不规律，白天精神不振，上课易瞌睡，打哈欠，昏昏沉沉。夜晚卧床后，大脑却兴奋起来，浮想联翩，难以入眠，乱梦纷纭，甚至直到天亮，醒后又觉得特别疲困，提不起精神。此外，他还会经常冒出来关于性方面的想法，越想制止，却越是频频想起，甚至见到女同学也"心存幻想"，在频频的心理挣扎中，学习成绩受到了明显的影响。

青春期综合征在青少年中广泛存在，它往往从初中一年级开始随着学习压力的加大，大脑负荷的加重，心理、生理，特别是性生理、性心理的发育而在不知不觉中逐步产生的。

青春期综合征的产生时期恰恰是考高中、考大学的关键时刻，不少

人因此败下阵来，许多家长不理解，认为孩子不努力、不争气、没出息……

其实，这并不是青少年的错，不是孩子不努力，不是道德品质低下，不是意志薄弱，更不是孩子变坏、堕落，而是由于青少年时期独特的生理特点、心理特点和学习压力使心脑肾生理功能易于失衡造成的。

大量的医学科学研究表明：

1. 过度用脑导致脑神经机能失衡易于诱发青春期综合征。青少年时期身体生长迅速，大脑生理功能快速发育而不稳定，大脑皮层兴奋与抑制功能尚不健全，加之学习考试压力大，不会合理安排学习，长时间的读书、背诵、用电脑，各种信息知识大量灌输，使体内核糖核酸、多肽、多糖蛋白、多种酶及多种内分泌激素等脑能源过度消耗，脑髓空虚，脑神经机能失衡，人们就会明显感到大脑混乱、疲劳从而出现系列脑神经机能失衡的症状而诱发青春期综合征。

2. 过度手淫导致性神经机能失衡易于诱发青春期综合征。青少年时期生殖器官迅速发育，性腺内分泌激素迅速产生，性心理迅速觉醒，性意识强烈冲动，加之现代社会色情信息刺激，性神经特别容易兴奋躁动，出现手淫难以克服，手淫过度消耗性激素，肾精大量流失，命门阴阳失衡，阴虚火旺，髓海失充，精气盈血亏虚，久而久之，中枢神经由兴奋亢进转向疲劳抑制，造成性神经机能失衡而易于诱发青春期综合征。

3. 心理发育滞后导致心理机能失衡易于诱发青春期综合征。由于青春期生理与心理发育不同步，身高、体重等生理发育迅速，但心理发育滞后，仍处在幼稚、单纯阶段，二者不相协调，加之青少年特有的心理封闭状态使他们在出现生理机能失衡时不能正确认识和对待，又不好意思及时向家长或医生坦诚倾诉求得解决，从而产生一系列的不良心理情绪，这种不良心理情绪又严重地影响学习、睡眠等大脑功能，从而易于诱发青春期综合征。

青春期综合征表现为：

1. 记忆力、思维力、回忆再现力下降，注意力涣散，上课听不进去，思维迟钝，意识模糊，学习成绩下降。

2. 白天精神萎靡，上课易瞌睡，打哈欠，大脑昏沉。

3. 夜晚大脑兴奋，浮想联翩，难以入眠，乱梦纷纭，醒后大脑特别疲困，提不起精神。

4. 头昏头痛，眼窝黯黑，视力疲劳，心悸气短，腰酸腿困，疲乏无力，无精打采，消化不良，体力下降。

5. 心慌、胸闷、呼吸不畅、抵抗力下降、眼花、手足发凉、多汗、便秘、消瘦、脸色燥红或苍白。

6. 心理状态欠佳，自卑自责，忧虑抑郁，烦躁消极，敏感多疑，缺乏学习兴趣，生活冷漠，好动肝火。

7. 忧伤、恐惧、自暴自弃、厌学、逃学，甚至自虐。

青少年和家长都要正确认识青春期综合征。首先，青少年本人要清楚地认识到青春期综合征虽然不会要自己的命，不会让自己卧床不起，但却会因此耽误自己人生成材的关键时期，影响自己后半生的人生轨迹。因此要痛下决心，及早从这种状态中解脱出来，千万不要再犹豫、麻痹、拖延下去，而且要克服那种怕让大人知道，怕加重大人负担，怕挨骂，而不好意思开口的心理障碍，要鼓起勇气坦诚地跟父母说自己的情况，让他们及早了解你的处境，了解青春期综合征的病因、病症和危害，及早得到父母的理解和帮助，及早进行有效的治疗，以免耽误宝贵的学习时机。

其次，家长也要清醒地认识到，青春期综合征的产生并不是青少年学习目的不明确，不努力，不想学习好，不肯下功夫，更不是贪玩，不上进，道德品质不良，而是长期的心脑肾生理功能失衡而形成的一种病症。因此，要同情、关怀孩子的痛苦，理解孩子的苦衷，热情地帮助孩子，使孩子能够得到大人心理上的温暖和鼓励，树立战胜青春期综合征的信心，走出悲观、焦虑、压抑的心理阴影。同时治病求本，对症下药，积极治疗，纠正已经形成的心脑肾生理功能失衡的病症，使孩子的心脑肾生理功能恢复正常，这样才能从根本上祛除青春期综合征，使孩子的青春更美好，也使孩子尽可能地获得上进的机会，有一个平安、顺利、光明、美好的前途。

心理诊所

处方一、科学用脑，劳逸结合

学习过程中及时做短暂有效的休息，适时变换学习方式和内容，使大脑皮层的各个部位轮流得到兴奋和休息，避免长时间使用同一个区域，从而避免大脑过度疲劳而诱发青春期综合征。

处方二、睡前练习"静养功"，放松身心，帮助睡眠

"静养功"以意气合一为手段，以静养元气为宗旨，可以积聚精力，平衡阴阳，放松身心，健脑安神，提高睡眠质量，有利于脑力和体力的恢复及能量的储存。

静养功练习方法如下：

姿势：取仰卧式，高枕卧位，头端正，两臂舒展放在身旁，两腿自然伸直，两眼轻闭，口自然闭合，上下排牙齿轻轻接触，舌尖自然抵住上颚。

呼吸：自然呼吸，鼻吸鼻呼，基本上按平日呼吸的节律和深度，只要求呼吸调整的细（呼吸出入听不到声音）、匀（快慢深浅都调整的均匀）、稳（不局促、不结滞）。

入静方法：意收小腹，默念字句，吸气时默想"静"字，呼气时默想"松"字，一边默想"松"字，一边有意识地放松身体，如此反复，身心舒松，心态入静，天天练习，不急不躁，持之以恒。

练习次数和时间：每次睡觉前练习1次，每次30分钟左右，刚开始你可能不习惯，难以入静，别着急，只要坚持每晚练习，很快就会进入状态，甚至在练习过程中不知不觉睡着。

处方三、注重课间活动

有人曾经做过这样的试验，让脑子连续工作2小时，然后停下来休息，需要20分钟才能消除脑疲劳。如果改为运动，只需5分钟就消除了。这是由于体育运动能加速血液循环，使淤积在大脑中的代谢废物流出大脑从而改善大脑供血质量。因此，课间10分钟最好走出教室运动运动。

处方四、努力控制自己的消极情绪

良好稳定的情绪是心理健康的基本条件。控制自己消极的情绪，首先，应该是具有正确的思维方法，懂得万事不可能都按自己的主观愿望发展；其次，必须纠正自我评价的偏差，避免不必要的消极情绪的产生。

处方五、要有意识地扩大人际交往的范围

积极参加各种感兴趣的活动，如打球、下棋、游泳等，以分散青春期综合征对自己的影响，尽可能摆脱这种顽症。

成就焦虑：将来我是一个成功者吗

小超有一个十分出众的名字，系托着父母对她的无限期望。由于父母都很优秀，所以从小超出生的那一刻起，父母就为她安排了一切有益身心成长的活动，给她准备了父母认为最适当的环境加以培养。父母都喜欢古典音乐，小超的婴儿室里也天天播放莫扎特与巴哈。父亲头脑聪明，小超的玩具也全部是发展脑力的益智游戏；母亲精通几国语言，小超的故事也备有中、英、法、德语版本。

小超是一个在放大镜下长大的孩子，她的一举一动、一言一行都逃不过父母的苦心观察，刻意启发。无疑，这是一对时时都处在成就焦虑中的父母，他们一心一意要把孩子培养成为最优秀的人。在他们的"厚望"下，小超也和父母一样常常处在焦虑中。

小超聪明可爱，在班里也很优秀，是家人及老师的宠儿。只是，她很容易哭泣。很微小的事情，像铅笔芯断了，皮鞋的带子打了结，或她的书桌被人收拾过，都会令小超眼泪盈眶，抽泣不止。

"成就"这个词，大家都不陌生。从小，父母老师就要我们努力学习，以便将来取得成就。"成就"往往是衡量人成功与否的一个标准，比如某人取得了很大成就，就会受到人们的尊敬甚至崇拜。

然而心理学家们发现，有些人在追求成就时，因为总想超越他人，或者总担心被别人所超越，所以情绪上常常处于紧张不安的状态，搞得自己吃不香，睡不好，精神也不愉快。心理学家们把这种情形称为"成就焦虑"，并认为它对人的生存与发展有一系列的不良影响。

美国心理学家尼科尔斯认为，成就行为的核心是能力，评价成就的大小需要比较，有内部标准，就是自己和自己比；也有外部的、社会的标准，即自己和他人比。成就焦虑者所追求的成就是由外部的、社会的标准来判断和检验的。也就是说，他们所追求的，是以个人能力或表现超过他人水平为标志的成就。

成就焦虑者有这样三个特点：第一个特点是老和别人比较，生怕自己不能超过别人或者被别人超过；第二个特点是情绪总处在紧张、不愉快之中；第三，他们超过别人的手段就是取得成就。

追求成就，超越他人，超越自己，是人正常的心理需要，也促进了人类社会的进步。问题是，人们追求成就的愿望不一定都能实现，不一定都能达到预期的目标，当人因此而产生焦虑时，就会对自己的生存与发展产生一系列不良的影响。

"成就焦虑"有许多危害：首先，持续焦虑是一种不愉快、不健康的身心体验。当人处在严重焦虑状态中的时候，就无法正常地发挥自己的才能。

其次，成就焦虑者总是把他人当作竞争对象。这样一种处事、处人态度，破坏了自己和他人的关系，也就破坏了自己的生存环境，损失了发展机会。

再次，成就焦虑者们需要通过超越别人来获得价值感，因此他们往往只追求有明显社会效果的活动，对没有社会效果的东西不感兴趣。就拿学校教育来讲，由于一段时间内已经形成了"分数第一"的标准，有的学生完全成了考试机器，只追求高分，除了学习，别的都不感兴趣。学习的兴趣也局限在要考的科目上。为了确保成功，他们会投入大量的时间和精力，结果反倒影响了其他兴趣和能力的培养，限制了自身的全面发展。这样的人走上社会后，往往难以做出真正的成就。

此外，成就焦虑者以成就为生活的目标，一旦做不到"最好"，就觉得生活没有意义，甚至完全感受不到生活的乐趣，并因为达不到理想目标而失去对当下生活、学习的信心和兴趣，小则使自己产生失败人生的不良体验，大则在学习中表现得浮躁，从而影响自己的发展。

消除"成就焦虑"，首先要认清成就不是获得生存优势的唯一途径，协调关系也是生存的重要条件。要明白，强烈的成就意识，既会使自己产生焦虑，又使自己与他人处于一种潜在的或明显的对立关系，此二者恰恰破坏了自己的生存状态。

如果我们把"生活质量"换成"生命质量"的话，可以说，成就的高低与生命质量并不成正比。人只有参照自己的能力和条件设立恰当的生活目标并为之努力，才能获得良好的生存状态。如果目标过高，根本无法达到，那么终生都会生活在失败与挫折的体验中，还谈得上什么生命质量呢？因此，生活目标定得过高，对个人生活实际上是一种破坏。

此外，生命质量是由每一天的质量构成的。当我们能够珍视生命过程中的意义，发现和体验生命过程中的快乐，而不是总盯着那个目标或"结果"时，就会减少许多的焦虑。

第十章

百年何惧再"疯癫"

——关注中老年人的心理健康

早衰综合征：40岁的年龄60岁的心态

刘记者，41岁，已婚，育有1个孩子，家中还有年老多病的双亲。父亲70岁，患有心脏病，经常进出医院。母亲72岁，患有高血压、糖尿病等，身体虚弱。刘记者的太太是一名军人，长年在外。由于要养家及照顾年老双亲和教育年幼的孩子，刘记者精神压力很大，忙碌不堪，休息不够。他工作时间长，早出晚归，晚上要陪孩子读书，还要照顾二老，导致自己身心过劳。刘记者睡眠质量不佳，头发脱落，白发斑斑。经年累月，过度的劳累已经戕害了他的身心健康，他常腰酸背痛、眼睛疲劳、消化不良，还有记忆衰退、头痛、头昏、胸闷耳鸣、脸色苍白的症状。虽然是41岁的人，刘记者看起来却像60岁的人。

早衰综合征是中年人，尤其是中年知识分子和科技人员常见的身心病症，换句话说，这种病症是一种特殊的不良心理卫生问题。

早衰综合征简称"早衰"，是指由于各种原因，中壮年人过早地出现生理上衰老、体质上衰退和心理上衰弱的现象。由于在身心两方面都存在未老早衰的多种征象，真正病理机制尚未明确，所以称之为"早衰综合征"。

早衰综合征一般表现为：

1. 生理上衰老——视力过早衰退（远视、弱视、散光、眼肌异常容易疲劳，严重时无法较长时间看书阅读）。注意力难以集中，记忆力下降很快，体力不支，稍微一动，就会感到气喘吁吁，头晕目眩，无法长时间进行研究、教学等脑力劳动。此外，食欲很差，消化功能低下，胃肠功能紊乱，经常感到胸闷气短、心悸心慌。睡眠障碍也明显出现，例如早睡、多梦、梦魇睡眠的质量很差。

2. 体质上衰退——这类人体质上未老早衰的现象颇为突出。头发秃脱，白发斑斑或色泽无光，皮肤皱纹满布，消瘦，疲乏无力。本应年富力强的中年人外表看已苍老虚弱，体质年龄大大超过实际年龄。体质衰退还表现在对各种疾病的抵抗力很差，经常伤风感冒，发热肺炎等。一旦得病后久久难以自行康复，甚至需要住进医院治疗。过早患上多种本应该在老年期易患的身心疾病，也是一种体质衰退表现。高血压、冠心病、脑血管疾病甚至癌症等都是中年期常见的慢性疾病。

3. 心理上衰弱——经常感到精力不足，心理性疲劳非常多见。由于记忆力和注意力减退，思维功能和心理效能下降颇为突出。患者面对上述种种早衰征象，无法有效地进行创造性工作，心理上充满忧郁、焦虑、烦恼和抱怨，情绪上不稳定，怕烦易怒。凡此种种皆引起中年知识分子思想上的苦恼和担忧。

在"E"时代，人们需要花许多时间使用电脑，工作自动化虽然降低了人的劳动量，但是常对着机器，却使人觉得是"高科技在控制人"，而非"人在控制机器"，因而减少了工作满足感。整天对着电脑，使人觉得工作乏味，而减少了人与人之间的互助关心与沟通，这也是导致现代人患上早衰综合征的一个原因。

心理诊所

处方一、正确看待早衰综合征

许多人认为早衰现象是单纯的体质问题，不认为这是一种疾病。更多中年人忙于自己的事业，整天醉心于工作、对物质生活的追求和对个人理想的进取，而忽视了身心保健工作，以致不少中年人疾病缠身，甚至英年早逝，壮志未酬人先亡。早衰现象是一种危险的身心健康受到威胁的信号，要及早寻找原因，及早检查防治，以达到"未病防病，已病防变"的作用。

处方二、认识到定期体格和心理检查的重要性

中年人，尤其中年知识分子，应至少每年一次接受全身检查。及早发现问题，早期诊断，早期防治。不要常以工作重、任务多而放弃合理的医疗检查。目前的问题是定期体检质量不高，流于形式，尤其是忽视心理健康检查，许多潜在的心理疾病被忽视和疏漏，特别是抑郁症和神经症等各种心理社会适应不良的综合征。

处方三、强调体育锻炼的重要价值

必须纠正人们普遍存在的一些错误想法，认为体力劳动或家务劳动就是一种体育锻炼。体力劳动和家务劳动并非体育锻炼，体力劳动绝不能代替运动。相反，前者是一种不规则的体力消耗，是一种输出，而体育锻炼是一种有规则的补偿、调节，具有增强身心功能和强身治病效果。

处方四、强调心理健康和心理卫生的重要意义

有一个最基本的心理卫生原则和要求是对每个人都适用的，那就是人必须愉快地生活，人类必须学会和养成一种乐观通达的心理状态。如果一个人缺乏这种基本心理条件和为人之道，那这种人是世界上最痛苦和最不幸的人。即使这个人腰缠万贯，权高势大，他们也是不幸福的，生活毫无意义。

中年是一个人一生身心和事业的成熟期，也是为社会做出较大贡献的时期，但是由于种种因素，之前不注意体育锻炼和心理卫生保健，导致体质情况较差，那么，现在已经到了必须要引起重视的时候了。

黄昏恋：好像回到了十八九

董芳的母亲在她上中学的时候就意外身故了。多年来，是父亲将她和弟弟拉扯大。董芳和弟弟都很懂事，先后大学毕业并各自找了一份很好的工作，他们都很孝顺父亲。但是，自从去年弟弟也结婚之后，董芳发现，独自生活的父亲变得更加寂寞。董芳鼓励父亲再找一位老伴，共同度过悠闲的晚年。但是父亲却坚决表示，他没有再继弦的考虑。如今，董芳每周奔波在自己和父亲两家之间，感觉很疲惫，她很困惑，父亲真的打算就这样孤独地度完一生吗？

和世界上许多发达国家一样，中国的老年人口在不断地增加。随之而来的老年问题也多了起来，其中老年人恋爱和再婚的问题越来越得到社会的关注。

近几年来，老年人再婚在我国已逐渐增多。我们常常可以听到或看到

一些独身老人找到了合意的老伴，重新过上了舒心的家庭生活的事例。但是，老人再婚，在社会上还存在不少障碍，传统习俗对老年人再婚持否定态度，很多现代的年轻人，对自己年老的父亲或母亲再婚，感情上也转不过弯来。有的认为独身老人不愁吃不愁穿，为什么还要结婚呢？人们往往忽略，老年人的再婚不仅是生理上的需要，也是心理上的需求。

下面是再婚老人的几种常见心理：

1. 老年丧偶者，很想再找伴侣，他们认为子女各自建立了小家庭，难以照顾自己的生活。虽然子女能够体贴和尊重他们，但两代人在情感、需求和行为方式上都有一定的差别。子女的情感、行为以及无论多么周到的照顾均不可能替代老夫老妻之间那种情感。丧偶的老年人有很多难言的苦衷，哪怕是一般的生活琐事，也有不便让子女去做之处，何况情爱的依恋就更不用说了。

2. 对于中青年守寡至中老年的妇女，往往由于年轻时考虑子女尚小，其成长和教育等问题促使她们没有再嫁人。待辛辛苦苦把孩子抚养长大成家后，孩子们忙于经营自己的小家庭，对母亲不加关心、照顾容易使做母亲的产生再嫁需求。

3. 有的老年人则是由于受子女虐待歧视渴望再婚。他们无法忍受子女对其冷淡、歧视甚至仇视的生活，为得到精神上的慰藉，渴望寻找到新的伴侣，另找家庭温暖。

4. 还有少数的独身老人是因为中青年期离婚后，由于当时要抚养教育子女、经济负担或其他原因，一直没有再婚，现在年岁大了，精神上没有寄托，生活上需要照顾，希望再婚。

虽然再婚的老年人为数不少，但现实生活中老年人在恋爱和结婚时还常常会遇到种种的干涉和阻力，往往引起家庭纠纷，甚至造成家庭悲剧。通常，造成老年人再婚的障碍主要有以下几种：

1. 老年人本身旧观念的障碍。传统的观念把老年人再婚看成是不光彩的事。老年人本身受这些观念的影响也往往给自己泼凉水，怕再婚会引起别人的耻笑。他们认为自己都这把年纪了，还谈什么恋爱。他们没有想到，老年人也是人，有权利按自己的意志来自由地恋爱和结婚。

2. 子女的障碍。有许多老年人再婚受到子女的反对。好不容易谈妥了的婚事，就因为在子女那里关过不了而被迫解除。小辈们把父母永远钉在了"父母"的位置上，而不是把他们看作同自己一样的人。他们根本没有为父母着想过，风烛残年的父母是单身孤零零地活着好呢，还是幸福地有意义地生活着好。

子女反对老年人再婚一般有几种理由，如遗产会落入他人之手；会让人说是因为晚辈对长辈不孝，长辈才会这么做；会愧对已故的亲长；不愿照顾护理后母（继父）等。因经济原因反对的占绝大多数。有积蓄的老年人再婚，受到子女干涉阻止的，比积蓄不多的老年人再婚要严重得多。无经济来源的老年人再婚，遭到子女的反对干涉就少些。

3. 居住及经济条件造成的障碍。在目前居住条件偏紧的情况下，家庭人口的增多，会影响现有的居住条件。此外，有些老人缺乏足以维持独立生活的收入，造成再婚障碍。因此必须健全社会保障制度，同时，使老年人认识到应把遗产投资到自己的老年生活中去，才能消除这一障碍。

4. 社会因素造成的障碍。有些人认为老年再婚是耻辱的，有些人认为老年人再婚不符合我国国情，特别是有的老年人与年龄比自己轻很多的中年寡妇结婚，受到的社会舆论的压力更大；高龄老人要求再婚，更是令舆论哗然。另一方面，社会缺乏为老年人恋爱、结婚服务的咨询机构和专家。即使有不少婚姻介绍所，也大多数是面向年轻人的。

老年期是丧失期，将失掉金钱、健康、配偶等。正因为如此，也是容易丧失生存意义的时期。老年人要生活得充实，其最根本的条件有：有经济上的保障；有身心健康；要有能够从心底里相互谅解的知心人；要对别人有益；能得到适当的性满足。老年期的恋爱与结婚，在多数情况下，能使这些条件得以满足。

所谓性，并不单纯意味着性欲的满足。从广义上来讲，老年期的性，就是满足相互认为还有必要的一种感情，使双方得到相互鼓励，增强团结，分享欢乐。进而使双方的情绪都得以满足，既能消除孤独感，又增添了自信心。

大量的事实证明，做好老年人的再婚工作，对社会、家庭和老年人的健康长寿均是有益的，尤其是对鼓励、支持老年人充分发挥余热，完成未竟的事业是不可缺少的，应当从法律上予以保护，从道义上给予支持。这样做不仅使希望再婚的老年人的合法权益得到保障，而且对整个社会也有多种好处。

更年期综合征：心烦又气躁，如同换个人

小于的老爸在近半年来突然变得脾气暴躁起来，对于一向疼爱有加的她也是火气大发。前两天，小于买了一张很个性的桌子，结果被老爸以看不顺眼、不登大雅之堂为名，扔到了楼下。小于既生气又伤心。小于的妈妈也认为，老伴从去年退休后，脾气和性格就开始发生变化。近半年来，他的脾气非常暴躁，动不动就生气。还有，以前的老于非常内向，不爱说话，连单位的集体活动都不愿意参加。可是，近来，老于开始变得唠叨起来，每天说话特别多，而且来来回回就那么几句。老于特别喜欢出去买菜或者遛弯，碰到认识的人就拉着聊天，而且说起来没完没了，有时候甚至一聊就是两个多小时。别人不愿意和他聊或者言语中稍有不当他就很生气，回家大发脾气，看谁都不顺眼。小于为此非常苦恼。

女性在40岁以后、男性在50岁以后，就逐步进入了更年期。一部分人由于身体机能的衰老，开始出现植物性神经功能紊乱的一系列症状，医学上称之为更年期综合征，男性由于类固醇激素分泌减少不如女性明显，所以更年期症状较轻微，而女性表现出的症状相对较重，时间也较长。据有关资料表明，我国每年因更年期综合征引发重大疾病的妇女高达800万人，为身心健康、夫妻感情及家庭幸福带来了不利影响，因此，正确认识和调适更年期综合征对于每一个中年人都有重要意义。

女性更年期综合征是指妇女在围绝经期或其后，因卵巢功能逐渐衰退或丧失，以致雌激素水平下降所引起的以植物神经功能紊乱代谢障碍为主的一系列症候群。女性更年期综合征多发生于45～55岁，一般在绝经过渡期月经紊乱时，这些症状已经开始出现，可持续至绝经后2～3年，仅少

数人到绝经5～10年后症状才能减轻或消失。更年期是每个妇女必然要经历的阶段，但每个人所表现的症状轻重不等，时间长短不一，轻的可以安然无恙，重的却影响工作和生活，甚至会发展成为更年期疾病。时间短的可能持续几个月，长的可延续几年。女性更年期综合征虽然表现为许多症状，但它的本质却是妇女在一生中必然要经历的一个内分泌变化的过程。

女性出现更年期综合征的原因是：一方面，生理上的变化主要包括卵巢功能的衰退，分泌雌激素和排卵逐渐减少并失去周期性，直至停止排卵；垂体分泌促使卵泡激素和促黄体素过多。雌激素的靶器官如阴道、子宫、乳房、尿道等的结构和功能改变，从而在围绝经期出现月经不规则、潮热、多汗、心悸、尿频、尿失禁、阴道干燥、性欲减退、睡眠差、骨质疏松及身体发胖等一系列生理现象。随着生理的改变妇女还可出现一些心理上的不适反应，如情绪不稳定、记忆力下降、多疑、多虑和抑郁等。另一方面，在社会关系方面，围绝经期妇女面临一些社会问题，如职业困难、离婚、父母疾病或死亡、孩子长大离开身边等，这一切都给她们带来精神压力，在一定程度上干扰了她们的生活、工作及其与他人的关系。她们常觉得自己变老了，不喜欢参加公共活动，对家人容易发脾气。出现这些情况，如果得不到社会和家人的理解，很容易导致家庭矛盾，甚至危及妇女的健康。

女性在进入更年期之后，会出现一些不正常的心理状态，最多见的症状是多疑，一些妇女在年轻时的个性特点并非如此，但到了更年期却会逐渐出现。妇女的多疑心态严重地影响了人际关系。为此，这些妇女也很苦恼，周围的人也难以理解和接受。多疑心态的表现多种多样，在不同文化层次和不同工作岗位上的人表现也不完全一样，大体有以下几种情况：

1. 感知觉过敏。过分的敏感，把发生在周围的一些不愉快事件强行与自己联系，听风就是雨。听说同龄妇女生病去世，马上会联想到自己可能也会有同样的不幸；在家里，孩子放学后晚归，会联想起路上是否发生意外；有女人往家里挂电话或爱人晚归，怀疑是否出现了第三者。

2. 特别关注流言蜚语。在一些单位里，总有一些人喜欢传播小道消息，或是流言蜚语，某些更年期妇女就是这些流言传播的积极参与者和受害者。流言蜚语被夸大、失实，造成人际关系的紧张时，对更年期妇女来说，又是一种恶性刺激。

3. 行为动作关系。即对别人的某些行为和动作，作盲目联系。有时别的几个人在一起轻轻地议论某件事，正巧某位更年期妇女走过，他们停止了议论或突然发笑，尽管这些人议论这事与她毫无关系，但她马上会敏感地怀疑"他们背后议论我"。心中的不平衡马上膨胀，情绪立即会激昂起来。

4. 盲目怀疑。尤其对一些涉及到其本身利益的事无端地盲目怀疑，如关于晋级、加薪、福利中的一些决策没有满足其本人的愿望时，她就会盲目怀疑，既可能怀疑领导班子、人事部门中有什么人在背后作怪，甚至扳着手指将这些人逐个"排队"，也可能怀疑同一部门的人员，是否他们中有人在背后打过小报告，"搅掉了我的好事"，一旦认定，愤恨之心就会急剧上升。

而男性更年期综合征是指男子从中年向老年过渡阶段中，部分人出现烦躁不安、神经过敏、头痛失眠、性欲减退等症状。现代医学研究发现，男性也有更年期，通常在48～60岁之间发生。男性更年期综合征是由性腺发生退行性改变，使雄性激素如睾酮等随着年龄的增加而降低，引起一系列生理病理改变。这种改变程度因人而异，有的毫无感觉，有的则因为肌体的调节不平衡和适应能力较差及雄性激素减少，表现出以植物神经系统紊乱为特征的一系列症状，如抑郁、焦虑、猜疑、心悸、心律失常、食欲减退、消化不良、腹胀、失眠多梦、健忘、易激动、性欲减退、阳痿、早泄、遗精、体胖、发白稀疏、齿松易脱等。

已有大量证据表明，患有高血压、糖尿病等慢性疾病的男性，有抽烟、酗酒、夜生活过多等不良生活方式的男性，以及缺乏体育锻炼、工作压力大的男性，都较其他男性更容易提前进入"男性更年期"。

据医学研究表明，更年期综合征发作症状较为明显的人群中，男女人数比例约为1.5：8，其中女性人数又占同龄期女性的10%～30%。因此对于大多数人而言，只要注意自身保健，均可安然度过更年期。

心理诊所

处方一、在心理上，要认识到更年期只是一个人生的必然阶段，因此要调整好心态、稳定情绪、树立信心、建立和睦的家庭和人际关系，同时要积极投身于自己喜爱的事业和参加各种社会活动。

处方二、在饮食上，要提倡合理营养，饮食以低盐低糖及低脂肪食物为主，但又要保证蛋白质、维生素、碳水化合物及足量的纤维素及矿物质的摄入。

处方三、生活要有规律，起居有常、劳逸结合。保证足够的睡眠时间。

处方四、要坚持锻炼，以保持骨骼韧带的弹性和力量。提高心肺功能，改善神经系统的兴奋性和灵活性。同时，还要保持适度的性生活，这有利于生理与心理的健康，防止早衰。

处方五、另外，家人也应该了解中老年人的更年期症状。对他们的行为或情绪上的异常变化要充分理解，及时给予安慰并避免无谓的争吵。

退休综合征：老了就是一个废人吗

半年前，老李退休了，他原是某国企的主要负责人之一。刚退休时，老李很兴奋，立即组织亲朋们出去游山玩水。但是，自从旅游回来以后，老李越来越感觉不适应。由大忙人变成大闲人，他不知干什么好，整天萎靡不振、意志消沉，看到孩子们也没个笑脸。

老李和妻子的感情一向很好，没想到，等他退休后两人可以整天在家厮守，反倒增添了不少口舌之争。老李开始坐卧不安，做事犹豫不决，容易急躁和发脾气，对什么都不满意，多疑，当听到他人议论工作时常会烦躁不安，猜疑其有意刺激自己。老李平素颇有修养，此时却一反常态而不能客观地评价外界事物，常有偏见。现在他退休后才过了半年，就像老了好几岁。

　　所谓离退休综合征是指老年人由于离退休后不能适应新的社会角色、生活环境和生活方式的变化而出现的焦虑、抑郁、悲哀、恐惧等消极情绪，或因此产生偏离常态的行为的一种适应性的心理障碍，这种心理障碍往往还会引发其他生理疾病、影响身体健康。离休和退休是生活中的一次重大变动，由此，当事者在生活内容、生活节奏、社会地位、人际交往等各个方面都会发生很大变化。由于适应不了环境的突然改变，而容易出现情绪上的消沉和偏离常态的行为，甚至引起疾病。

　　据统计，约有1／4的离退休人员会出现不同程度的离退休综合征。老年人的离退休综合征是一种复杂的心理异常反应，主要表现在情绪和行为方面。患者一般会出现以下症状：性情变化明显，要么闷闷不乐、郁郁寡欢、不言不语，要么急躁易怒、坐立不安、唠唠叨叨；行为反复或无所适从；注意力不能集中，做事经常出错；对现实不满，容易怀旧，并产生偏见。总之，其行为举止明显不同于以往，给人的印象是离退休前后判若两人。这种性情和行为方面的改变往往可以引起一些疾病的发生，原来身体健康的人会萌生某些疾病，原来有慢性病的则会加重病情。有心理学者曾对某市20位同一年从处级岗位上退下来的干部进行追踪调查，结果发现，这些退休时身体并无大碍的老年人，两年内竟有5位去世，还有6位重病缠身。可见，离退休真是一道"事故多发"的坎。

　　上述疾病的发生，主要是一些人从几十年有规律和有节奏感、责任感的在职生活，变成无约束的自由支配时间的退休生活，而产生的孤独、寂寞、空虚、焦虑或忧愁等心理的或生理的症候群。其根本原因在于没有从根本上认识退休以及退休后应干点什么好。

　　退休是顺应人生命发展的自然规律的，因为这时人的生理机能开始衰退，体力和智力都明显不及过去，许多疾病已经或正在产生，故到了法定年龄，理当高高兴兴地退休。退休后也绝不是无事可做，应根据自己的体力、精力情况，确立一个目标，订出一个计划，或继续关心过去所从事的事业，出主意，当参谋；或系统总结自己的经验，著书立说，写回忆录；或参加各种协会，继续进行科学研究和技术咨询工作。但不管干什么，其中一个重要的方面是加强自我保健，积极学习养生之道，避免、减少疾病的发生；若已患有疾病，则应在医生指导下，努力康复。此外，中医养生学认为，离退休综合征的发生主要是情志病，应组织和鼓励离退体的老年人学些中医精神养生的知识，使他们认识到不正常的精神状态会加速他们的衰老。

离退休综合征的表现与特征为：

1. 无力感

许多老人不愿离开工作岗位，认为自己还有工作能力，但是社会要新陈代谢，必须把机会让给年轻一代，离退休对于老年人实际上是一种牺牲。面对"岁月不饶人"的现实，老年人常感无奈和无力。

2. 无用感

在离退休前，一些人事业有成，受人尊敬，掌声、喝彩、赞扬不断，一旦退休，一切烟消云散，退休成了"失败"，由有用转为无用，如此反差，老年人心理上便会产生巨大的失落感。

3. 无助感

离退休后，老年人离开了原有的社会圈子，社交范围狭窄了，朋友变少了，孤独感油然而生，要适应新的生活模式往往使老年人感到不安、无助和无所适从。

4. 无望感

无力感、无用感和无助感都容易导致离退休后的老人产生无望感，对于未来感到失望甚至绝望。加上身体的逐渐老化，疾病的不断增多，有的老年人简直觉得已经走到生命的尽头，油干灯尽了。

当然，并非每一个离退休的老人都会出现以上情形，离退休综合征形成的因素是比较复杂的，它与每个人的个性特点、生活形态和人生观有着密切的关系。要预防和治疗离退休综合征，老年人必须努力适应离退休所带来的各种变化，即实现离退休社会角色的转换。

心理诊所

处方一、调整心态，顺应规律

衰老是不以人的意志为转移的客观规律，离退休也是不可避免的。

这既是老年人应有的权利，是国家赋予老年人安度晚年的一项社会保障制度，同时也是老年人应尽的义务，是促进职工队伍新陈代谢的必要手段，老年人必须在心理上认识和接受这个事实。而且，离退休后，要消除"树老根枯"、"人老珠黄"等悲观思想和消极情绪，坚定美好的信念，将离退休生活视为另一段绚丽人生的开始，重新安排自己的工作、学习和生活，做到老有所为、老有所学、老有所乐。

处方二、发挥余热，重归社会

离退休老人如果体格壮健、精力旺盛又有一技之长的，可以积极寻找机会，做一些力所能及的工作。一方面发挥余热，为社会继续做贡献，实现自我价值；另一方面使自己精神上有所寄托，使生活充实起来，增进身体健康。当然，工作必须量力而为，不可勉强，要讲求实效，不图虚名。

处方三、善于学习，渴求新知

"活到老，学到老"，正如西汉经学家刘向所说："少而好学，如日出之阳；壮而好学，如日出之光；老而好学，如秉烛之明。"一方面，学习促进大脑的使用，使大脑越用越灵活，延缓智力的衰退；另一方面，老年人要通过学习来更新知识，社会变迁风起云涌，老年人要避免变成孤家寡人，就要加强学习，树立新观念，跟上时代的步伐。

处方四、培养爱好，寄托精神

许多老年人在退休前已有业余爱好，只是工作繁忙无暇顾及，退休后正可利用闲暇时间充分享受这一乐趣。即便先前没有特殊爱好的，退休后也应该有意识地培养一些，以丰富和充实自己的生活。写字作画，既陶冶情操，也可锻炼身体；种花养鸟也是一种有益活动，鸟语花香别有一番情趣；跳舞、气功、打球、下棋、垂钓等活动都能使参加者益智怡情，促进身心健康。

处方五、扩大社交，排解寂寞

退休后，老年人的生活圈子缩小，但老年人不应自我封闭，不仅应该努力保持与旧友的关系，更应该积极主动地去建立新的人际网络。良好的人际关系可以开拓生活领域，排解孤独寂寞，增添生活情趣。在家庭中，与家庭成员间也要建立协调的人际关系，营造和睦的家庭气氛。

处方六、生活自律，保健身体

老年人的生活起居要有规律，离退休后也可以给自己制定切实可行的作息时间表，早睡早起，按时休息，适时活动，建立、适应一种新的生活节奏。同时要养成良好的饮食卫生习惯，戒除有害于健康的不良嗜好，采取适合自己的休息、运动和娱乐的形式，建立起以保健为目的的生活方式。

中老年人的"灰色"心理：夕阳无限好，只是近黄昏

在某基金公司工作的老陶最近很烦恼，他觉得自己的情绪远远没有刚参加工作时那样好了。原本以为是由于工作压力大的关系，后来发现其实不然。这份工作他已经做了数十年，是公司的元老，在这个行业里，提起老陶来，没有谁不知道。老陶算是功成名就了，却觉得生活没什么意思。尤其是最近，他来了一位新的合作伙伴，那是一个很情绪化的人，总想让他人与自己的喜怒哀乐"同步"，每当他的心情愉快时，希望周围的人也跟着他高兴，每当他的心情不好时，别人也不能流露出一点儿欢乐。所以，老陶的坏情绪变得更加恶劣了。

"灰色心理"一词源于美国，美国社会医学专家经过调查发现，许多人到中年常会出现消沉颓废、郁闷不乐等不良心理状态，这种心理状态被称之为"灰色心理"。"灰色心理"如得不到及时防治，不但影响工作和生活，还会损害身体健康。

现在，社会上一般把中年期定在35～60岁，因为生活条件好了，人的寿命比以前长了，中年期的跨度也相应地增加了。从表面上看，这个时期人的生理和心理都处于成熟阶段，智力发展到最佳水平，工作调整到最佳状态，是人生的鼎盛时期。但实际上，这个时期人已经开始走下坡路，其中最明显的标志就是人的身体和心理从成熟走向衰老。中年既是建树成就的时期，又是人的心理和生理进入"多事之秋"的阶段。从生理上来讲，中年人的体质状况已不如青年时那样健壮，多种生理机能出现缓慢减

退，免疫力和内分泌水平等都在逐渐下降。这些生理上的变化应该说是不可逆转的。

与此同时，中年期又是人一生中心理负担、心理压力最重的时期。家庭是否安稳，事业是否有成，都会给中年人带来某些特有的心理变化。他们对社会变化比较敏感，心理活动也比较复杂，精神压力较大，特别是经历一些挫折之后，往往处事过于踌躇、顾虑重重，久而久之，就会变得日间忧郁寡言，晚间夜不能寐。这就是大家所说的中年人易患的"灰色心理"病。这一特殊病症主要起于生理和心理两个方面。在生理上，人从童年、少年、青年到壮年，一直是在成长中度过的，因而有一种"永无止境"的感觉。进入中年以后，成长由缓慢变为停止，甚至出现衰退。这个时期，即使身体没有毛病，通过一些小的变化，也会产生力不从心的感觉。在心理上，无论工作、学习、生活都会产生不同程度的空虚感和厌倦感。20多岁进入社会，一切都是新鲜的，做事生气勃勃。十几、二十几年以后，熟悉的工作、缺少变化的环境、紧张莫测的人际关系，都极容易使人产生枯燥、乏味的感觉。另一阴影是迟暮感。中年时期蓦然回首，人生几何，思来想去，不免惆怅。所有这些消极情绪，都会削弱肌体的免疫与防御机能，使各种躯体疾病乘虚而入，损害健康。因此，这个时期的心理和身体保健就显得特别重要。

不是所有的中年人都有"灰色心理"，不同的人生态度会给自己的人生带来不同的结果：患上了"灰色心理"病，如果不能顺利度过，则人生就会受阻，产生混乱感、无能感、失落感、空虚感，妨碍人的发展，影响人的健康，使人生失去意义；如果能顺利度过，接受挑战，那必是"柳暗花明又一村"，使自己进入一个新的发展期。中年人要认识到中年不等于发展停滞、生活重复，人到中年是人生又一个新起点，关键在于怎样调适、应对危机，怎样走出危机。心理学家认为，中年人应敢于认识和接受自我，只有充分认识自我，接受现实的自我，才会选择适当的目标，寻求良好的方法，既不自卑，又不自傲，充满自信地对待一切。

心理诊所

处方一、要心胸开阔、情绪稳定而乐观

在中年人的致病因素中，社会因素对心理的刺激居于重要地位。因此，中年人在复杂的工作与生活环境中，培养开阔的胸怀，养成不计较小事、即使对重大事件也能保持克制力的良好心理，显得尤为重要和必要。平时，遇到不顺心的事情，即使是重大的人生挫折，都应学会尽快从不良情绪中解脱出来，保持一种稳定而乐观的情绪。

处方二、要建立良好的人际关系

健全的心理适应能力是建立在良好的人际关系基础上的。要善于同性格、爱好、脾气秉性不同的人相处，要学会正确评价自己、客观看待自己的优缺点，要注意不断增进对周围人的了解。记住，只有多交流、多了解、多信任、多尊重，才能缩短彼此心灵的距离，才能减少和避免各种不愉快。此外，应积极参加各种社会活动，不断开阔眼界，扩大交往范围，这样可以增强心理上的安全感。

处方三、对人对事不要抱过高的期望

中年是同龄人社会地位、经济收入产生悬殊差距的时期。面对同龄人成为上司或时代骄子，应该坦然豁达，避免产生嫉妒和自卑心理。社会是复杂的，又是光怪陆离的，有些差距是由于机遇造成的，无须让怨天尤人的情绪困扰自己，而应该用脚踏实地的工作、广泛的兴趣来充实生活，取代不良情绪。要根据自己的条件和现实允许度确定期望值，不要勉强去做根本办不到的事情，保证将心理平衡建立在理智的基础上，实现"知足者常乐"。其实，幸福常常是一种主观上的感觉，是一种心理状态。

处方四、劳逸结合

中年人往往在单位是顶梁柱，工作丝毫松懈不得；在家中是主心骨，既要照顾年老体弱的父母，还不能放松对孩子的教育引导。这些都应该统筹兼顾，合理安排。不要因繁忙而忽视娱乐活动，娱乐既是一种积极的休息方式，又是调剂心态的良方；体育锻炼也很重要，它可以使中年人的体质增强，身心潜力得到更好的发挥。

处方五、做自己喜欢做的事

人到中年，事业、家庭趋于稳定，生活似乎变得平淡、缺乏新意。这时要多花一些时间反省自己，拿得起、放得下，多做一些自己喜欢做的事，并大胆进行新的尝试，以使心态永远保持年轻。